Kn

*Im Knaur Taschenbuch Verlag sind bereits folgende Bücher
des Autors erschienen:*
Die geplünderte Republik. Wie uns Banken, Spekulanten und Politiker
in den Ruin treiben
Die Dilettanten. Wie unfähig unsere Politiker wirklich sind
Die verblödete Republik. Wie uns Medien, Wirtschaft und Politik für
dumm verkaufen
Schwarzbuch Beamte. Wie der Behördenapparat unser Land ruiniert
Die Stümper. Über die Unfähigkeit unserer Politiker

Über den Autor:
Thomas Wieczorek, Jahrgang 1953, ist Journalist und Parteienforscher.
Nach dem Volkswirtschaftsstudium an der Freien Universität Berlin
war er bei *dpa* Volontär, politischer Redakteur und Chef vom Dienst
und anschließend Leiter des Baden-Württemberg-Büros von *Reuters*.
Als freier Autor arbeitete er u. a. für die *Frankfurter Rundschau*, den
Deutschlandfunk und den Südwestfunk, seit 1989 auch für das Sati-
remagazin *Eulenspiegel*. Am Berliner Otto-Suhr-Institut promovierte er
über »Die Normalität der Politischen Korruption«. Das Spektrum seiner Radio- und Fernsehauftritte reicht von RBB bis Sat.1. Von Thomas
Wieczorek sind bereits mehrere Bücher erschienen.

Thomas Wieczorek

DIE PROFITGEIER

Wie unfähige Manager unser Land ruinieren

Knaur Taschenbuch Verlag

Besuchen Sie uns im Internet:
www.knaur.de

Korrigierte Neuauflage Mai 2010
Die erste Auflage erschien 2008 unter dem Titel »Die DAX-Ritter«
Copyright © 2008 by Knaur Taschenbuch.
Ein Unternehmen der Droemerschen Verlagsanstalt
Th. Knaur Nachf. GmbH & Co. KG, München
Alle Rechte vorbehalten. Das Werk darf – auch teilweise –
nur mit Genehmigung des Verlags wiedergegeben werden.
Umschlaggestaltung: ZERO Werbeagentur, München
Umschlagillustration: N. Reitze de la Maza
Druck und Bindung: GGP Media GmbH, Pößneck
Printed in Germany

ISBN 978-3-426-78027-5

5 4 3 2

Inhalt

Einleitung 11

1. Kapitel: **Was sind Manager?** 15
Der Job des Managers 15
Die Erben als Unternehmenslenker 16
Die Autonomie der Manager: Front gegen die Aktionäre 19
    Aufsichtsräte I: Vertrauen ist gut, Selbstkontrolle ist besser 20
    Aufsichtsräte II: Kontrollierst du mich, kontrollier ich dich 22
    Geschlossene Gesellschaft: Die Managerkaste 23
    Aufsichtsratsschmu 31
    Aufsichtsratshonorare: Absahnen, bis der Arzt kommt 36
    Die Kleinaktionäre mucken auf 37
    Gute Kapitalbesitzer – böse Manager? 39

2. Kapitel: **Aufgaben und Moral** 41
Die Aufgaben der Manager – Profit bis zum Abwinken 41
Managerethik: Neoliberale Gegenaufklärung und Ersatzreligion 44
    Der neoliberale Aberglaube 44
    Der christliche Marktradikalismus: Die ökonomische Ethik 52
    Gottes Wort von der Werbeagentur? 57
    Der »Ehrenkodex«: Alberne »fromme Wünsche«? 62
    Das Märchen vom Ehrenkodex 64
    Patriotismus als gefährliche Rauchbombe 65

3. Kapitel: **Das Leistungsprinzip** 73
Die Perversion des Leistungsprinzips 73
Sozialismus der Reichen 76
Die Managergehälter 77
    Moralische Appelle am Fall Siemens 81
    Der Kampf gegen die Transparenz 85
Aktienoptionen 87
    Aktienoptionen und Insidergeschäfte 88

Ruhegelder 90
Vollkasko: Nietenversicherung 91
Goldener Handschlag 94
Der Job danach 96
Wenn schon, denn schon 99

4. Kapitel: Größenwahnsinnige Parvenüs und Soziopathen 100
Anerkennungssucht 100
  Statussymbol: »Noch nicht abgehoben« 103
  Statussymbol Kunst 105
Das Sponsoring für eine gute Sache:
  Für Ruhm und Ehre des Managers 105
Der kostspielige Größenwahn 108
Sind Topmanager Psychopathen und
  verhinderte Serienkiller? 110
  Glück im Job – Pech in der Ehe? 113
  Die Aussteiger 116
Beraterwahn als Flucht aus der Inkompetenz 119
  »Graduierte Idioten«: Die Ausbildung als Basis der Inkompetenz 119
  Die BWL-Bubis werden's schon richten 122
  Investmentbanker – Hütchenspieler der Globalisierung 124

5. Kapitel: Stümper nach innen:
Mangelnde Unternehmensführung 128
Unternehmensphilosophie Fehlanzeige 128
Die Folge: Egoismus statt Vision 133
Nieten bevorzugt 135
  Das Peter-Prinzip 135
  Radfahrer und Leitwölfe 136
Das unsägliche Auftreten nach außen 137
Das System der Angst 138
  Stromberg ist überall 140
Echtes und vorgegaukeltes Umdenken 143
Verschenkte Produktivität des »Humankapitals« 145

6. Kapitel: Stümper nach außen: So ruiniert man Unternehmen   147
»Rationaler« Abbau und Export von Arbeitsplätzen 148

Fachkräftemangel nach Hausmacherart 149
Leichtfertiger Arbeitsplatzexport 150
Den nicht vorhandenen Trend verschlafen –
    Das Beispiel Siemens/BenQ 152
Echte Trends verschlafen – Das Beispiel Telekom 153
Umweltschutz verschlafen; am Markt vorbeiproduziert –
    Das Beispiel Autoindustrie 155
Lieferprobleme 158
Schlüsselfrage Innovation 160

7. Kapitel: **Der Kunde als natürlicher Feind des Managers** **163**
Wie angle ich mir einen Kunden? 164
    Werbung für Untertanen und Dumpfbacken 164
    Der Tatort als Dauerwerbesendung 166
    Irreführung: »Ätsch, reingefallen!« 167
    Top Secret 170
    Outsourcing der Seriosität: »Und bist du nicht willig ...« ... 171
    Zielgruppe Verzweifelte und Unmündige 172
Service 175
    Bei der Telekom stört nur der Kunde 175
    Fremdschämen für die Deutsche Bahn 177

8. Kapitel: **Der Sachzwang zur Zerstörung der Infrastruktur** **180**
Die Verrottung des Schienennetzes 180
Das Vergammeln der Stromnetze 182
Umweltzerstörung 183
Menschenopfer 184

9. Kapitel: **Der Sachzwang zur Zerstörung der Markt-
    wirtschaft** **186**
Preisabsprachen 186
Die Deutsche Bank auf den Spuren von Marx 189

10. Kapitel: **Der Sachzwang zur Kriminalität** **191**
Der Fall Siemens: Kaum ein Delikt ausgelassen 193
Der Fall DaimlerChrysler: Die Börsenaufsicht als moralische
    Instanz 198

Siemens, DaimlerChrysler & Co.: Vereint an Iraks
    Schmiergeldfront? 200
Der Schaden durch Korruption 201
    Der Schaden für den Konzern 201
    Der Schaden für die Gesellschaft 202
Die Angst vor Strafe 205
    Korruption ohne Risiko 205
    Früh übt sich 206

11. Kapitel: Manager als Kapital- und Arbeitsplatzvernichter 208
Es gibt viel zu tun – aber wir haben kein Geld 208
Es war einmal ... die Kapitalvernichtung 211

12. Kapitel: In den Fängen des Geldkapitals –
Die Heuschrecken 212
Firmenzerstücklung: Eigenkapitalraub für Anfänger 214
Deutsche Firmen 216
    Kabelnetz in Heuschreckenhand 218
    Cognis: Ein Musterbetrieb verfällt immer mehr 219
    Dem Platzen der Blase entgegen 221
Die Zockerelite: Hedgefonds 223
    Wissenschaftlich exakt verspielt 223
    Was tun? 227

13. Kapitel: Verspielen des Standorts Deutschland 230
Die normale perverse Sichtweise 230
    Sind globale Probleme lokal lösbar? 231
Der aktuelle Standortkampf 232
    Standortfaktor Löhne: Die Löhne sind immer zu hoch 232
    Standortfaktor Ausbildung 235
    Standortfaktor »Made in Germany«: Was soll das Ausland
    denken? 236
    Standortfaktor Weltoffenheit 237
Standortvorteil »Sozialer Friede« 238
    Der Imageverlust der Unternehmen 239
    Entschuldigung genügt nicht 240
    Die Quittung für die Aufkündigung des Gesellschaftsvertrages 242

Endzeitszenarien: »Apokalypse bald«? 243
Ungeahnte Wut – wird der Funke zum Steppenbrand? 248

14. Kapitel: Augen zu und durch – Die Komplizen **251**
Die Medien: Meinungsmache nach Marktwirtschaftsart 253
   Die neoliberale Gehirnwäsche 253
   Die Initiative Neue Soziale Marktwirtschaft 255
   Die Hofnarren: Analysten und Wirtschaftsjournaille 258
Die Politik: Quartiermacher der Konzerne 262
   Vernebeln und geheime Süppchen kochen 263
   Umverteilen, bis es quietscht: Das Beispiel Unternehmens-
   steuerreform 263
   Immer neue Geschenke für Heuschrecken 264
   Sicher ist sicher: Die Personalunion 266
   Noch sicherer ist selbstgemacht 267
   Landschaftspflege 268
   Nicht kleckern – flächendeckend klotzen! 271
Die Gewerkschaften: Scheinkämpfe und Kompromisse 275

15. Kapitel: Was nun? **278**
Der Manager als Buhmann? 279
Schutz der Aktionäre 280
Rettung der Marktwirtschaft 283
»Revolutionsbremse« Sozialstaat 287
   Die Sozialstaatsfeindschaft der Neoliberalen 287
   Sozialstaat und Grundgesetz 288
   Finanzierung: Steuern wie beim Einheitskanzler 291
   Der Sozialstaat als Chance 293

16. Kapitel: Ultima Ratio **294**

Nachwort – Und was ist mit den Frauen? **296**

Literatur **301**

Anmerkungen **303**

Register **316**

*»Wir sagen nicht mehr raffgieriges asoziales Pack,
wir sagen heute Spitzenmanager.«*

VOLKER PISPERS

Danksagung

Mein herzliches Dankeschön für unverzichtbare Mitarbeit durch Diskussionen, Hinweise und Ratschläge gilt besonders Wolf-Dieter Narr, Florian Havemann, Holger Keller, Peter Saalmüller, zahllosen Managern und Unternehmensmitarbeitern und vor allem Karin. Für die Herstellung wertvoller Kontakte und fruchtbare Anregungen danke ich außerdem herzlich Henning Voßkamp.

Einleitung

Würden Sie von Josef Ackermann einen Gebrauchtwagen kaufen, von Klaus Kleinfeld Ihre Wohnung hüten lassen, für Ron Sommer mit Ihren Ersparnissen bürgen oder für Peter Hartz eine Kaution stellen? Nein? Dann sind Sie mit dieser Meinung nicht allein – und das völlig zu Recht.

Deutschlands Manager erweisen sich tagtäglich nicht nur als Job- und Kapitalvernichter, sondern obendrein als hemmungslose und nicht selten kriminelle Selbstbereicherer. Sie bringen nicht nur unsere Unternehmen, sondern unser gesamtes Wirtschaftssystem in Verruf, global ebenso wie vor der eigenen Haustür. Dadurch aber gefährden sie den sozialen Frieden und damit unser Gesellschaftssystem schlechthin.

Nicht umsonst sind Manager die Buhmänner der Nation, was schon einmal wörtlich zu nehmen ist, denn Frauen sind hoffnungslos in der Minderheit. Kein einziger Vorstand oder Aufsichtsrat eines der 30 DAX-Unternehmen wird von einer Frau geleitet.

Lautstark zeigen sie bei jeder Gelegenheit, wer der Herr im Hause Deutschland ist: Sie bezeichnen Arbeitslose als »Wohlstandsmüll«, Entlassungen als »Freisetzung«, die zwangsweise Annahme von Hungerlöhnen sowie die regionale und soziale Entwurzelung als »Flexibilität«, die vergebliche Jobsuche als »Eigeninitiative«, Milliardenverluste als »Peanuts« und die Bevölkerung als aktives und potenzielles Humankapital.

Dabei kassieren Manager ein Vielfaches dessen, was je ein Mensch mit ehrlicher Arbeit verdienen könnte, und erhöhen sich selbst diese astronomischen Einkommen hemmungslos – oft ohne die geringste Gegenleistung.

Zur gleichen Zeit entlassen sie Zigtausende von Arbeitskräften, verlieren Marktanteile, verspielen Milliarden an Firmenkapital, fahren die Aktienkurse in den Keller und bringen dadurch auch Millionen von Kleinanlegern um ihre Alterssicherung. Zuweilen treiben sie auf Kosten des langfristigen Unternehmenswohls die Kurse künstlich in die Höhe, um kurz vor deren Absturz dank ihres Insiderwissens Kasse zu machen.

Aber anstatt zur Rechenschaft gezogen zu werden oder im Gefängnis zu landen, verdienen sie sich sogar als Versager noch dumm und dämlich. Selbst der Rausschmiss wird mit dem »goldenen Handschlag« versüßt. Während sie munter gegen den Sozialstaat als »soziale Hängematte« und »Volksbeglückung« hetzen und »Eigenverantwortung« predigen, sind sie die am umfassendsten und üppigsten abgesicherte Berufsgruppe der Republik.

Überhaupt ist für die meisten Manager »Moral« ein Fremdwort. An die Stelle gemeinwohlorientierter, solidarischer und christlicher Werte tritt, ganz im Sinne des Neoliberalismuspapstes Friedrich August von Hayek, der Gott der freien Marktwirtschaft, insbesondere der »Globalisierung«. Mit deren angeblich »alternativlosen Sachzwängen« rechtfertigen sie eine permanente Missachtung von Umweltschutz, Arbeitnehmerrechten und der Menschenwürde. »Wenn wir's nicht machen, dann macht's unsere Konkurrenz«, lautet die Devise.

Dieses moralische Defizit und die Jagd nach dem schnellen Profit schlagen sich auch in der Marktstrategie nieder: Anstatt auf Stammkundengewinn durch die Qualität der Produkte setzt man auf Übertölpelung bis hin zum Betrug: Mogelpackungen (Lebensmittel), teure Scheininnovationen (Pharmaka), Tarifverschleierung (Telekommunikation), irreführende Werbung (Reisen) und minderwertige Waren bis hin zum Gammelfleisch bestimmen den Markt.

Vor den Tricks der Manager sind nicht einmal ihre Arbeitgeber sicher, die Großaktionäre – dies allerdings oft aus eigener Schuld: Sofern es überhaupt natürliche Personen sind, beschränkt sich ihr Interesse meist auf das Kassieren der Dividenden. Handelt es sich bei den Aktionären dagegen um andere Kapitalgesellschaften, herrscht meist das Prinzip »Eine Hand wäscht die andere«. Dies gilt auch für die Aufsichtsräte: Nicht selten kontrollieren die Kontrolleure sich gegenseitig – und sitzen im Aufsichtsrat des jeweils anderen. Ein Übriges tun die Wirtschaftsprüfer: Häufig sind sie in die Managerseilschaften fest eingebunden. Sie tauschen günstige Testate gegen Beratungsaufträge. Somit sind die Manager in einer ähnlichen Situation wie Treuhänder entmündigter Menschen: Der Raffgier und dem Betrug sind kaum Grenzen gesetzt.

Dieser Machtfülle entspricht ein grenzloser Größenwahn, von der »Global-Player«-Manie über die Prunksucht (Firmenpaläste) bis hin zum häufig sinnlosen Sponsoren-Unwesen.

Die skurrile Kehrseite ist die unglaubliche Primitivität mancher Manager: Für traumhaft hohe Beträge lernen sie in Rhetorikkursen das Reden ohne Stammeln, in Benimmkursen das Essen mit Messer und Gabel und beim Überlebenstraining das Hauen und Stechen um die totale Macht. Sogar von Hellsehern lassen sich einige Manager anleiten.

Zur persönlichen kommt allzu oft eine derart gravierende fachliche Inkompetenz, dass die meisten und wichtigsten Entscheidungen von Beraterfirmen in Gestalt »29-jähriger Bubis aus dem BWL-Bereich«[1] getroffen werden.

All das macht die Manager zu einer auch nur halbwegs harmonischen und daher erfolgreichen Betriebsführung unfähig. In ihren Konzernen regiert nicht die konstruktive Unternehmensphilosophie (»Vision«), sondern die Angst, nicht der Teamgeist, sondern die gnadenlose Konkurrenz unter den Mitarbeitern, und zwar von der Vorstandsetage bis in die Pförtnerloge. Damit werden zum einen ungeheure Ressourcen vergeudet: Man belauert, beneidet und bekämpft sich gegenseitig, anstatt für gemeinsame Ziele wie etwa Innovationen oder Eroberung neuer Märkte zu kämpfen; an die Stelle freiwilliger Extraanstrengung tritt der Dienst nach Vorschrift. Zum anderen wird auch der soziale Friede gefährdet: Während »der gute alte Unternehmensvater« wenigstens so tat, als wäre die Firma eine Familie, in der es entweder allen besser oder allen schlechter ging, kehren die heutigen Manager sogar noch heraus, dass sie sich sogar noch an katastrophalen Firmenergebnissen eine goldene Nase verdienen, während die Belegschaft einen Teil ihrer Bezüge oder sogar ihre Jobs verliert.

Die Mitarbeiter reagieren entsprechend: Anstelle des »wir« tritt das »die da oben«. Hieß es zum Beispiel früher in Stuttgart voller Stolz, »ich schaff beim Daimler«, so hört man heute in den Hallen und Gängen finsteres Murmeln: »Man sieht sich im Leben immer zweimal.«

Da dies aber keine Einzelerscheinung, sondern die Regel in deutschen Konzernen ist, warnen schon heute weitsichtige Wissenschaftler, ein Funke könne leicht zum Steppenbrand werden.

1. Kapitel

Was sind Manager?

»Man sollte nur in Firmen investieren,
die auch ein absoluter Vollidiot leiten kann,
denn eines Tages wird genau das passieren!«
Warren Buffett

Der Job des Managers

In der »guten alten Zeit« waren die Eigentümer auch gleichzeitig die Leiter der Unternehmen. Eben damit wurde auch ihr immens höheres Einkommen gerechtfertigt: Der Legende nach hatte der Chef den totalen Über- und Durchblick. Er trug die Verantwortung für Einkauf, Produktion und Verkauf, für das Wohl und Wehe seiner Mitarbeiter, für Einstellungen und Entlassungen, für Gewinn und Verlust. Vor allem aber besorgte er das Geld – und er trug das Risiko.

In dem Maße aber, wie die Betriebe in das Eigentum fachfremder, unfähiger und desinteressierter Erben gelangten, in Kapitalgesellschaften umgewandelt wurden oder gleich als solche entstanden, in dem Maße ging die Leitung der Unternehmen an eine neue Kaste über: die Manager.

Je größer und internationaler die Firmen und je undurchschaubarer selbst für Experten ihre Strukturen wurden, desto mehr wuchs auch der Dispositions- und Selbstbereicherungsspielraum – sprich: die Macht – der Manager.

Die Erben als Unternehmenslenker

Doch es gibt auch heute noch zahlreiche Unternehmen, in der noch immer die Familie das Sagen hat.

Dass es sich gerade bei den Geburtsmilliardären, also den Nachkommen jener Chefs der alten Schule, großenteils nicht etwa um tüchtigen »Investorennachwuchs«, sondern um eine potenziell faule Schmarotzerbande handelt, bestätigt einer, der es wissen muss: Warren Buffett, bis dato zweitreichster US-Bürger, verschenkte im Sommer 2006 gut 37 seiner 44 Milliarden US-Dollar an eine Stiftung mit der Begründung, »er wolle die Sprösslinge seiner Familie nicht dadurch verderben, dass er ihnen ein gigantisches Vermögen hinterlasse, was sie nur zum Faulenzen und Prassen verleite«. Zwar wollen Politiker genau dieses Recht den deutschen Erben weiterhin durch eine lächerlich geringe Erbschaftssteuer sichern, aber immer mehr Millionenerben sind die peinlichen Steuergeschenke tatsächlich peinlich.

Reedereierbe Peter Krämer zum Beispiel fordert höhere Steuern für sich selbst und seinen Nachwuchs: »Warum soll mein Sohn nicht 40 Prozent aufs Vermögen zahlen?«[2] Und der schwäbische »Schraubenkönig« Reinhold Würth gründete Stiftungen, damit »die Enkel nicht das Firmengeld für Ferraris verjubeln«.[3]

Die einen wollen nicht, die anderen können nicht, oder diplomatischer ausgedrückt: »Die neue Generation scheint als Unternehmer überfordert ... Den Nachkommen mangelt es an Weit-sicht und Gespür für Zukunftsmärkte.« Es sind »Erben ohne Fortune«[4]. Ein gutes Beispiel dafür ist die Familiendynastie der Quandts. Vater Herbert (1919–1982) hat den Familienschatz noch zu Lebzeiten unter den sechs Kindern aus drei Ehen aufgeteilt:

- Sonja (geb. 1951), Sabina (geb. 1953) und Sven (geb. 1956) fällt der traditionsreiche Varta-Konzern zu, von dem heute »wenig mehr als eine Knopfzelle« übrig ist. Sabina, die in den USA weilt, pocht auf hohe Dividenden. Für Schmuckhändlerin Sonja hingegen ist Varta »eine Herzensangelegenheit. Bei Firmenjubiläen verschenkte sie Silbertabletts und Grußkarten mit selbst verfassten Gedichten.« Sven versucht sich als Unternehmer: »Ich war operativ tief drin.« Der Eindruck des *manager magazins*: »Zwei Handys und ein Laptop, die er neben sich plaziert hat, vermitteln den Eindruck von Unabkömmlichkeit. Man könnte ihn für einen Investmentbanker oder Unternehmensberater halten.« Im Jahr 2000 verkauft Sabina ihre Anteile für rund 40 Millionen Euro. Zwei Jahre später kassieren Sonja und Sven für die Sparten Auto- und Gerätebatterien von US-Firmen nach Schätzungen jeweils rund 60 Millionen Euro.

■ Susanne (geb. 1962) erhält die 1977 gegründete Altana AG, ein Mischkonzern für Kindernahrung, Parfums und Medikamente – bis Manager Nikolaus Schweickart (geb. 1943) im Jahr 1990 den Vorstandsvorsitz übernimmt und den Konzern auf die Sparten Pharma und Chemie ausrichtet. Der Erfolg kommt 1994 mit dem Magenmittel *Pantoprazol* (»Panto«): Allein in den Jahren 2000 bis 2005 kassiert Mehrheitsaktionärin Klatten (50,1 Prozent) mehr als 330 Millionen Euro. Zunächst absolviert Susanne Quandt das, was manche ernsthaft für eine »Unternehmerausbildung« halten: Lehre als Werbekauffrau, Betriebswirtschaftsstudium und Praktika bei zwei Banken, bei McKinsey und im Regensburger Werk von BMW, wo sie in der Betriebskantine den Ingenieur Jan Klatten kennenlernt. *manager-magazin*-Autor und Quandt-Chronist Rüdiger Jungbluth notiert im besten Pilcher-Stil: »Die jungen Leute verliebten sich ineinander und wurden ein Paar. Erst nach sieben Monaten offenbarte Susanne Quandt ihrem Freund, wer sie war.«[5] 1989 versucht sie sich als Assistentin der Geschäftsführung bei *Bur-*

da, doch schon bald wählte sie – Eva Herman lässt grüßen – den Lebensschwerpunkt Hausfrau und Mutter. Im Mai 1990 lässt die Milliardärin ihren Jan einheiraten und schenkt ihm drei Kinder. Mit ihrer Geldquelle Altana ist sie ab 1993 als Mitglied im Aufsichtsrat, seit 1996 als dessen Vizechefin verbunden, und das sieht laut *manager magazin* so aus: »Sie erscheint regelmäßig zu den Sitzungen, packt ihre Aktentasche mit den Unterlagen aus und mischt sich ansonsten nicht groß in die Debatte ein. ›Meist stellt sie Verständnisfragen‹, berichtet ein Aufsichtsrat, ›die wichtigen Dinge hat sie schon vorher mit Schweickart geklärt.‹ Nur langsam emanzipiert sich Klatten von Mr. Altana, im Großen wie im Kleinen. Beim Bau der neuen Zentrale intervenierte sie, weil ihr das pilzförmige Vordach zu weit in die Landschaft ragte.« Weit mehr liegt ihr allerdings das Abkassieren: Ende 2006 verkauft Altana die Pharmasparte für 4,6 Milliarden Euro und schüttet den Erlös aus. Während die Kleinaktionäre für die höchste Dividende, die je ein DAX-Unternehmen zahlte, normalerweise vom Finanzamt voll zur Kasse gebeten werden, gründet Klatten eigens eine GmbH, um so nur fünf Prozent der Dividende versteuern zu müssen, und hatte auch nur unter dieser Bedingung überhaupt verkauft. Vermittler des Deals ist übrigens die Investmentbank *Goldman Sachs* und Käufer der dänische Arzneimittelkonzern *Nycomed*, und der wiederum gehört mehreren Heuschrecken, darunter Nordic Capital, Blackstone und CSFB Private.

■ Nicht schlecht verdient die Erbengemeinde auch an BMW: Allein für 2005 streichen Susanne, ihre Mutter Johanna (geb. 1926) und ihr Bruder Stefan (geb. 1966) mehr als 180 Millionen Euro Dividende ein. Im Aufsichtsrat sitzen nach Johannas Ausscheiden 1997 noch Susanne und Stefan, »wobei Susanne Klatten zwar an allen Sitzungen teilnimmt, sich aber nicht sonderlich einbringt. Bruder Stefan hingegen ist als stellvertretender Vorsitzender und Präsidiumsmitglied recht aktiv.« Fazit: Susanne Klatten, mit 7,5 Milliarden Euro Vermögen die Nummer 4 der reichsten Deutschen, »hat mit dem Konzern jede Menge Geld verdient, ihr unternehmerisches Gesellinnenstück aber hat sie nicht abgeliefert«.[6]

Die Liste unfähiger Erben wäre beliebig zu erweitern. So führte Britta Steilmann Papis Textilunternehmen ebenso in die Pleite wie die Brüder Gert und Günter Bauknecht den geerbten Haushaltsgerätekonzern. »Im schlimmsten Fall«, urteilt der *Spiegel*, »werden Firmen begraben und Arbeitsplätze vernichtet, wenn Sohnemann oder Töchterlein die Arbeit über den Kopf wächst.«[7]

Die Autonomie der Manager: Front gegen die Aktionäre

Bei solch unfähigen oder unwilligen Erben haben ambitionierte Manager freilich leichtes Spiel.

Dass sich die Bevollmächtigten gegenüber den Eigentümern, also die Angestellten gegenüber ihren Chefs, abschotten und verselbständigen, ist aber auch ein quantitatives Problem. So wäre es in einer Oberprima von zwanzig Schülern undenkbar, dass der gewählte Klassensprecher ausgerechnet dem Klassenfaulpelz 60 Prozent der Klassenkasse zuspricht und den anderen unter Hinweis auf diese Kassenlage rät, den Gürtel enger zu schnallen, da immer weniger zu verteilen sei.

In einer Demokratie mit 80 Millionen Einwohnern ist das üblich. Einzelne Bürger oder selbst Interessengruppen haben sogar Probleme, so simple Dinge wie Nebeneinkünfte der von ihnen gewählten und finanziell ausgehaltenen Abgeordneten zu erfahren. Nicht anders in den Kapitalgesellschaften: »Was ich verdiene und was ich tue, geht dich gar nichts an«, ist die Grundhaltung der Spitzenmanager gegenüber ihren eigentlichen Chefs, den Aktionären, wie wir auch im Abschnitt über die Managergehälter sehen werden.

Aufsichtsräte I:
Vertrauen ist gut, Selbstkontrolle ist besser

Ein Herzstück des Schutzes der Topmanager vor den Kapitaleignern ist die Verselbständigung der Vorstände durch ihre personelle Verquickung mit ihren formellen Kontrolleuren, den Aufsichtsräten. Ehemalige Vorstandschefs führen derzeit in 14 der 30 DAX-Unternehmen den Aufsichtsrat.

Besonders schillernd erscheint Rolf-Ernst Breuer: Im Februar 2002 zweifelte der damalige Chef der Deutschen Bank in einem Interview die Kreditwürdigkeit des Medienunternehmens Leo Kirch an, was eine Prozesslawine auslöste. Im Mai 2002 wechselte Breuer in den Aufsichtsrat als dessen Vorsitzender, so dass der Aufsichtsratschef Breuer über den Ex-Vorstandschef Breuer urteilen musste. Erst als der Bundesgerichtshof Ende Januar 2006 entschied, Breuer habe durch jene Äußerungen vertragliche Pflichten gegenüber der Kirch-Gesellschaft Printbeteiligungs GmbH verletzt, warf er das Handtuch.

Noch seltsamer erscheinen zwei Fälle, die der frühere Bundesbankpräsident Karl-Otto Pöhl schon 2002 in einem Interview mit dem *manager magazin* fast drehbuchmäßig vorhersagte:

Pöhl: »Nicht selten kann aber der frühere Vorstandsvorsitzende auf dem neuen Posten seine eigenen Fehler kaschieren.«
Siemens-Aufsichtsratschef und Merkel-Berater Heinrich von Pierer lässt die Ende 2006 bekannt gewordenen Korruptionsfälle untersuchen, die sich zu seiner Zeit als Vorstandsvorsitzender er-

eigneten. Oder in der klaren Sprache des Journalisten und Buchautors Stefan Riße: Der Neue deckt die Sünden des Alten und erhält dafür eine Arbeitsplatzgarantie.[8] Allerdings ist wenigstens der umtriebige von Pierer inzwischen ins Abseits geraten. Am 19. April 2007 meldete *Spiegel Online:* »Siemens-Aufsichtsratchef von Pierer stürzt über Schmiergeldaffäre«. Während der Entthronte über »unfaire Behandlung« lamentierte, feierte die Börse eine »Pierer-Rücktrittsparty« *(Spiegel):* weil man überdies mit ThyssenKrupps-Aufsichtsratchef Gerhard Cromme als Nachfolger in puncto Gesetzesverstöße den Bock zum Gärtner gemacht hatte[9], kletterte die Siemens-Aktie um gut vier Prozent. Auch die Kanzlerin meldete sich zu Wort und erklärte trotzig, von Pierer als Berater behalten zu wollen. Sieben Tage später warf auch Firmenboss Kleinfeld entnervt das Handtuch und erklärte, seinen Vertrag zum 30. September 2007 auslaufen zu lassen. Hier allerdings stürzte die Aktie binnen weniger Minuten von 91,07 auf 87,80 um mehr als drei Prozentpunkte ab.

Pöhl: »Wer kennt nicht die Fälle, in denen der Alte dem Nachfolger Knüppel zwischen die Beine wirft?«
Ebenfalls 2006 sorgt Volkswagen-Aufsichtsratchef Ferdinand Piëch für die Ablösung seines Nachfolgers im Amt des Vorstandsvorsitzenden, Bernd Pischetsrieder. Um dergleichen ein Ende zu machen, plädierte die Große Koalition Ende 2006 für ein Verbot des direkten Wechsels vom Vorstand in den Aufsichtsrat. Union und SPD wollen verhindern, dass Vorstandsmitglieder großer Konzerne auch nach ihrem Ausscheiden bestimmenden Einfluss auf das Unternehmen ausüben.
Aber auch einer der ganz Großen und Mächtigen steht wie ein Fels in der Brandung der Interessenkollision: Josef Ackermann! Er sei »der festen Meinung, dass der Vorstandsvorsitzende im Normalfall nicht in den Aufsichtsrat wechseln sollte«, gab er gegenüber

dem *Spiegel* zum Besten. Folglich wolle er nach dem Ende seiner Amtszeit als Chef der Deutschen Bank im Jahr 2010 auch nicht den Aufsichtsrat wechseln.

Die ganze Beliebigkeit im Umgang zwischen Vorstand und Aufsichtsrat, also zwischen Kontrolleuren und zu Kontrollierenden, zeigt eine Meldung, die nach der Kleinfeld-Ablösung bei Siemens die Runde machte: Der frischgebackene Aufsichtsratschef Gerhard Cromme würde diesen Job wieder hinwerfen und stattdessen Konzernchef werden. Tatsächlich aber legte Cromme zum 1. Juli 2007 gleich vier andere Aufsichtsratsmandate nieder: bei E.on, Lufthansa sowie der französischen Konzerne PNP Paribas und Suez. In den Allianz-Aufsichtsrat ließ er sich allerdings wiederwählen.

Bezeichnend übrigens, dass man auf der Suche nach einem halbwegs integren Konzernchef auf einen Österreicher von einem US-Konzern zurückgreifen musste. Kienbaum-Absolvent Peter Löscher vom Pharmakonzern Merck »war noch nie bei Siemens, ist relativ unbekannt – und damit unverdächtig in der Schmiergeldaffäre«.[10] Und da er in der Branche als »Heilpraktiker« tituliert wird, erhofft man sich von ihm wohl sogar Massenentlassungen und Lohnabbau in »homöopathischen Dosen«.

Aufsichtsräte II:
Kontrollierst du mich, kontrollier ich dich

Ein weiteres Mittel zur Ausschaltung der Aktionäre ist der schöne Brauch, quasi gegenseitig im Aufsichtsrat der anderen vertreten zu sein: »Kontrollierst du mich, kontrollier ich dich« – ein idealer Ausgangspunkt für eine Win-win-Beziehung zu Lasten der Kapitaleigentümer.

Als etwas für die Witzesammlung oder für den Papierkorb erweist sich in diesem Zusammenhang die *Corporate Governance*, eine Art ungeschriebener Managerknigge, mit dem man seit den 1930er Jahren dem zunehmenden Auseinanderklaffen von Aktionärsinteressen und Unternehmensführung begegnen will. Der Erfolg laut einer Studie von 2007: Für fast alle Unternehmen sind »Ethik und Compliance lästige Pflicht«.[11] Jeder zweite europäische Großkonzern hat nicht einmal ausreichende Ethik-Richtlinien, und ebenfalls die Hälfte achtet nicht darauf, dass alle Mitarbeiter den Verhaltenskodex des Unternehmens kennen. Corporate-Governance-Richtlinien und Druck von Regulierungsbehörden reichen nicht aus, um Unternehmen bei der Umsetzung der erforderlichen Vorkehrungen zum Schutz vor Verstößen gegen moralische und gesetzliche Verpflichtungen zu fördern.

Die deutsche Variante, der von einer rotgrünen Regierungskommission im Februar 2002 verabschiedete »Corporate Governance Kodex«, soll die bei uns geltenden Regeln für die Leitung und Kontrolle von Unternehmen für die Investoren transparent machen und so das Vertrauen in deutsche Unternehmen stärken. Beobachtet werden sollten vor allem die duale Unternehmensverfassung mit Vorstand und Aufsichtsrat sowie die mangelnde Unabhängigkeit deutscher Aufsichtsräte.[12] Was so etwas bringt, ahnt man bereits, wenn man weiß, dass der Kommissionsvorsitzende ausgerechnet der Multi-Aufsichtsrat Gerhard Cromme war.

Geschlossene Gesellschaft: Die Managerkaste

Viel fehlt aber nicht, denn die Topmanager sind nicht nur beruflich miteinander verbandelt. Bei Aufsichtsratsterminen läuft man sich sowieso ständig über den Weg, aber auch zu Familienfeiern, auf Verbandstagungen oder zwecks Freizeitsports trifft sich immer wieder die gleiche kleine Männerclique, die die Geschicke unserer Wirtschaft und damit unseres Landes entscheidend zu

Hier eine kleine Auswahl der Überkreuzmethode in DAX-Unternehmen:

ALLIANZ
Wulf Bernotat, Vorstandschef E.on
Gerhard Cromme, Aufsichtsratschef ThyssenKrupp und Siemens
Manfred Schneider, Aufsichtsratschef Bayer

BAYER
Paul Achleitner, Vorstand Allianz
Martin Kohlhaussen, Aufsichtsratschef Commerzbank
Klaus Kleinfeld, Vorstandschef Siemens
Ekkehard Schulz, Vorstandschef ThyssenKrupp
Jürgen Weber, Aufsichtsratschef Lufthansa

COMMERZBANK
Erhard Schiporeit, Vorstand E.on
Ekkehard Schulz, Vorstandschef ThyssenKrupp
Heiner Hasford, Vorstand Münchener Rück
Klaus Sturany, Vorstand RWE

DAIMLER CHRYSLER
Hilmar Kopper, Ex-Vorstandschef Deutsche Bank
Manfred Schneider, Aufsichtsratschef Bayer
Walter Bernhard, Ex-Vorstandschef Dresdner Bank

DEUTSCHE BANK
Ulrich Hartmann, Aufsichtsratschef E.on
Henning Kagermann, Sprecher (Vorstandschef) SAP
Heinrich von Pierer, Aufsichtsratschef Siemens
Jürgen Weber, Aufsichtsratschef Lufthansa
Albrecht Woeste, Aufsichtsratschef Henkel KgaA

E.ON
Gerhard Cromme, (bis Juni 2007) Aufsichtsratschef Thyssen Krupp und Siemens
Ulrich Lehner, Geschäftsführungschef Henkel KgaA

Henning Schulte-Noelling, Aufsichtsratschef Allianz
Karl-Hermann Baumann, Ex-Aufsichtsratschef Siemens
Rolf-Ernst Breuer, Ex-Aufsichtsratschef Deutsche Bank

LUFTHANSA
Josef Ackermann, Vorstandschef Deutsche Bank
Gerhard Cromme, (bis Juni 2007) Aufsichtsratschef Thyssen-
  Krupp und Siemens
Michael Diekmann, Vorstandschef Allianz
Ulrich Hartmann, Aufsichtsratschef E.on
Hans-Dietrich Winkhaus, Gesellschafterausschuss Henkel KGaA

RWE
Paul Achleitner, Vorstand Allianz
Carl L. von Boehm-Bezing, Ex-Vorstand Deutsche Bank
Manfred Schneider, Aufsichtsratschef Bayer

SIEMENS
Josef Ackermann, Vorstandschef Deutsche Bank
Gerhard Cromme, Aufsichtsratschef ThyssenKrupp und Siemens
Albrecht Schmidt, Aufsichtsratschef HypoVereinsbank
Henning Schulte-Noelling, Aufsichtsratschef Allianz

THYSSEN KRUPP
Jürgen Hubertus, Vorstand DaimlerChrysler
Martin Kohlhaussen, Aufsichtsratschef Commerzbank
Heinrich von Pierer, Aufsichtsratschef Siemens
Henning Schulte-Noelle, Aufsichtsratschef Allianz

VOLKSWAGEN
Gerhard Cromme, Aufsichtsratschef ThyssenKrupp und Siemens
Hans Michael Gaul, Vorstand E.on
Klaus Liesen, Ex-Vorstandschef Ruhrgas
Heinrich von Pierer, Aufsichtsratschef Siemens

Da ist es eigentlich schade, dass deutsche Wirtschaftskapitäne
nicht ihre Nachkommen untereinander verheiraten oder ihren
eigenen Finanzdienstleister gründen.

beeinflussen scheint. Man plaudert über Job und Fußball, die Regierung und die neuesten Gerüchte.

Von dem schon beschriebenen beruflichen Netzwerk abgesehen, ist das Ganze ein semi-konspiratives Beziehungsgeflecht kleiner bis kleinster Grüppchen, und ob jemand dazugehört, wissen – ähnlich wie bei den Freimaurern oder den maoistischen Kaderzirkeln der 70er Jahre – oft nur die Mitglieder selbst. Nur wenige dieser Netzwerke sind öffentlich bekannt, wie etwa die Karrierenetzwerke, eine Mischung aus Schulveteranenclub und Burschenschaft. So scharren Politikberater Herbert Henzler und Post-Chef Klaus Zumwinkel ehemalige McKinsey-Leute um sich, während Josef Ackermann und Paul Achleitner sich um Ex-Studenten der Hochschule St. Gallen kümmern.

Regionale Netzwerke der Mächtigen hat das *manager magazin* ausgemacht: die »Rhein-Ruhr-Mafia«, die Münchener »Spezl-Wirtschaft« und die schwäbische »Spätzle-Connection«.

Edel, elitär und exklusiv geriert sich die Kletterseilschaft Similauner, benannt nach einem Dreitausender in den Ötztaler Alpen in Tirol. Seit 1993 treffen sich unter Leitung des unvermeidlichen Herbert Henzler und manchmal der Kletterkoryphäe Reinhold Messner die üblichen Verdächtigen wie Hubert Burda, Wolfgang Reitzle, Jürgen Schrempp, Ulrich Lehner, Jürgen Weber, Klaus Zumwinkel oder Premiere-Chef Georg Kofler einmal jährlich zur zünftigen Bergtour inklusive geistreicher Referate, epochaler Diskussionen und – wie Henzler andeutet – der Verteilung von Vorstands- und Aufsichtsratsposten sowie der Planung von Fusionen und Akquisitionen. Zurzeit umfasst die Eliteeinheit 14 Mann, und mehr sollen es auch nicht unbedingt werden.

Andererseits sind Kontakte mit der Außenwelt unbedingte Pflicht für die Creme der Wirtschaftskapitäne. Obligatorisch ist für viele nach wie vor der Besuch der hochsommerlichen Bayreuther oder Salzburger Festspiele: Da mutiert der Klassikmuffel zum emphatischen Wagner-Jünger und der Theaterbanause zum schöngeistigen Schauspielexperten. Wobei die Herrschaften bei Wagner die sitzfleischstrapazierende Länge, beim *Jedermann* dagegen die Handlung als Provokation empfinden müssten: Ein gefühlloser, egoistischer reicher Mann bekommt angesichts des nahenden Todes Angst vor dem Jüngsten Gericht und bekennt sich halbherzig zum Christentum.

Ansonsten mischt man sich aber zunehmend ungern unter das Volk, selbst unter das besserverdienende; sogar der Bundespresseball in Berlin und der Ball des Sports in Frankfurt müssen seit einigen Jahren fast ganz auf die Spitzenmanager verzichten. »Zu rummelig, zu viele Mitesser und -läufer«, mutmaßt das *manager magazin*. Aber sind Hochmut und Eitelkeit wirklich der Grund, dass die Topleute zusehends unter ihresgleichen bleiben wollen? Wollen sie vor Partys und Veranstaltungen die Gästeliste deshalb einsehen, »um nicht mit Managern der zweiten Ebene oder gar mit dem Fußvolk essen und reden zu müssen«? Liegt es nicht eher daran, dass sie von Menschen, die nicht von ihnen abhängig sind, häufig ignoriert, belächelt, verachtet oder gar verabscheut werden und dass sie das genau wissen?

Das Urteil »nicht mehr standesgemäße Besetzung« trifft seit einiger Zeit auch das Davoser »World Economic Forum«, einst der Wintertreff des globalen Topmanagements. Also meidet man das offizielle Programm und trifft sich in ebenso noblen und trauten Runden wie bei Jürgen Schrempps Hüttenabend oder Hubert Burdas Kamingespräch. Oder man weicht gleich nach Kitzbühel oder St. Moritz aus. Als statuskonformes Sommerschlupfloch wurde übrigens Kampen auf Sylt längst abgelöst von Mallorca, natürlich in eigenen mondänen Fincas, fernab von den Ballermannhorden. Wie aber wird man zu einem Netzwerker der Güteklasse Ackermann, und können Ballermänner überhaupt zu Ackermännern aufsteigen?

Geahnt hat man es schon immer, nun hat es der Soziologieprofessor und Eliteforscher Michael Hartmann wissenschaftlich bewiesen: Dass unsere Topmanager eine eigene, gegen Normalbürger relativ dicht abgeschottete Kaste, eine geschlossene Gesellschaft bilden, hat seinen Ursprung buchstäblich im Mutterleib. Über die Mitgliedschaft entscheiden nach Hartmanns Studie[13] nämlich weder Fleiß noch eine tatsächliche oder vorgetäuschte Leistung, sondern »ausschlaggebend ist letztlich die soziale Herkunft«.[14]

So hat das Kind eines leitenden Angestellten eine zehnmal größere Chance, in die höchste Führungsebene eines deutschen Unternehmens zu gelangen, als das Kind eines Arbeiters – und das auch nur, wenn alle anderen Voraussetzungen wie Qualität der Hochschule, Fachrichtung oder Zahl der Auslandssemester gleich sind.

Berücksichtigt man alle Unternehmen mit mehr als 150 Beschäftigten oder mehr als zehn Millionen Euro Umsatz, so ist die Chance auf eine hohe Führungsposition für Promovierte aus dem gehobenen Bürgertum[15] um 50 Prozent, aus »großbürgerlichen« Haushalten[16] sogar um 100 Prozent größer als für Doktoren aus den Reihen der Normalbürger.

In den 400 größten Unternehmen des Landes ist der Graben noch wesentlich tiefer. Dort sind die Chancen für Kinder des gehobenen Bürgertums doppelt, für den Großbürgernachwuchs sogar dreimal so hoch wie für Promovierte aus der Durchschnittsbevölkerung.

In den letzten vierzig Jahren wurde die Kluft weiter vertieft. So sind die Aussichten auf eine Topposition für die Sprösslinge des gehobenen Bürgertums bis auf das Zweieinhalbfache gestiegen, für die des Großbürgertums sogar bis auf das Fünffache. Das ist laut Hartmann allerdings keineswegs auf bessere Ausbildung oder gar Leistung zurückzuführen, sondern darauf, dass die Topmanager »jemanden suchen, der ihnen im Habitus gleicht oder zumindest ähnelt: Bürgerkinder suchen Bürgerkinder. Die entscheidenden Besetzungskriterien – intime Kenntnis der Benimmcodes ... sowie vor allem persönliche Souveränität – begünstigen eindeutig diejenigen, die aus gutbürgerlichem Milieu stammen. Souverän bewegt sich in erster Linie derjenige, dem das Gelände vertraut ist.«

Natürlich wird auch diese Regel durch Ausnahmen bestätigt, »etwa E.on-Chef Wulf Bernotat, der sein Studium als Taxifahrer und Kabelträger finanzierte. Oder Adidas-Vormann Herbert Hainer, der als Junge in der elterlichen Metzgerei anpacken muss-te.«[17] Dies rührt den Bürger zwar zu Tränen des Mitgefühls, andererseits weiß er seit der Ära des »Kanzlers der Bosse« Gerhard Schröder, dass gerade skrupellose Aufsteiger sich besonders penetrant – etwa mit Cohiba- und Brioni-Gehabe – als »etwas Besseres« in Szene setzen.

Wenn sich der Stammhalter also mit Hilfe von Mamis Kniggekurs, Schweizer Internat, USA-Studium und Papis Vitamin B zum wohlgeratenen Jungmanager gemausert hat, dann geht der Drill erst richtig los.

Erste Adresse sind die »Baden-Badener Unternehmergespräche«, die »Kaderschmiede für die Jungstars der Wirtschaft«[18]. Eine Einladung zum Seminar gilt als Ritterschlag – und als Empfehlung für höchste Ämter. Zweimal jährlich pauken 30 »Nachwuchsmanager« – Durchschnittsalter 43 Jahre – drei Wochen lang die Antwort auf die Gretchenfrage: »Was ist ein guter Manager und wie werde ich es?«

Das alles natürlich in angemessener Atmosphäre im schlossähnlichen Palais Biron. Eigenbewerbungen sind tabu. 95 Prozent sind auf Empfehlung von Ehemaligen hier, unter ihnen Jürgen Schrempp, Henning Schulte-Noelle, Eckhard Cordes und sogar Klaus Kleinfeld. Was bleibt, ist »ein Netzwerk fürs Leben, mit inzwischen rund 2800 Ehemaligen. Die Teilnehmer erhalten eine

Liste mit ihren Namen, die ansonsten streng geheim sind.«[19] In Netzwerken wie diesem wird der Grundstein gelegt für die späteren Seilschaften auch zwischen Vorständen und Kontrolleuren über alle Firmengrenzen hinweg.

Aufsichtsratsschmu

Nun ist das Vertuschen von Fehlern unter Kumpanen eine Sache, das Arbeiten gegen den eigenen Konzern aber eine ganz andere:

CONTINENTAL
Würde Hubertus von Grünberg für den Geheimdienst arbeiten, würde er als »Doppelagent« bezeichnet werden: Der Aufsichtsratsvorsitzende der Continental AG beriet nebenbei für mindestens 400 000 Euro im Jahr die sogar der *Financial Times Deutschland* »bislang völlig unbekannte«[20] Münchener General Capital Group Beteiligungs GmbH – eine »Heuschrecke im Blindflug«[21], die im Herbst 2006 die Continental AG komplett aufkaufen wollte. Bezeichnenderweise scheiterte der Deal nicht zuletzt an der Angst der Investoren um ihren Ruf. Zwar schien von Grünbergs Verhalten – er hatte den Beratervertrag vor den ersten offiziellen Kontakten zwischen den Investoren und Continental gekündigt – »juristisch gerade noch vertretbar«. Aber »allein die Tatsache, dass von Grünberg früher einmal bezahlter Mitarbeiter des Deal-Initiators General Capital Group gewesen war, machte das Vorhaben aus ihrer Sicht anrüchig«[22]. Und so fragte Arno Balzer vom *manager magazin* mitfühlend: »Wie kann ein bis dahin angesehener Multi-Kontrolleur wie von Grünberg so leichtfertig seinen Ruf riskieren? ... war es die Versuchung, seine magere AR-Vergütung (bei Conti im vergangenen Jahr rund 200 000 Euro) aufzubessern?«[23]

MANNESMANN

Kaum ein anderer Fall verdeutlichte die Integrität deutscher Aufsichtsräte wie der Mannesmann-Skandal. Die wichtigsten Daten:

- *15. November 1999:* Mannesmann erhält ein Übernahmeangebot von Vodafone und weist dieses umgehend als »völlig unangemessen« zurück.
- *3. Februar 2000:* Vodafone und Mannesmann einigen sich auf eine Übernahme.
- *7. März 2000:* Weil Mannesmann-Vorstandschef Klaus Esser eine Rekordabfindung inklusive Prämie von umgerechnet knapp 30 Millionen Euro erhalten soll, zeigen ihn zwei Rechtsanwälte wegen des Verdachts der Untreue an.
- *17. Februar 2003:* Die Staatsanwaltschaft erhebt Anklage gegen Klaus Esser sowie die damaligen Aufsichtsräte Joachim Funk (Vorsitzender), Josef Ackermann, Ex-IG-Metall-Chef Klaus Zwickel, Konzernbetriebsratschef Jürgen Ladberg und Personalvorstand Dietmar Droste. Insgesamt betrug die unvorstellbare Summe an Prämien für das Spitzenmanagement genau 111 514 794 Mark, rund 57 Millionen Euro.
- *21. Januar 2004:* Der spektakulärste Strafprozess der deutschen Wirtschaftsgeschichte beginnt.
- *22. Juli 2004:* Das Düsseldorfer Landgericht spricht die Angeklagten frei.
- *21. Dezember 2005:* Der Bundesgerichtshof hebt die Freisprüche auf – und dies mit deutlichen Worten: »Es ist schlechterdings nicht vorstellbar, dass sich der in führenden Positionen der deutschen Wirtschaft tätige Angeklagte Dr. Ackermann und der Gewerkschaftsführer Zwickel für berechtigt gehalten haben könnten, in Millionenhöhe willkürlich über das ihnen anvertraute Gesellschaftsvermögen verfügen zu dürfen.« Die Freisprüche seien fehlerhaft, die Beweiswürdigung voller Lü-

cken. Bei den Angeklagten Ackermann, Joachim Funk und Klaus Zwickel sah das Gericht gar »den Tatbestand der Untreue verwirklicht«. Nach Einschätzung des Frankfurter Oberstaatsanwalts und Korruptionsexperten Wolfgang Schaupensteiner war es auch für Juristen neu, dass der Bundesgerichtshof die Millionenzahlungen als Untreue gesehen habe.

- *25. Oktober 2006:* Neuauflage des Mannesmann-Prozesses vor dem Landgericht Düsseldorf.
- *29. November 2006:* Der Prozess endet mit einem »Ablasshandel« *(FAZ)* – einer Verfahrenseinstellung gegen »Geldauflagen«: 3,2 Millionen Euro zahlt Josef Ackermann, 1,5 Millionen Klaus Esser, eine Million Joachim Funk, 60 000 Klaus Zwickel, 12 500 Jürgen Ladberg und 30 000 Euro der frühere Direktionsmitarbeiter Dietmar Droste. 60 Prozent dieser 5,8 Millionen Euro gehen an die Staatskasse, der Rest an gemeinnützige Einrichtungen.

Die Begründung des Richters Stefan Drees, es bestehe kein öffentliches Interesse an einer Fortsetzung des Verfahrens, klingt für den *Spiegel* »angesichts des allgemeinen Aufschrei ein bisschen hanebüchen«. Und natürlich war dies auch die Stunde der Empörungsprofis, allen voran die Grünen-Fraktionschefin Renate Künast: »Wäre der Satz ›Die Kleinen henkt man und die Großen lässt man laufen‹ noch nicht erfunden, wäre heute der richtige Tag dafür.« Die Bürger müssten den Eindruck gewinnen, dass die Summe nur hoch genug sein müsse, damit Manager vor ihrer Strafe davonkommen könnten.[24]

Wem allerdings angesichts der Lobgesänge des Duos Ackermann und Zwickel auf die großen Verdienste Klaus Essers die Schläfenadern anschwellen, der verkennt, dass Mannesmann zwar nicht den Managern gehörte, aber auch nicht den Bürgern, sondern den Aktionären. Die aber haben in der Regel weniger Interesse an Arbeitsplatzsicherung oder Standorterhaltung als vor allem an einem möglichst großen Gewinn ohne Arbeit, also an einem hohen Aktienkurs. Und dieses Ziel hat Klaus Esser auf den ersten Blick zweifellos erreicht: Am 19. November 1999, kurz nach Beginn der Übernahmeschlacht, lag die Mannesmann-Aktie bei 469,39 Mark (240 Euro), am Morgen des Übernahmetages 3. Februar 2000 aber bei 664,97 Mark (340 Euro), was einem Gewinn von gut 41 Prozent entspricht. Den aber musste man sofort versilbern, sonst sah man in die Röhre. Wer nämlich zum Beispiel 100 Mannesmannaktien besaß, sie brav umtauschen ließ und 2004 noch Vodafone-Aktionär war, konnte einen Wertverfall von 34 000 auf unter 11 000 Euro bestaunen. Betroffen waren natürlich die zahllosen arglosen Kleinaktionäre, die auf Anraten der Politik Aktien als Altersvorsorge besitzen. Folglich hat sich Klaus Esser nicht um »die Aktionäre«, sondern bestenfalls um die Spekulanten verdient gemacht.

BANKGESELLSCHAFT BERLIN

Vom 29. Juni 2005 an standen 15 hochkarätige Bankmanager in der Affäre um die Berliner Bankgesellschaft vor allem wegen schwerer Untreue vor Gericht. Sie sollten der Immobilienfirma Aubis 235 Millionen Euro weitgehend ungesicherte Kredite gewährt haben, wodurch der Bank ein Schaden von mehr als 75 Millionen Euro zu entstehen drohte.

Die Folgen: Im Jahr 2001 musste das Land der Bank 1,76 Milliarden Euro zuschießen und 2002 mittels eines schnell beschlossenen Risiko-Abschirmungsgesetzes eine Bürgschaft von 21,4 Milliarden Euro übernehmen – sonst hätte die Bankenaufsicht die Bank geschlossen. Für Rainer Frenkel von der *Zeit* ist es »ein Skandal, der das Land Milliarden gekostet hat und noch kosten wird«.[25]

Und nun stellt sich der Mann, der als Aufsichtsratschef der Bankgesellschaft in der entscheidenden Phase von 1994 bis 1999 über allem wachen sollte, Ex-Daimler-Chef Edzard Reuter, im April 2002 vor den Untersuchungsausschuss und räumt ein, es sei dem damaligen Vorstand nie gelungen, »bis in den Kern hinein die Geschäfte der Einzelbanken zu steuern und zu beeinflussen. Für mich selbst und den Aufsichtsrat sind die Dimensionen nicht immer erkennbar gewesen. Und ich gestehe ein, dass das wahrscheinlich ein schwerer Fehler gewesen ist.«[26] Sprach's und durfte – da gar nicht erst angeklagt – als freier Mann wieder das Gericht verlassen.

Man stelle sich vor, ein Kurier entschuldigt den Verlust einer Perlenkette damit, der Aufenthaltsort des Schmuckstücks sei für ihn »nicht immer erkennbar gewesen« ...

Auch privat ließ Reuter die Seinen nicht verkommen. So wurde offenbar mit seinem Einverständnis im Jahr 2000 die Villa des damaligen Bankchefs Wolfgang Rupf für insgesamt sechs Millionen Euro gekauft und nach dessen Geschmack ausgebaut. Und die Miete reichte nicht einmal für die Zinsen für das feudale Objekt. Wie Reuters Nachfolger Dieter Feddersen außerdem herausfand, war der übrige Aufsichtsrat nicht informiert.

»Der Aufsichtsratschef hat nach Gutsherrenart gehandelt«, urteilt der Berliner Wirtschaftsprofessor Hans-Peter Schwintowski. Nach Paragraph 87 des Aktiengesetzes hätte nämlich der gesamte Aufsichtsrat Kauf und Vermietung der Villa billigen müssen.

VW

In der VW-Affäre erkauft sich der frühere Personalvorstand Peter Hartz im Januar 2007 im Prozess vor dem Landgericht Braunschweig durch einen »Deal« mit Gericht und Staatsanwaltschaft ein bühnenreifes Urteil: Zwei Jahre auf Bewährung plus 576 000 Euro (360 Tagessätze) Geldstrafe für Untreue und Begünstigung von Betriebsräten wegen Schmiergeldzahlungen an den ehemaligen VW-Betriebsratschef Klaus Volkert. Sogar *Bild* fragte hier einmal korrekt: »Müssen Reiche nicht ins Gefängnis? Kann man sich mit viel Geld freikaufen?«[27]

Auf eine Anklage wegen diverser Bordellbesuche und wegen der Anmietung einer Wohnung für ungestörte Stunden hatte die Staatsanwaltschaft verzichtet. Die offizielle Begründung lautete, dass der dadurch entstandene Finanzschaden relativ gering gewesen sei. Hartz blieben damit Zeugenauftritte von Prostituierten erspart, was ihm zweifellos sehr wichtig war. Genüsslich berichtet *Welt Online:* »Als er dann erfuhr, Deutschlands größtes Boulevardblatt wolle über seine Eskapaden mit Liebesdamen auf VW-Kosten berichten, überlegte Hartz allen Ernstes, die gesamte Auflage aufzukaufen, damit die Nachricht nicht publik wird.«[28]

Als Gegenleistung für die gerichtliche Diskretion musste der fesche Personalchef »ein volles Geständnis« abliefern, also unter anderem die Aussage des Aufsichtsratsvorsitzenden und damaligen Vorstandschefs Ferdinand Piëch vom März 2006 decken, dieser habe »von allem nichts gewusst«.

Christian Bommarius von der *Berliner Zeitung* hat da seine Zweifel: »Ist es möglich oder wahrscheinlich, dass das vom VW-Personalvorstand Peter Hartz und dem VW-Betriebsratschef Klaus Volkert über ein Jahrzehnt betriebene Schmiergeldsystem ohne Zustimmung, sogar ohne Kenntnis des damaligen VW-Vorstandsvorsitzenden Ferdinand Piëch funktionierte? Ist die Behauptung Hartz' plausibel, er allein habe den Kauf Volkerts, also die faktische Liquidierung der betrieblichen Mitbestimmung, zwar im Interesse, aber ohne Wissen des Konzernherrn zu verantworten ...?«[29]

Wenn die Vorsitzende Richterin Gesine Dreyer recht damit hat, dass Hartz dem VW-Konzern »großen Schaden« zugefügt habe – die von der Staatsanwaltschaft errechneten 2 628 359,75 Euro sind dabei noch eher verschmerzbar als der Imageverlust –, dann kann das den Aktionären kaum egal sein. Die bestehen zwar zu

38,9 Prozent aus ausländischen »institutionellen Anlegern«, aber zu 13,7 Prozent gehört VW auch dem Land Niedersachsen und zu 30,2 Prozent Privatleuten, darunter durchaus auch Kleinaktionäre.

Heribert Prantl von der *Süddeutschen Zeitung* spricht vielen Bürgern aus dem Herzen: Vielleicht habe Peter Hartz »gar Strafmilderung verdient, weil die Prangerwirkung des Prozesses so noch größer war als ohnehin«.

Die kurzen Prozesse in Sachen Mannesmann und Hartz machen längst Schule: 80 Prozent aller Wirtschaftsprozesse werden mittlerweile mit Absprachen abgewürgt, die für den geständigen Angeklagten einen kurzen Prozess und ein mildes Urteil bedeuten. Dies aber könnte das Misstrauen der Bürger gegen das Rechtssystem, wenn nicht gegen die gesamte Gesellschaftsordnung weiter beflügeln. So warnte Generalbundesanwältin Monika Harms bereits Anfang 2006: »Wir fahren den Strafprozess vor die Wand.« Und Bayerns Justizministerin Beate Merk (CSU) setzt in der Ablehnung der Absprachen noch eins drauf: »Würde damit nicht unsere Rechtskultur gefährdet und die Justiz damit an Glaubwürdigkeit verlieren?«[30]

Aufsichtsratshonorare: Absahnen, bis der Arzt kommt

Wer nicht (gut) arbeitet, soll wenigstens gut essen. Dieser Volksweisheit in ihrer grotesk übersteigerten Variante scheint weitgehend die Entlohnung der dreißig DAX-Aufsichtsräte zu folgen. Tatsächlich erhalten die meisten für ihren Job, den sie gerne mit dem Flair des Ehrenamtlichen umgeben, richtiges Geld.

Nach Berechnungen der Unternehmensberatung Towers Perrin kassierten die Chefaufseher 2007 im Schnitt 258 000 Euro, rund elf Prozent mehr als 2006.

Spitzenreiter ist Clemens Börsig (Deutsche Bank) mit 618 000 Euro vor Jürgen Strube (BASF) mit 472 500 Euro und Gerhard Cromme von ThyssenKrupp mit 425 700 Euro. Selbst Schlusslicht Henri Filho von Adidas kommt noch auf 42 000 Euro
Die größten Sprünge machten die Aufsichtsratsbosse der Commerzbank mit 105 Prozent, der Deutschen Bank mit 73 Prozent und RWE mit 50 Prozent.

Putzig dabei: 70 Prozent der Bezüge sind erfolgsorientiert und statt an der Dividende zunehmend an Aktiengewinn oder Jahresergebnis angelehnt, also eher am Interesse gewissenloser (»rationaler«) Zocker als an der langfristigen und gesellschaftlich verträglichen Unternehmensentwicklung.

Die Kleinaktionäre mucken auf

Widerstand seitens der Aktionäre ist kaum in Sicht. »Normalerweise werden auf bundesdeutschen Hauptversammlungen alle Forderungen der Firmenlenker mit geradezu stalinistischen Mehrheiten abgenickt«, klagt Ulrich Papendick vom *manager magazin*. Aber es gibt auch kleine gallische Dörfer wie die Hauptversammlung der Immobilienbank Hypo Real Estate (HRE) im Mai 2006, in der alle Anträge glatt durchgingen – bis auf das Bonusprogramm von jährlich 700 000 Aktien für die Topmanager. Noch aber wird derlei unter »Exotisches« abgehakt.
Denn genauso wie die tatsächliche Gleichheit der Bürger maßgeblich vom Geldbeutel bestimmt wird, so ist auch Aktionär natürlich nicht gleich Aktionär. Selbst das scheinbar gerechte Prinzip »one share – one vote« – das die EU verteidigen will und deshalb die stimmrechtslosen Vorzugsaktien ins Visier nimmt, hat seine Tücken: Weil auf den Hauptversammlungen zwar alle Unternehmen

und privaten Großaktionäre ihr Stimmrecht ausschöpfen, beileibe nicht aber jeder einzelne Kleinaktionär, entsprechen zum Beispiel zehn Prozent Aktien in der Praxis einem viel höheren Stimmenanteil.

Aber sogar diese faktische Entrechtung der Kleinanleger geht den Großen und ihren Managern noch nicht weit genug. So beschloss die Hauptversammlung von ThyssenKrupp im Januar 2006 auf Vorschlag von Aufsichtsrat und Vorstand mit der erforderlichen Dreiviertelmehrheit, dass der Alfried Krupp von Bohlen und Halbach-Stiftung als Hauptaktionärin ohne Zustimmung der Aktionäre künftig drei statt zwei von 20 Aufsichtsratssitzen garantiert werden. Dies stieß auf massive Empörung der Aktionärsschützer, vor allem weil sich die Stiftung bereits im Vorfeld mit der Aufstockung ihres Anteils von 23,7 Prozent auf 25,1 Prozent die Sperrminorität gesichert hatte und damit, da sie selbst nicht übernommen werden kann, ThyssenKrupp zur »uneinnehmbaren Festung« gemacht habe. Reinhild Keitel von der Schutzgemeinschaft der Kapitalanleger (SdK) sieht darin »eine Zweiklassengesellschaft von Aktionären«, und Roland Rott von der britischen Investmentgesellschaft Governance for Owners lehnt ein Entsenderecht für Unternehmen sogar generell ab.

Nun mag man sich über die Faust in der Hosentasche des Kleinaktionärs lustig machen, aber Kleinvieh macht auch Mist. Noch immer klug aus dem Schaden des Börsendesasters von 2001 und gewarnt durch das »Maigewitter« von 2006, denken immer mehr Bundesbürger: »Nach dem Crash ist vor dem Crash.« Trotz eines insgesamt beeindruckenden Höhenflugs der Kurse investierten im Jahr 2006 nur noch 10,3 Millionen Bundesbürger in Aktien, fast eine halbe Million weniger als 2005.

Diese Scheu, sich von zwielichtigen Leuten das hart und ehrlich verdiente Geld aus der Tasche ziehen zu lassen, findet natürlich nicht den ungeteilten Beifall der Marktwirtschaftler. So könnte

Fondsmanager Hendrik Leber von der Frankfurter Vermögens-
verwaltung Acatis seine Ratschläge aus der Satiresendung *Scheibenwischer* haben: »Man kann langfristig sehr viel entspannter
investieren, wenn man schon vorher mit Rückschlägen am Markt
rechnet.« Diese müsse man entweder aussitzen können oder – bei
entsprechenden Rücklagen – sogar als Gelegenheiten für weitere
Käufe sehen. Allerdings funktioniere diese Strategie nur, »wenn
man langfristig an ein Happy End und damit an eine generell stei-
gende Tendenz am Aktienmarkt glaubt«.[31] Und an die Fähigkeit
und Redlichkeit der Manager natürlich.

Gute Kapitalbesitzer – böse Manager?

In diesem Zusammenhang wird gelegentlich versucht, den Kritikern der Manager den Umkehrschluss unterzujubeln, nämlich
dass die Manager die Bösen, die Kapitalbesitzer aber die Guten
seien.

Das Lied vom selbstlosen Unternehmer und dem habgierigen Manager singt unter anderem auch Verleger-Erbe Frieder Burda, mit
500 Millionen Euro laut *manager magazin* einer der »ärmeren Reichen« der Republik: »Der Unternehmer alten Schlages hatte eine
ganz andere Einstellung auch zu Mitarbeitern. Viele der heutigen
Manager haben keine Beziehung zum Unternehmen und den Mitarbeitern. Sie denken immer nur an sich und werden nicht zur
Verantwortung gezogen, so wie beim privaten Unternehmer, der
Verluste macht, der alles verlieren kann. Manager richten Karstadt und Quelle, Opel oder andere Firmen zugrunde – und gehen. Die Gier der Manager, die gab es früher nicht.«[32]

Mit der Nummer »Guter Unternehmer – böse Mitarbeiter« versuchte es dereinst sogar der ruhmreiche Verleger Axel Cäsar
Springer. Im Dezember 1980 verriet der legendäre *Zeit*-Autor Ben

Witter seinen Lesern, Springer habe ihm gebeichtet, manchmal leide er bei der Lektüre der *Bildzeitung* »wie ein Hund«. Die Reaktion der Redaktion kam prompt: Wohl nie zuvor und auch niemals danach hat man Mitarbeiter der *Bild*-Zeitung derart empört, entschieden und kämpferisch für Arbeitnehmerinteressen eintreten sehen – und wenn auch für ihre eigenen. »Heute ist für uns der schlimmste Tag, seit wir bei *Bild* sind«, schrieben 150 Mitarbeiter ihrem Chef. »Dieser Tag ist deshalb schlimm, weil Sie uns in den Rücken gefallen sind.«[33]

Erst recht an der falschen Adresse wäre der 1985 verstorbene Zeitungszar mit seinem Absetzmanöver bei Gustav Seibt von der *Süddeutschen Zeitung* gewesen: »Wer mag, wenn er eine Woche *Bild* intensiv gelesen hat, noch vorbehaltlos Chefredakteur Kai Diekmann, Verlagschef Mathias Döpfner und Verlegerin Friede Springer begegnen? Dass diese Personen geachtete Mitglieder der bürgerlichen Gesellschaft bleiben können, das ist das eigentlich unfassbare Skandalon.«[34]

2. Kapitel

Aufgaben und Moral

»Peter Hartz zerstört die Illusionen, die wir hatten,
wenn wir an unser Land dachten.«
Arno Widmann

Die Aufgaben der Manager – Profit bis zum Abwinken

Wenn es zutrifft, dass Manager zumeist »raffgieriges asoziales
Pack« (Volker Pispers) sind, dann ist dies nicht unbedingt ihre
individuelle Schuld. Eigentlich ist es sogar ganz natürlich, denn
immerhin beruht ja die gesamte Ideologie der Marktwirtschaft
auf dem Eigennutzaxiom, also auf der Annahme, dass jeder sich
selbst der Nächste sei. Zur Theorie aufgeblasen, geht diese tri-
viale Mutmaßung davon aus, dass jeder Mensch von Natur aus
ein *homo oeconomicus* sei, also »nichts als ein tauschendes, ein
berechnendes Wesen. Er ist Kleinbürger. Er tauscht nicht nur produzierte Güter oder Leistungen – oder Arbeit, sondern alles, was
man sich wünschen könnte, so Freundschaft, Ansehen, Schönheit
oder Liebenswürdigkeit.«[35]

Mit einem Wort: ein mehr oder minder skrupelloser Raffke. Diese Habsucht sei »rational«, alle anderen Motive wie Altruismus,
Teilen, Solidarität dagegen »irrational«. Wenn sich also der Manager nichts anderem verpflichtet fühlt als dem Maximalprofit für
sich selbst und das Unternehmen, bei Aktiengesellschaften dem
»Shareholder-Value«, so lässt er demnach nur seinen Erbanlagen
freien Lauf.

Eigentlich muss natürlich auch Eigennutz nicht triebhaft auf das Finanzielle beschränkt sein, wie auch *Zeit*-Autor Thomas Hammer hervorhebt. »Natürlich gibt es Motivationselemente, die mit Geld nichts zu tun haben: zum Beispiel ein besonders angenehmes Unternehmensklima, ethisch hochwertige Produkte oder die Sicherheit des Arbeitsplatzes. Allerdings stellt sich die durchaus berechtigte Frage, welchen Stellenwert solche Anreize für einen Vorstandsvorsitzenden einer Aktiengesellschaft und seine Kollegen haben. Ihr Treibstoff ist das Geld.«[36]

Nun kann man über die Manager denken, was man will. Es ist aber kaum anzunehmen, dass sie mehrheitlich als asoziale geldversessene Verbrecher dastehen wollen – nicht einmal vor sich selbst: Moralfreie Habsucht braucht offenbar eine moralische Rechtfertigung. Was kommt also gelegener als eine Theorie, wonach gerade die unbegrenzte Raffgier des Einzelnen zum optimalen Wohlstand für alle führt?

Als Kronzeuge für dieses segensreiche Wirken der Habsucht wird zumeist Adam Smith bemüht, besser gesagt, ein einziges Zitat: »Nicht von der Güte des Fleischers, Brauers oder Bäckers erwarten wir unsere Mahlzeiten, sondern von deren Rücksicht, die jene auf ihr eigenes Interesse nehmen.«[37] Daraus machen die heutigen Wirtschaftsliberalen und ihre Manager das Dogma: Durch die rücksichtslose Konkurrenz ungehemmter Egoisten entsteht optimaler Wohlstand für alle. Der Habgierige ist der wahre Wohltäter der Menschheit! Dementsprechend müssen Unternehmer ebenso wie Manager als »personifiziertes Kapital« (Karl Marx) handeln – also wie denkende und sprechende Geldsäcke.

Nur folgerichtig betrachten viele Manager die Arbeitnehmer nicht als Menschen, sondern als Sache, nämlich als »Humankapital«. In den Arbeitslosen sehen sie »Wohlstandsmüll«[38] und in den Beiträgen für eine menschenwürdige soziale Sicherheit ausschließlich »Lohnnebenkosten«.

Diese Reduzierung des Menschen auf Cent und Euro wird oft damit verteidigt, dass diese Verkürzung ja im Alltag üblich sei. So dächten Mediziner »beim Anblick einer schönen Frau an Muskeln, Knochen, Adern und innere Organe«; und beim Sport entschieden eben nur Höhe, Weite und Schnelligkeit, nicht aber Familienstand, Hobbys oder Haarfarbe des Athleten.

Moralische Schützenhilfe für diese Sicht der Welt erhält die Managerkaste aus der Politik, sogar von einem Mann, den viele als nächsten Bundeskanzler erwarten: Roland Koch ist ein leidenschaftlicher Verfechter der Ellenbogengesellschaft. Man dürfe manche Begriffe »nicht gegeneinander ausspielen, wie etwa mit dem Slogan ›Solidarität statt Ellenbogen‹ geschehen. Vielmehr bedingen diese Begriffe einander.« Für Koch »liegt es auf der Hand, dass eine leistungsfähige Soziale Marktwirtschaft ohne sie nicht fähig wäre«.[39] Dies klingt allerdings wie die Illustration eines alten Witzes: Zwei Manager im Urwald angesichts eines Löwen. Was tun? Einer zieht Turnschuhe an: Er muss nicht schneller sein als der Löwe, sondern nur als der Konkurrent.

Theoretisch wird die Annahme, dass Eigennutz zum Besten aller Beteiligten führt, schon allein durch das recht simple spieltheoretische Modell des *Gefangenendilemmas* widerlegt: Häftling A und B, die sich nicht absprechen können, haben die Wahl: Gesteht einer, kommt er als Kronzeuge frei, der andere bekommt fünf Jahre. Gestehen beide, gibt's vier Jahre, und leugnen beide, nur zwei Jahre. Der rationale *homo oeconomicus* A kalkuliert: 1. B gesteht: Gestehe ich auch, bekomme ich vier Jahre, sonst fünf. 2. B leugnet: Gestehe ich, komme ich frei, leugne ich, gibt es zwei Jahre.

Fazit: Egal ob B leugnet oder gesteht: Wenn A gesteht, fährt er besser. Der Clou: Rational wählen beide das Geständnis und kriegen vier Jahre. Hätten beide geleugnet, wären sie mit zwei Jahren aber besser gefahren. Es ist also sehr leicht möglich, dass eigennützige

»Marktteilnehmer« die Gesellschaft zugrunde richten und Manager den Ast absägen, auf dem sie sitzen.

Natürlich kennen auch die Neoliberalen dieses Modell, stören sich aber nicht weiter daran. Warum?

Managerethik:
Neoliberale Gegenaufklärung und Ersatzreligion

Besser als tausend Bände Theorie zeigt ein kleines Beispiel, wie es um die Ethik der Manager bestellt ist. Die Universität Frankfurt verlieh dem Altana-Chef Nikolaus Schweickart am 22. März 2007 eine Honorarprofessur mit den Schwerpunkten Unternehmensethik und Corporate Governance (gute Unternehmensführung). Am selben Tag erfuhren die Mitarbeiter von Altana Pharma, dass 1250 von ihnen, davon 930 in Deutschland, ihren Arbeitsplatz verlieren. Nun reicht aber ein derartiger Umgang mit dem »Humankapital« selbst im »Koch-Land« Hessen nicht zur Ethikprofessur, noch dazu »ehren«halber. Aber Schweickart ist auch Botschafter des ideologischen »Arbeitgeberrollkommandos« Initiative Neue Soziale Marktwirtschaft (INSM), von dem noch die Rede sein wird.

Der neoliberale Aberglaube

Dass ungezügelte freie Konkurrenz zu allgemeiner Wohlstandsmehrung führt oder – wie Helmut Kohl es den gutgläubigen Deutschen nach der Vereinigung als Nachplapperer der wirtschaftsliberalen Wohlfahrtstheorie zurief – »es keinem schlechter, aber vielen besser gehen wird«, wurde seit Bestehen des Kapitalismus auch praktisch als Propagandalüge entlarvt. Selbst die kurze Phase des Wirtschaftswunders nach dem Zweiten Weltkrieg hatte weniger mit den »Allheilkräften des Marktes« zu tun: Zum einen konnte es den meisten Menschen damals kaum noch schlechter gehen, zum anderen wird Ludwig Erhards Soziale Marktwirtschaft ja posthum von den Neoliberalen als »Staatssozialismus« verspottet: Soziale Sicherheit und relativer Wohlstand für breite Teile der Bevölkerung waren schließlich nicht Ergebnis der ungehemmten Kräfte des Marktes, sondern von deren Zügelung.

Ein wichtiger Grund dafür war die latente Konkurrenz durch die DDR. »Geh doch rüber in den Osten«, lautete der Ratschlag an alle Kritiker des westlichen Systems: Zwar garantierte der östliche Staatskapitalismus Arbeitsplätze, Gesundheitsversorgung, Kinderbetreuung, Ausbildung, bezahlbare Mieten, Energie und öffentliche Verkehrsmittel – aber all das gab's im Westen auch und meist besser. Man stelle sich aber einmal vor, ein solches System würde auch heute noch »vor unserer Haustür« existieren: Nicht alle Menschen wären »lieber tot als rot«. Kein Wunder also, dass der Vordenker der US-Marktradikalen, Francis Fukuyama, nach dem Zusammenbruch des Ostblocks ebenso erleichtert wie größenwahnsinnig das »Ende der Geschichte« verkündete.

Das Ende der Geschichte? »Wir werden uns von vielen der scheinsittlichen Grundsätze lossagen, die uns seit zweihundert Jahren wie ein Albdruck verfolgt haben, wobei wir einige der abstoßendsten menschlichen Eigenschaften in die Stellung höchster Tugenden emporgehoben haben. Die Liebe zum Geld als Besitz [...] wird [...] als eine jener halb verbrecherischen, halb krankhaften Neigungen [erkannt werden], die man mit Schaudern an die Fachleute für geistige Erkrankungen verweist.«[40] Dies sagt kein neidischer Faulpelz oder Himbeeren züchtender Gutmensch, sondern einer der bedeutendsten Vordenker der Marktwirtschaft: John Maynard Keynes.

Aber der Reihe nach: Bereits seit den 1980er Jahren durch Ronald

Reagan, Maggy Thatcher und Helmut Kohl weltweit salonfähig gemacht, wurde der Marktradikalismus zusehends zum Turbokapitalismus und steht heute vor einem beachtlichen Scherbenhaufen, auch in Deutschland.

Hier 10,6 Millionen Arme oder von Armut Bedrohte, dort ein Häuflein Milliardäre, das ohne einen Handschlag reicher und reicher wird – darunter Erben, deren heutiges Vermögen in intimster Freundschaft mit Hitler und Goebbels aufgehäuft wurde, oder eine Witwe, die vom Kindermädchen bei einem verheirateten Milliardär zu dessen nächster Ehefrau avancierte. Gesundheitswesen, Renten, Kinderbetreuung, Bildung, Energie, Verkehr, Wohnen, Arbeitsplätze oder Lehrstellen: Fast alle Bedingungen für ein menschenwürdiges Leben sind für die übergroße Mehrheit unsicher und für immer mehr Menschen unerreichbar geworden – und dies trotz ständigen Anstiegs der Arbeitsproduktivität. Rein technisch könnte trotz angeblicher Überbevölkerung und Überalterung die gesamte Menschheit in Saus und Braus leben. In Wahrheit aber besitzt die Hälfte der Menschheit nur etwa ein Prozent des Globalvermögens.

Das grandiose Scheitern der Theorie überrascht deshalb nicht, weil schon die Grundannahmen offensichtlich falsch sind. Das marktradikale Modell setzt nämlich nicht nur den Anbieter, sondern ebenso den Käufer, also auch den Endverbraucher, als *homo oeconomicus* voraus. Nun sind aber rationale Entscheidungen nur anhand umfassender Informationen und Analysefähigkeiten möglich – wer kann anhand eines Fotos die Echtheit eines Gemäldes, den Zustand eines Gebrauchtwagens oder den Fäulnisprozess von Fleisch beurteilen? Demnach also müsste jeder Supermarktkunde ein professioneller Marktforscher und Qualitätsprüfer sein.

Dieser zurechtgeträumte souveräne, umfassend informierte und auch noch völlig sachkundig und emotionslos entscheidende Kunde als Grundlage einer Wirtschaftsordnung ist ebenso plausibel wie etwa die Fiktion eines allwissenden, weisen, gerechten und gütigen Königs Salomon als Plädoyer für die Monarchie. Noch absurder wird das neoliberale Modell angesichts der Tatsache, dass per definitionem zum Wesen eines eigennützigen moralfreien Anbieters auch der – nur vor der Angst vor Auffliegen und Bestrafung gebremste – Betrug am Käufer gehört. Dieser Betrug freilich ist – im Gegensatz zur Utopie vom souveränen Kunden – in Gestalt von Gammelfleisch, Mogelpackungen und gepanschtem Wein tatsächlich empirisch nachweisbar, sogar fast täglich der Presse zu entnehmen. Und da nach der Theorie der Konsument durch den Kauf seine Zufriedenheit und den Wunsch nach noch mehr solcher Produkte bis zum Abwinken (»Grenznutzen«) äußert, möchte jeder Gammelfleischkäufer auch künftig Gammelfleisch im Laden sehen.

Aber nicht einmal der Manager selbst erweist sich als rationaler Profitjäger. Einmal abgesehen davon, dass auch er als allwissender *homo oeconomicus* einen kindischen Wunschtraum darstellt, ist für Szenekenner wie den NTV-Journalisten Stefan Riße selbst bei den größten Konzernen anstelle rationaler Entscheidungen oft Machtgier und »eitler Größenwahn« im Spiel: »Der Kauf von Rover durch BMW wäre nicht zustande gekommen, hätte Daimler-Benz nicht zuvor mit Chrysler fusioniert. Der damalige BMW-Chef Bernd Pischetsrieder wollte seinem Kollegen Jürgen Schrempp in nichts nachstehen.«[41] Das bestätigt auch eine Untersuchung der Soziologen Erwin und Ute Scheuch: »Auf dem Niveau materieller Saturiertheit, auf dem unsere Topmanager schon längst angekommen sind, geht es für viele nicht mehr um das Handeln im Dienst einer Unternehmung und nicht einmal mehr vorrangig um den eigenen materiellen Vorteil – das auch –, sondern um Macht.«[42]

Bei alledem ist es erstaunlich, dass die Theorie des *homo oeconomicus* bei uns noch immer durch die Anführer von Wirtschaft,

Politik und Medien keck unters Volk gebracht wird und vor allem dem Managernachwuchs die Köpfe vernebelt. Aber sobald mäßig begabte und gebildete Individuen Zahlen und Formeln sehen, erstarren sie in Ehrfurcht und halten selbst den größten Unfug für »wissenschaftlich«. Kein Wunder also, dass zum Beispiel die Absolventen eines Betriebswirtschaftsstudiums heutzutage zum beträchtlichen Teil aus – wie der Bremer Wirtschaftsprofessor Rudolf Hickel sagt – »Fuzzis und Systemzwergen« bestehen. Wer könnte dies besser auf den Punkt bringen als Norbert Blüm: »Das Argumentationsniveau der neuen Ökonomen nähert sich vergleichsweise der absurden Behauptung: ›Karl liebt Maria 3,7-mal mehr als Erna.‹«[43]

Weniger verblüffend ist die Zählebigkeit dieser Pseudowissenschaft allerdings, wenn man sie als das nimmt, was sie ist: Entgegen aller behaupteten »Rationalität« ist der Neoliberalismus eine Art Gegenaufklärung. Für den Ethikprofessor und Jesuiten Friedhelm Hengsbach ist »Kapitalismus ... eine Weltanschauung und eine Religion, die sich nicht nur rational verhandeln lässt. Die Wucht der marktradikalen Propaganda ist wohl nur zu begreifen, wenn man sie auch religiös versteht.«[44] Religion aber bedeutet, bestimmte Dinge und Prognosen unbeschadet der Realität und vernünftiger Überlegungen einfach zu glauben. Und je unsicherer und ängstlicher die Menschen sind, desto mehr greifen sie zur Religion als mystische Hilfe zur Daseinsbewältigung.

Ähnlich verhält es sich mit der Ausgangsüberlegung von Adam Smith, Grund dafür, dass die Raffsucht der Einzelnen den Wohlstand für alle bewirke, sei *die unsichtbare Hand des Marktes* – ein Gottesbild also, das geistig und kulturell noch hinter das der Höhlenmenschen zurückfällt.

So räumte der Mitbegründer des Neoliberalismus, Friedrich August von Hayek, unumwunden ein: »Das System funktioniert unter der Bedingung, dass der Einzelne bei seiner Teilnahme an sozialen Prozessen bereit und willig sein muss, sich Änderungen anzupassen und Konventionen zu unterwerfen, die nicht das Ergebnis vernünftigen Planens sind (...) und deren Ursachen vielleicht niemand versteht.«[45] Oder mit den Worten des Neoliberalismusforschers Professor Herbert Schui: »Im Menschen- und Gesellschaftsbild des Neoliberalismus ist der Mensch verdammt zu ewiger Unkenntnis, Gefangener im Dickicht allgemeiner Unübersichtlichkeit.«[46]

Damit aber betreibt der Neoliberalismus quasi die Rückentwicklung des Menschen zum Primaten, also das Gegenteil von Aufklärung: »Seit je hat Aufklärung im umfassendsten Sinn fortschreitenden Denkens das Ziel verfolgt, von den Menschen die Furcht zu nehmen und sie als Herren einzusetzen.«[47]

Hayek selbst, um keine Verdrehung verlegen, verkauft das sozialdarwinistische System, das Reiche immer reicher und Arme immer ärmer macht, als Resultat der Evolution. Bedauerlicherweise stünden dem Endsieg des totalen Marktes aber derzeit noch Instinkte aus der Zeit der Urhorden entgegen, vor allem die Solidarität. Diese »atavistische Sehnsucht nach dem Leben des edlen Wilden« ist laut Hayek »Hauptquelle kollektivistischen Gedankenguts«.[48] Und entsprechend verkündet er: »Ich kann nicht sozial denken, denn ich weiß gar nicht, was das ist.«[49] Zu Recht stellt Hayek fest, dass die Grundidee der Wohlfahrtsökonomie, maximaler Wohlstand für alle, mit hemmungsloser freier Konkurrenz unvereinbar ist, weil es beim Vernichtungskrieg jeder gegen jeden »keine gemeinsamen konkreten Ziele« geben kann.[50] Naheliegende gemeinsame Ziele aller Konkurrenten wie die »Verhinderung des Weltuntergangs« oder sogar »Rettung des christlichen Abendlandes« verschließen sich Hayeks soziopathischer einzelwirtschaftlicher Sichtweise.

Ein weiterer Theoretiker des Neoliberalismus demonstrierte ziemlich deutlich die praktische Anwendung des *homo oeconomicus:*

Der neokonservative Weltbankpräsident Paul Wolfowitz soll drei Monate nach Amtsantritt seine Lebensgefährtin Shaha Riza im September 2005 zum Wechsel von der Weltbank ins US-Außenministerium und einer beträchtlichen Gehaltserhöhung verholfen haben. Selbst die deutsche Bundesregierung forderte den Bush-Intimus zum raschen Rücktritt auf, der im Sommer 2007 denn auch erfolgte. Allerdings war die Affäre nur der Anlass für den Abgang des »härtesten Neocon« *(Spiegel)*, wahrer Grund aber »sein ideologisch-persönlicher Ballast, der ihm das Genick brach und zum Schluss sogar im Weißen Haus die letzten Vasallen vergrätzte«.[51]

Nur konsequent verheißt der Neoliberalismus zwar noch »optimale Ressourcenverteilung« – was natürlich angesichts massenhaft brachliegenden »Humankapitals« und kaum ausgelasteter Produktionskapazitäten recht verwegen anmutet. Aber er heuchelt nicht einmal mehr eine bessere oder gar gute Zukunft. Nicht allgemeiner Wohlstand ist nunmehr das Ziel, sondern nur die Verteidigung des Privateigentums und die Gleichberechtigung der »Marktteilnehmer« – also nicht der Armen und Arbeitslosen! – beim allgemeinen Hauen und Stechen.

Dies ist übrigens gemeint, wenn die Politik nebulös von »Chancengerechtigkeit statt Verteilungsgerechtigkeit« faselt: die künftige Gesellschaft im besten Falle wie ein Lottospiel mit einem einzigen Superjackpot und zig Millionen Nieten.

Wie viele Religionen, ist der Neoliberalismus in Wahrheit ein Mittel der Gehirnwäsche. Eine zentrale Rolle spielt dabei die *Globalisierung.*

Der rationale Kern dieses Begriffs, nämlich »die Verschlingung aller Völker in das Netz des Weltmarktes und damit der internationale Charakter des kapitalistischen Regimes«, wurde bereits 1867 von Karl Marx ausführlich beschrieben.[52]

Ob diese »Globalisierung« infolge von Entwicklungen wie Telekommunikation oder EU-Erweiterung eine neue Qualität erreicht hat, sei dahingestellt, interessiert aber die Neoliberalen auch nicht die Bohne. Jesuit Hengsbach fasst zusammen: »Globalisierung« bewährt sich als Kampfformel, um Druck auf Belegschaften und breite Bevölkerungsschichten auszuüben, dass sie Lohnforderungen zurücknehmen, unbezahlte Mehrarbeit leisten und mit einer Veränderung der Verteilungsquoten sowie der Kürzung sozialer Leistungen einverstanden sind.«[53]

Besonders die Manager bekommen ihr Fett weg: »Als Trainingsformel ist die ›Globalisierung‹ bei Managerseminaren und Betriebsversammlungen beliebt. Die Mitarbeiterinnen und Mitarbeiter sind zwar gut aufgestellt, müssen aber noch schneller und besser werden. Ein olympisches Feuer flackert in den von Marathonläufern besetzten Unternehmen. Vorstandsmitglieder suchen in ihren Kolleginnen und Kollegen das missionarische Bewusstsein einer Vision zu wecken.«[54]

Alois Weber fasst dies in der *Gazette* anschaulich zusammen: »Der Markt ist Gott ... Weltreligion geworden, weil er als Weltmarkt eine globale Unterwerfung unter seine Glaubensmaximen verlangt, (und) hat sich zu einem über den Menschen stehenden Wesen realisiert. Man spricht von ihm auf eine Art und Weise, dass die den Markt konstituierenden Bestandteile, d. h. die tausendfältigen Einzelentscheidungen der Marktteilnehmer, hinter einem ehrfurchtgebietenden Begriff verschwinden, der in Form eines Kollektivsingulars entzeitlicht und angebetet wird.«[55]

Welche Zukunft verheißt nun diese Religion? Marktradikale Propheten wie Zbigniew Brzezinski, Berater der US-Präsidenten Kennedy, Johnson und Carter, propagieren eine Art Einfünftelgesellschaft: Zwanzig Prozent sichern als Besserverdiener Produktion und Absatz, während achtzig Prozent als Arbeitslose in einer modernen Variante von »panem et circences« dahinvegetieren: Almosen aus Abfalltonnen, Fastfoodmüll und Billigfusel sichern das physische Überleben, »tittytainment«, also die Rundumberiese-lung durch primitivste Gossenmedien[56] Marke *Bild* und *Schmuddel-fernsehen*, sorgt für die Massenverblödung in Richtung Schuhgrö-ßen-IQ. Nicht umsonst betont der US-amerikanische Werbepapst Edward Bernay, dass »die bewusste und intelligente Manipulation der organisierten Gewohnheiten und Meinungen der Massen ein wichtiges Element der demokratischen Gesellschaft ist«.[57]

Nur am Rande sei daran erinnert, dass die »Globalisierung« na-türlich nicht vom Himmel gefallen ist.

Der Neoliberalismuskritiker Noam Chomsky sah bereits 1999 »kei-nen Grund zu der Annahme, dass wir von geheimnisvollen und unbekannten gesellschaftlichen Gesetzen beherrscht werden – es geht um Entscheidungen in Institutionen, die dem *mensch-lichen* Willen unterworfen sind und mithin auf ihre Legitimität hin geprüft werden können«.[58] So waren es ja nicht die Heinzel-männchen, sondern die rotgrüne Regierung, die zum Beispiel im Jahr 2000 die Körperschaftsteuerreform beschloss und dadurch jährlich zweistellige Ausfälle an Steuern verursachte, die jetzt für die Alten, Kranken, Kinder und Bedürftigen fehlen.

Daran ändert der Umstand nichts, wie in der Marktwirtschaft tat-sächlich bestimmte Gesetze wirken. Ebenso wirken ja auch im nicht manipulierten Lottoziehungsgerät die Gesetze der Wahr-scheinlichkeitsrechnung. Dennoch würde niemand auf die Idee kommen, das Ziehungsgerät zum göttlichen Wesen zu erklären.

Der christliche Marktradikalismus:
Die ökonomische Ethik

Nun könnte man annehmen, dass die christlichen Kirchen der neoliberalen Volksverblödung mit flammendem Schwert entge-gentreten. Zum einen fischt der Neoliberalismus unübersehbar in ihren Gewässern, zum anderen ist das Dogma vom schamlosen Egoisten als einzigem vernünftigem Menschen die Antithese zum christlichen Menschenbild und zu den Aussagen des überlieferten Christus.

Zudem kollidiert es mit der Realität: Menschen verhungern, während einige wenige andere in Schampus baden. Mehr noch: Die im Schampus baden und sich mit 100-Euro-Scheinen die Cohiba-Zigarren anzünden, fordern auf Wohltätigkeitsbällen bei Hummer und Kaviar vom Volk Spenden für die, die sich aus den Mülltonnen der Schampusbader und Hummervertilger ihr Überlebensmenü zusammensuchen müssen.

Dabei sind doch beide Gruppen eine Art siamesische Zwillinge:

»Reicher Mann und armer Mann
Standen da und sahn sich an.
Und der Arme sagte bleich:
Wär ich nicht arm, wärst du nicht reich.«

Diesen von Bert Brecht in »Alfabet« festgehaltenen Zusammenhang kapiert jeder Zwölfjährige. So weit, so gut, so ist das Leben – wäre da nicht der moralische Anspruch: der des christlichen Abendlandes.

Wie einfach wäre es, wenn die Manager einfach sagen könnten: »Ihr könnt uns mal mit eurem christlichen Gutmenschenschmarren.« Aber was wäre dann los im christlichen Abendlande?

Das Christentum nämlich können auch die Manager – unabhängig von ihrem persönlichen Weltbild – schlecht ignorieren.

Es ist schließlich in den westlichen Industrienationen Grundlage des Normensystems. Die Zahl der eingetragenen Christen beträgt z. B. in Spanien 97 Prozent, in Italien 83, in Frankreich 77, in den USA 85 und in Deutschland 66 Prozent, wobei diese geringe Zahl auf den hohen Anteil der Konfessionslosen in der Ex-DDR zurückzuführen ist.[59] All diese Menschen sind selbstverständlich mehrheitlich keine Vorzeigechristen, andererseits kann man vermuten, dass sie die Ansprüche des christlichen Menschenbildes im Großen und Ganzen teilen.

Der europäische Durchschnittsbürger – egal ob Katholik, Protestant oder »Nichtchrist« – verbindet mit dem Menschenbild des überlieferten Christus Begriffe wie »Nächstenliebe«, »Barmherzigkeit«, »Abgeben«, »Teilen« oder »Geben ist seliger denn Nehmen«. Nur folgerichtig ist es bislang noch nirgendwo gelungen, die freie Marktwirtschaft im Sinne von kompromisslosem Sozialdarwinismus völlig durchzusetzen. Die starke Verankerung des christlichen Menschenbildes beziehungsweise der auch von Adam Smith so bezeichneten abendländisch-christlichen Solidaritätsmoral zeigt sich gut am Beispiel des Spendenwesens. Sogar und besonders in den USA blüht zum Beispiel eine regelrechte Wohltätigkeitsindustrie. Was auch immer die Motive der »Wohltäter« sein mögen: Offenbar kommt man ohne zumindest eine Ideologie beziehungsweise ohne das Vortäuschen christlicher Nächstenliebe im Sinne von Abgeben nicht aus. Man kann mit Spenden offenbar sein soziales Ansehen steigern, während das Bekenntnis zu knallhartem Egoismus und Sozialdarwinismus eher dem Ruf abträglich ist.[60]

Die christliche Solidarität birgt ein gewaltiges systembedrohendes Potenzial. Dies zeigt erwähntes Hochwasser-Beispiel besonders deutlich: Denn von der uneigennützigen Spendenbereitschaft bis hin zur Frage: »Meine 100 Euro gebe ich ja gerne, aber was ist eigentlich mit den Milliarden der Superreichen?« – war es nur ein Schritt; und nicht zufällig wurde als Folge dieser erlebten Solidarität die Forderung nach einer Vermögensteuer so laut, dass sogar erbitterte Reichensteuer-Feinde wie der damalige Kanzler Schröder sie in den Katalog der Wahlversprechen aufnehmen mussten. Es ist klar, dass diese Forderung selbst nicht Ausdruck von Solidarität ist; und häufig wird Vermögenssteuer ja auch als Neidsteuer diffamiert. Offenkundig aber besteht ein Zusammenhang zwischen praktizierter Solidarität der Bevölkerung untereinander und der Forderung nach einem Minimum an Solidarität und Beschränkung der hemmungslosen Selbstbereicherung als Gesellschaftskonsens.

Wenn in diesem Sinne der Ratsvorsitzende der Evangelischen Kirche in Deutschland, Bischof Wolfgang Huber, »Manager mit Moral« fordert, dann hat dies also weniger mit christlicher Ethik als mit der Angst um das System der Marktwirtschaft zu tun: Eine »zu geringe« Rücksichtnahme auf Arbeitnehmerschicksale gefährde den sozialen Frieden.

Offenbar besteht also zwischen den Moralvorstellungen nicht nur der übergroßen Mehrheit der Bevölkerung, sondern auch eines Großteils der Manager und der Ideologie der Marktwirtschaft ein permanentes, weil systembedingtes Spannungsfeld. Die Devise lautet also »Was nicht passt, wird passend gemacht«: Wie nämlich können gottesfürchtige christliche Unternehmer und Konzernmanager unterm Weihnachtsbaum vor Rührung über die teuren Geschenke zerfließen, während weltweit zig Millionen Menschen verhungern und in Deutschland immer mehr Bürger in die (relative) Armut abrutschen? Gibt's da gar kein schlechtes Gewissen? Bekanntlich galt der ganze Abscheu des überlieferten Christus jenen Typen, die sich unter Berufung auf Gott und ihre eigene Frömmigkeit hemmungslos die Taschen vollstopften. Diese Gruppe nannte sich selbst Pharisäer, noch heute eine Bezeichnung für schamlose Heuchler. Und der Bezug zu heute drängt sich angesichts der galoppierenden Vergrößerung der Arm-Reich-Schere förmlich auf – in Gestalt einer der unverfrorensten Theorien der modernen Zeit: der *Ökonomischen Ethik.*

Nun haben sich schon immer Menschen gerade unter Berufung auf das Wort irgendeines Gottes unmoralisch, verbrecherisch oder eben »gottlos« verhalten. Und aktuell legt der bekennende Jesuitenschüler und »Linkskatholik« Heiner Geißler den Schluss nahe, wenn Jesus heute lebte, dann würde er die gesamte Führung der CDU/CSU als Pharisäer aus dem Gotteshaus jagen.

Selbstverständlich gab es jeweils auch eine Theorie zur Rechtfertigung unchristlichen Handels, und die heutige Variante ist jene *Ökonomische Ethik*. Dieser Ansatz wird auf den inzwischen emeritierten Wirtschaftsprofessor Karl Homann von der katholischen Universität Eichstätt zurückgeführt und von anderen Ökonomen dieser Universität weiter verfolgt. Homanns neue »Wissenschaft« ist deshalb besonders wichtig, weil sie offenbar auch die allgemeine und offizielle Anerkennung der katholischen Amtskirche in Deutschland findet.

Wer als Unternehmer oder Manager wochentags massenweise Menschen zum Wohle der Profitmaximierung (»Shareholder-Value«) um ihren Job bringt, alleinerziehende Mütter in den Ruin und verzweifelte Familienväter in den Tod treibt, am Sonntag aber voll Andacht und selbstgerechter Rührung dem Gottesdienst beiwohnt und für die Armen betet, dem kam das Ganze bislang trotz aller verlogener Selbsttäuschung ein wenig seltsam vor. Doch damit ist jetzt Schluss.

Auf einer Tagung der *Initiative Neue Soziale Marktwirtschaft* outete sich schon 2002 ausgerechnet der Aufsichtsratsvorsitzende der Deutschen Katholischen Kirche, Kardinal Lehmann, als geradezu leidenschaftlicher Anhänger der Götzenlehre, egoistische Habgier sei die edelste christliche Eigenschaft: Der Einzelne wolle seine Existenz sichern und materiell und ideell verbessern. In diesem Sinne gehöre das Streben nach Existenzsicherung, Wohlstand und Anerkennung zur menschlichen Realität, sei aber ohne Wettbewerb nicht möglich, der auch Innovationen fördere.[61]

Der Wettbewerb gleichsam als Bestandteil der »göttlichen Schöpfung«? Wo hat der Kardinal das her? Aus einem bisher unveröffentlichten Evangelium? Am Ende aus demselben Dornenbusch, aus dem auch George W. Bush Gottes persönlichen Befehl zum Überfall auf den Irak erhielt?

Nur konsequenterweise stichelt Lehmann auch gegen den »Neidkomplex der Deutschen« und meint damit offenbar Forderungen nach höheren Steuern für Reiche. Und die Agenda 2010 hält Lehmann für »im Grundsatz unbedingt notwendig«.

Die katholische Amtskirche vertritt also im Prinzip nichts anderes als das erwähnte Menschenbild des *homo oeconomicus* vom rationalen Egoismus und der irrationalen Solidarität. Aber die Christen brauchen dennoch keine Angst um ihr Seelenheil zu haben. Das grenzenlose, nimmersatte Profitstreben hat nämlich laut Kardinal Lehmann mit Egoismus nichts zu tun: »Ein solches Selbstinteresse darf nicht einfach mit einer verwerflichen egoistischen Selbstliebe identifiziert werden.«[62] Der große uruguayische Schriftsteller Eduardo Galeano sieht das weniger nebulös: »Es zerstört die solidarischen Beziehungen zwischen den Menschen. Es zwingt uns, die anderen als Feinde zu betrachten. Es überzeugt uns, dass das Leben eine Rennbahn ist, auf der es wenige Gewinner und viele Verlierer gibt. Es ist ein System, das die Seele vergiftet.«[63]

Gottes Wort von der Werbeagentur?

Den Gipfel der nassforschen »Modernisierung« christlicher Lehre – und aus Sicht ehrlicher Christen auch der Gotteslästerung – bildet das Impulspapier *Das Soziale neu denken* der Deutschen Bischofskonferenz vom 12. Dezember 2003, das man sich der Einfachheit halber gleich direkt von der INSM schreiben ließ, die ihrerseits von der Werbeagentur *Scholz & Friends* betreut wird.[64] Tatsächlich werden im Vorwort (»Wir danken herzlich folgenden

Persönlichkeiten, die an der Erarbeitung des vorliegenden Impulstextes mitgewirkt haben«) zwei berüchtigte Anführer der INSM namentlich genannt: Kuratoriums-Chef und Wirtschaftsprofessor Hans Tietmeyer sowie der sattsam bekannte, zum »Finanzexperten« hochgejubelte Juraprofessor Paul Kirchhof.

Entsprechend eindeutig fällt das Urteil des Jesuiten Hengsbach und zweier weiterer katholischer Ethikprofessoren aus: »Statt das ›Leitbild der solidarischen und gerechten Gesellschaft‹ fortzuschreiben, entsteht der Eindruck, dass nun auch die Bischöfe in den breiten Strom der aktuellen Sozialstaatskritik einstimmen, das Prinzip der Verteilungsgerechtigkeit aufgeben und die sozialkatholischen Vorstellungen von sozialer Gerechtigkeit und solidarischer Verantwortung zugunsten der liberalen Prinzipien von privater Vorsorge und Eigenverantwortung abschwächen.«[65]

Nun sind abenteuerliche Religionsmodernisierer nicht unbedingt blöd. So weiß der bekannte Homann-Schüler und Wirtschaftsprofessor Andreas Suchanek sehr wohl, dass das Loblied auf die Raffgier als moralische Eigenschaft jedem halbwegs klar denkenden und ehrlichen Christen recht seltsam vorkommen muss: »Eine solche Denkweise hat damit zu rechnen, auf massive Vorbehalte zu stoßen.« Also setzt er – Frechheit siegt – noch eins drauf mit dem Hinweis, dass andererseits »die Menschen in den westlichen Demokratien in einer demokratisch und marktwirtschaftlich verfassten Ordnung leben, die systematisch genau auf diesem reflektierten Eigeninteresse beruht«.[66]

Deshalb scheint das Umfrisieren des Christentums zur Lehre der schamlosen Habsucht noch das kleinere Übel, denn: »Tatsächlich jedoch ist es für die soziale Ordnung viel gefährlicher, wenn die moralischen Vorstellungen der Menschen nicht vermittelt sind mit den Bedingungen ihres alltäglichen Handelns.«[67]

Auf Deutsch: Würden die Menschen das christliche Menschenbild ernst nehmen, dann könnten sie womöglich die gesamte »soziale

Ordnung« der hemmungslosen Bereicherung einer Handvoll zu Lasten der Bevölkerung einfach hinwegfegen.

Die Argumentation ist frappierend: Da der Egoismus des Menschen rational, Selbstlosigkeit dagegen irrational ist, kann man den Egoisten nur zur Moral bewegen, wenn sie gleichzeitig Profit bringt, und zwar den maximalen. Nur folgerichtig sagt die Ökonomische Ethik: Wettbewerb ist solidarischer als Teilen[68] und Egoismus die höchstmögliche Form von Solidarität.[69]

Dies ist allerdings die Antithese zur Botschaft des Neuen Testaments, insbesondere zum Jesuswort: »Geben ist seliger denn Nehmen.« Homann macht daraus: »Ökonomik ist Ethik mit ... erweiterten, zusätzlichen Mitteln.« Und er fordert, »die Zehn Gebote als ökonomische Kalkulation zu betrachten«.[70] Das Jüngste Gericht als himmlischer DAX?

Das wiederum heißt: »Langfristige Gewinnmaximierung ist kein Privileg der Unternehmen, sondern sittliche Pflicht. Moralische Intentionen werden durch den Wettbewerb geltend gemacht. Jegliche staatliche Eingriffe aus moralischen Gründen ruinieren die Wirtschaft.«[71] Auf Deutsch: Moral verdirbt das Geschäft.

Ironisch könnte man anmerken: Nach der Ökonomischen Ethik hätte Sankt Martin seinen Mantel nicht an einen Frierenden verschenken dürfen, sondern den Mantel verkaufen und den Erlös in eine Textilfabrik investieren müssen. Der Gottessohn selbst hätte vermutlich eine steuerlich absetzbare Spende überwiesen – verkündet doch die *Welt am Sonntag* ausgerechnet am Heiligabend 2006: »Schon Jesus kannte Girokonten.«

Wohin diese Theorie führt, zeigen einige Beispiele: Nach der Logik, Wettbewerb ist solidarischer als Teilen, war jeder Cent, den ein Unternehmen ohne Medienrummel für die Hochwasseropfer gespendet hat, ein Cent zu viel. Stattdessen hätten die Unternehmen ihr Geld lieber für Profitmaximierung einsetzen sollen, da diese per definitionem auch die optimale Ethik herstellt. Rüstungsgüter dürften in diesem Sinne in Krisengebiete geliefert werden. Denn laut Ökonomischer Ethik ist jegliche Zurückhaltung auf dem Gebiet unmoralisch; weil dieses Unternehmen ansonsten vom Markt verschwinden würde und die unmoralischen Lieferanten damit unter sich wären. Also könne und müsse das christlich motivierte Unternehmen ungehemmt zum Völkermord beitragen und – wenn nichts dazwischenkommt – auf die Änderung der institutionellen Rahmenbedingungen drängen: »Die Verantwortung von Unternehmen besteht darin, geeignete Investitionen zur eigenen und zugleich allgemeinen Besserstellung zu finden und zu realisieren.«[72]

Sämtliche Skrupel werden im Keim erstickt vom Sachzwang zum unmoralischen und kriminellen Handeln. Heraus kommt die absurde Umkehrung der christlichen Ethik in die abartige Logik: Die erfolgreichsten Unternehmer sind die besten Christen. Also kann man die Frömmigkeit am Aktienkurs ablesen.

Nun kann nicht einmal die *Ökonomische Ethik* die menschenunwürdige Wirklichkeit der Marktwirtschaft mit Arbeitslosigkeit und Massenarmut wegdiskutieren: Es werden eben nicht alle »bessergestellt«. Denn die Marktwirtschaft hat laut Andreas Suchanek einen klitzekleinen Haken: »Das Problem – und zugleich die Antwort auf die Frage, warum die Marktwirtschaft einen relativ schlechten Ruf hat – besteht somit darin, dass ... die grundsätzliche Besserstellung aller notwendigerweise immer wieder mit Zumutungen an einzelne verknüpft (ist), z. B. in Form von Arbeitsplatzverlusten.«[73]. Offenbar versteht Suchanek unter »alle« die Handvoll Reicher und unter »Einzelne« den Rest der Gesellschaft.

Und jetzt kommt's: »Diese Zumutungen sind in gewissem Sinne durchaus vergleichbar mit den Verzichtsleistungen, die mit unmittelbaren Formen von Solidarität verknüpft sind. Der Unterschied besteht nun jedoch darin, dass diese Formen gesellschaftlicher Solidarität – also der Besserstellung anderer – nicht als solche empfunden wird, vor allem deshalb, weil man sich nicht aussuchen kann, ob man sich die Zumutung auflädt oder nicht.«[74] Die Krönung:

»Doch eben darin liegt eine wichtige Qualität: Die Zusammenarbeit zum gegenseitigen Vorteil wird nicht vom Wohlwollen eines jeden abhängig gemacht – das wäre eine viel zu gefährdete Basis –, sondern von einem institutionellen Arrangement, das systematisch auf die Anreizkompatibilität setzt.«[75] Auf gut Deutsch: Die Bevölkerung wird zur Solidarität mit den Reichen gezwungen, und zwar durch das Gesellschaftssystem.

Und die »Christen« unter den Kapitaleignern und Managern können ruhigen Gewissens aufatmen. Die Ökonomische Ethik erweist sich als eine Theorie, die es ermöglicht, sich als vermeintlich gläubiger Christ die Taschen vollzustopfen, weil Profitmaximierung die christlichste aller Handlungsvarianten sei. Sie will sozusagen das Nützliche mit dem Angenehmen verbinden, nämlich das Seelenheil mit der Gewinnmaximierung.

Im Ergebnis versucht die Theorie – »Ist der Ruf erst ruiniert ...« – nichts anderes, als selbst eigennützigstes, also asozialstes Verhalten als »christlich« darzustellen.

Die Sache hat bei Lichte besehen nur einen kleinen Haken: Die Theorie der Ökonomischen Ethik und christliches Menschenbild schließen einander aus. Denn der überlieferte Jesus sagt laut Neuem Testament unmissverständlich: »Es ist leichter, dass ein Kamel durch ein Nadelöhr gehe, als dass ein Reicher ins Reich Gottes komme.«[76] Oder noch drastischer: »Weh euch Reichen! Denn ihr habt euren Trost schon gehabt. Wehe euch, die ihr voll seid, denn ihr werdet hungern. Wehe euch, die ihr jetzt lachet, denn ihr werdet trauern und weinen.«[77]

Wer gleichzeitig Christ und erfolgreicher Topmanager sein möchte, der will sich waschen, ohne sich nass zu machen.

Der »Ehrenkodex«: Alberne »fromme Wünsche«?

Mit diesem religiösen und profanen Rechtfertigungsarsenal ausgestattet, könnten die Manager munter, moralfrei und »christlich« drauflosmaximieren. Sollte aber ihnen oder der Bevölkerung dieses Ausredenbündel als zu wohlklingend, um wahr zu sein, vorkommen, so bleibt ihnen immer noch die Legende vom *alternativlosen Sachzwang:* »Mir blieb gar nichts anderes übrig.« Dieses Argument, häufig verwendet in der Variante des »kleinsten Übels«, ist vermutlich weltweit die beliebteste Ausrede aller Zeiten, scheint sie doch unwiderlegbar: Wer will nach zehn Jahren feststellen, ob die Heirat mit der drögen Fabrikantentochter wirklich alternativlos war, wie Papi behauptete, und ob die Beziehung mit der Klarinettistin wirklich in die Katastrophe geführt hätte?

Politiker verteidigen den Verzicht auf Besteuerung der Reichen mit der unterschwelligen Behauptung, andernfalls wären schon längst Zehntausende bei Nacht und Nebel nach Liechtenstein geflüchtet. Und Konzernbosse verkaufen selbst Betriebsschließungen und Lohnhalbierungen als kleinstes Übel, als habe ihr Vorstandsrivale die Mitarbeiter als Sklaven nach Rumänien verkaufen wollen.

In diesem Zusammenhang enttarnt der Wiener Philosophieprofessor Konrad Paul Liessmann das neoliberale Gerede vom alternativlosen Sachzwang als Verstandesbeleidigung: »Im Namen der Freiheit wird die Unmöglichkeit der Freiheit verkündet ... Die Phrase, dass die Globalisierung, Menschenwerk wie nur irgendeines, einem Naturereignis gleichkomme, das man vielleicht ausnützen, dem man aber nicht entgehen kann, ist, ernst gemeint, Ausdruck einer Unbildung, die fast schon wieder die klassische Gestalt der Dummheit annimmt.«[78]

Nun sollte man die Marktradikalen aber nicht pauschal zu pathologischen Lügnern erklären. Selbst Karl Marx gesteht den Kapitalbesitzern und folglich auch ihren Managern zu, intellektuelles Opfer des eigenen Systems zu sein: »Ihre eigne gesellschaftliche Bewegung besitzt für sie die Form einer Bewegung von Sachen, unter deren Kontrolle sie stehen, statt sie zu kontrollieren.«[79]

Bei Managern ist allerdings zwischen privatem und dienstlichem Sachzwang zur Profitmaximierung zu unterscheiden. So ist der »Sachzwang« zu Insidergeschäften, eigener Einkommensvervielfachung, Untreue oder Bordellbesuchen auf Firmenkosten ein absurder Gedanke. Dagegen existiert im Job des Managers der tatsächlich alternativlose Obersachzwang Profitmaximierung, aus dem sich unendlich viele Unter- und Nebensachzwänge ergeben. So kann ein Verzicht auf Korruption, Umweltverschmutzung, Massenentlassungen oder Gehaltsabbau zu Lasten des Shareholder-Value schnell einen Karriereknick bewirken. Als Siemens-Chef Klaus Kleinfeld wegen der Krise um BenQ im Oktober 2006 auf die umstrittene 30-prozentige Gehaltserhöhung verzichtet, unkt die *Welt:* »Das könnte seine Position im Konzern schwächen.«[80] Volkes Internetstimme *Bild.de* jedenfalls verleiht ihm noch nach seinem Verzicht den Titel »Der Ruinator«. Und ein halbes Jahr später war er ja bekanntlich »weg vom Fenster« – um im *Bild*-Jargon zu bleiben.

Innerhalb der Systemlogik der Marktwirtschaft gibt es also tatsächlich »alternativlose Sachzwänge« für Manager. Folglich ist die moralisierende Stammtischkritik an einzelnen Managern und Unternehmen blauäugig oder gar verlogen, wenn diese Kapitalis*ten*kritik nicht gleichzeitig Kapitalis*mus*kritik ist, sondern im Gegenteil die Illusion des »idealen moralisch vorbildlichen Kapitalismus« schürt. So betonte auch ein Vertreter der Christen innerhalb der katholischen Amtskirche, der Trierer Bischof Reinhard Marx, es gehe nicht nur um die persönliche Moral von Managern, sondern vor allem um die Frage, ob man Kapitalismus oder soziale Marktwirtschaft wolle. »Wenn die Verantwortlichen der Wirtschaft nicht mehr das Gemeinwohl im Blick haben, sondern die Kapitalrendite, wird das System inakzeptabel«.[81]

Das Märchen vom Ehrenkodex

Deshalb ist es auch irreführend und heuchlerisch, von Managern »gesellschaftliche Verantwortung« zu fordern. Denn abgesehen von den goldenen Brücken, die ihnen die neoliberale Gehirnwäschefraktion aus Politik, Medien und Amtskirchen zur skrupellosen Profitjagd baut, kann eine Gesellschaft, die nicht einmal Discounterketten wegen ihres systematischen Mitarbeitermobbings oder Ölmultis wegen ihrer Umweltpolitik boykottiert, schlecht auf die Manager den ersten Stein werfen.[82]

Und mögen auch Ethik-Prediger wie die Antikorruptionsorganisation Transparency International (TI) wegen ihres Engagements höchsten Respekt verdienen: Ihre moralischen Appelle wirken doch ein wenig wie naive und folgenlose Seifenopern, die nicht gerade glaubwürdiger werden, wenn etwa zahlende TI-Mitglieder wie Siemens selbst in vorderster Front des Korruptionsverdachts stehen.

Über moralische Korruptionsvorwürfe können Manager verständlicherweise nur lachen: Der Neoliberalismus kennt schließlich keine unmoralischen Handlungen, sondern nur »Regelverstöße« – und die sind nur wichtig als »unlauterer Wettbewerb« im Konkurrenzkampf. Einige Theoretiker regen deshalb an, ertappten Managern wie Politikern keine Strafe, sondern eine Art »Korruptionssteuer« aufzuerlegen.

Dass man also mit schamloser Profitmaximierung in der Marktwirtschaft kurzfristig am besten zu fahren scheint, darf aber keineswegs dazu verleiten, die im Mittelstand noch immer recht verbreiteten Phänomene wie Produzentenstolz, Kaufmannsehre und

Handwerkerehre zu übersehen. Damit ist nicht hauptsächlich die banale Überlegung gemeint, dass gute Arbeit, für die man »mit seinem guten Namen bürgt«, die beste Werbung ist. Vielmehr geht es um ein privates, von anderen unabhängiges Moralgefühl. Und nicht ganz abwegig ist die vermodert anmutende These, dies hänge schlicht mit dem früheren »gottesfürchtigen« religiösen Verständnis vom »strafenden Schöpfer« zusammen, der auch dann Pfusch und Mogelei sieht und ahndet, wenn andere sie gar nicht bemerken.

Solche »altmodischen« Unternehmer und Manager aber sind wie spanische Hindus: Es gibt sie, aber sie sind in der Minderheit. Der Durchschnittsspanier ist katholisch, weil er katholisch erzogen wurde und sein Umfeld katholisch ist. Gleiches gilt für den Manager und die Religion des moralfreien Marktsradikalismus.

»Die Märkte sind amoralisch«, versichert ihnen ihr Guru, der Superspekulant George Soros. Und auf die Frage des *Spiegel* nach einem »Schuldgefühl, wenn Sie an den Märkten Gewinne machen, während ganze Länder ruiniert werden«, erwidert Soros stellvertretend für die globale Managergilde: »Ich habe kein schlechtes Gewissen, weil ich mich an die Regeln halte.«[83]

Der Mann hat recht: Wenn man Schlammcatchen als Sport akzeptiert, ist die Kritik daran, dass sich die Teilnehmer im Schlamm wälzen, albern und verlogen. Noch abartiger aber ist der Versuch, Schlammcatchen als klassisches Ballett und sogar als einzig vernünftige, daher alternativlose Sportart zu verkaufen.

Patriotismus als gefährliche Rauchbombe

Auf der infantilen oder scheinheiligen Ebene des »Appells an den Anstand« bewegt sich auch die Forderung nach einem »Patriotismus« der Unternehmer und Manager:

- Franz Müntefering spricht im Herbst 2004 unter Anspielung auf die international agierenden privaten Beteiligungsgesellschaften *(Private-Equity-Firmen* oder kurz: *PE-Firmen)* und die Hedgefonds von »Heuschrecken«[84] im – wohlweislich unausgesprochenen, weil erkennbar unzutreffenden – Gegensatz zum anständigen patriotischen deutschen Kapital.
- Die IG Metall überschreibt die Mai-Ausgabe 2005 ihres Mitgliedermagazins »metall« mit »US-Firmen in Deutschland – Die Aussauger«.
- Die SPD zettelt im Frühjahr 2006 eine Debatte über Wirtschaftspatriotismus und eine stärkere Verantwortung für die Arbeitsplätze in Deutschland an.
- Kanzlerin Merkel lobt auf dem Arbeitgebertag Ende 2006 die Arbeitgeber für die moderate Tarifpolitik: »Das ist Patriotismus.«
- Selbst Bischof Huber mahnt am 24. September 2006 von der Kanzel der *Bild am Sonntag* Vaterlandsliebe an: »Von der Wirtschaft erwarte ich etwas mehr Patriotismus und damit bewusste Verantwortung für das Gemeinwesen.« Und das bedeutet: »Ein patriotischer Unternehmer hält sein Unternehmen so leistungsfähig, dass es auch morgen und übermorgen ausreichend Arbeitsplätze hat. Er bezieht ein Gehalt, das im Verhältnis zu seiner eigenen Leistung steht. Und er erkennt, dass sich Rekord-Gewinne nicht mit Massenentlassungen vertragen.«[85]
- Schöngeistigen Edelpatriotismus gönnt sich sogar der *Spiegel* in seiner Sorge darüber, dass E.on Ruhrgas 6,4 Prozent von Gazprom gehört und ihr Chef Burckhard Bergmann bei den Russen im Aufsichtsrat sitzt: »Sieht Bergmann keine Interessenkonflikte, fürchtet er nicht die erdrückende Nähe zum Kreml.«[86] Will sagen: Wird Deutschland an den Iwan verkauft?

Ausgerechnet ein Ausländer, Deutschlandkorrespondent Roger Boyes von der britischen *Times*, muss den »völkischen« Fraktionen in Presse, Politik und Justiz ins Stammbuch schreiben: »Es ist die weise Nachkriegsverfassung, ihre Ordnung der Gesellschaft, die das nötige Vertrauen schafft …, nicht die abstammungsbedingte Liebe von Matussek, Udo di Fabio oder Jörg Schönbohm.«[87] Die Kampagne für Wirtschaftspatriotismus beruht in erster Linie auf drei Aspekten:

ERSTENS

Sie stellt patriotische Betriebsführung als relativ freie Entscheidung des Unternehmers und Managers dar und biegt damit die Kapitalismuskritik, wie sie laut Umfragen in immer breiteren Teilen der Bevölkerung in Mode kommt, in eine Kapitalistenkritik um. Dieselben Leute, die als Ausrede für die Verarmung der Bevölkerung zugunsten der Reichen den »alternativlosen Sachzwang« bemühen, wollen nun weismachen: Wenn nur alle in sich gingen, dann wäre auch eine Marktwirtschaft mit mehrheitlich patriotischen Aktionären, Unternehmern und Managern möglich. Der erwähnte weise König Salomon und das Schlammcatchen ohne Schlamm lassen grüßen. In Wahrheit nimmt so gut wie kein Unternehmer oder Manager, aber auch kaum ein Verbraucher aus »Vaterlandsliebe« Nachteile bei Preis oder Qualität in Kauf.

ZWEITENS

Sie ignoriert die Internationalisierung der Wirtschaft. Seitens der SPD ist sie zudem scheinheilig, weil die Verdreifachung des in Deutschland investierten PE-Kapitals von 6,9 Milliarden Euro im Jahr 2002 auf 22,5 Milliarden Euro im Jahr 2004 vor allem auf die von Rotgrün im Jahre 2000 beschlossene Steuerfreiheit für den Verkauf von Unternehmensbeteiligungen zurückzuführen ist. »Von da an herrschte in der deutschen Wirtschaft eine Stimmung wie im Schlussverkauf.«[88] Die SPD ist also – wenn auch global nicht federführende – Architektin der Globalisierung. Sie versteht sich augenscheinlich sogar als Sachwalter US-amerikanischer Heuschrecken in Deutschland. Für Finanzminister Peer Steinbrück sind sie »oftmals geradezu ein Segen für die Volkswirtschaft eines Landes«.[89] So holte der Sozialdemokrat den Investor Blackstone, laut Schutzgemeinschaft der Kapitalanleger eine »fragwürdige Heuschrecke«, bewusst ins Boot der Telekomaktionäre, um das Management unter Druck zu setzen. Grund: Die vermeintlich an Skrupellosigkeit kaum mehr zu überbietenden US-amerikanischen Methoden sollen dem desolaten Börsenkurs auf die Sprünge helfen, damit der seit langem geplante Verkauf der noch in Staatsbesitz befindlichen 32 Prozent der Telekom an private Gewinnmaximierer einen der Öffentlichkeit noch halbwegs zu vermittelnden Preis erzielen kann. Nur so ist es zu erklären, dass Investor Blackstone seinem »Ruf als Heuschrecke alle Ehre« (SdK) macht, sich bei lächerlichen 4,5 Prozent Anteilen aufführt, als gehöre ihm der Laden bereits und etwa im November 2006 die Ablösung des ebenfalls nicht als sozial verschrienen Vorstandschefs Kai-Uwe Ricke durch den Hardcore-Profitjäger René Obermann erzwingt. Am liebsten hätte man gleich einen US-Rambo genommen, aber so weit wollte offenbar nicht einmal das Sanierer-Duo Steinbrück/Merkel gehen. Immerhin war ja jetzt – als Blackstone-Berater – der alte Spezi Ron Sommer wieder mit von der Partie.

Der *Spiegel* fasst das Problem griffig zusammen: »Die Spielregeln des neuen erdumspannenden Monopoly werden heute weitgehend von Anlegern, Analysten und Fondsmanagern diktiert. Sie fordern Profit, Profit, Profit und vergleichen die heimischen Fabriken ganz kühl mit jenen neuen Produktionsstandorten, die seit dem Ende des Kalten Krieges in Osteuropa und China entstanden sind. Fast alles folgt den Regeln des amerikanischen Aktionärskapitalismus, der mittlerweile auf den Finanzmärkten den Ton angibt. Die Unternehmensführer stehen unter dem Druck der Investoren, die Dividenden sehen wollen, und unter der scharfen Beobachtung von Private-Equity-Firmen, die nach Übernahmekandidaten Ausschau halten.«[90]

Innerhalb der Marktwirtschaftslogik zwingt also schon allein die Konkurrenz die Manager dazu, die preiswertesten Produktionsstätten und Arbeitskräfte zu wählen.

Im Normalfall, vor allem bei Kapitalgesellschaften, bleibt ein verquaster Restpatriotismus, wie ihn der Verlagserbe und Verleger Michael Klett beschreibt: »Das Patriotische des Aktionärs besteht wohl mehr in einem pragmatischen Weltbürgertum, als dass es auf nationale Verhältnisse Rücksicht nehmen würde. Das Management hat es da oft schwer, wenn es andere ›wertschaffende‹ Entscheidungen trifft als die kurzfristigen, die der Börse behagen. Für diese meistens großen Unternehmen würde ein patriotisches Motiv noch einmal ganz anders aussehen, jedenfalls, was das Management angeht. Man spielt mit den großen Mitbewerbern auf dem Weltmarkt mit, und so dürfte – vorausgesetzt, über die Hälfte des Kapitals oder eine deutliche Hauptaktionärsschaft sei in deutscher Hand – die patriotisch gestellte Frage hier lauten: Bleibt die steuernde Intelligenz, die Entwicklung usw. im Land der ›Väter‹?[91]

Aber selbst die Grundannahme einer deutschen Aktionärsmehrheit ist zunehmend irreal. Bereits heute sind die Deutsche Bank mehrheitlich, die Allianz zu 52 Prozent, Siemens zu 54 Prozent und die Telekom zu 38 Prozent in ausländischem Besitz. Sogar das Bollwerk der funktionierenden deutschen Demokratie, die Volksverdummungsmaschine ProSiebenSat.1 Media AG ist betroffen: 50,5 Prozent der Anteile bei 88 Prozent der Stimmrechte gehören seit Dezember 2006 den PE-Gesellschaften Permira und KKR, zwei Heuschrecken mit Deutschlanderfahrung: KKR kaufte den Triebwerkhersteller MTU sowie die Autowerkstattkette ATU, Permira die Telefongesellschaft Debitel, den Brillenhersteller Rodenstock und den Bezahlsender Premiere, wobei letztere beiden inzwischen versilbert wurden.

Dennoch erwähnt auch der mediale Mainstream einige Ausnahmen. So wird *Linde*-Chef Wolfgang Reitzle von der *Financial Times Deutschland* als »patriotischer Unternehmer« gehandelt, weil er »für den Standort Deutschland, Kooperation mit den Arbeitnehmern und die Mitbestimmung wirbt«.[92]

Als Vorzeige-Patriot, Talkshow-Stammgast und »Paradiesvogel« gilt Wolfgang Grupp, Inhaber und Geschäftsführer der Bekleidungsfirma Trigema in Burladingen auf der Schwäbischen Alb. Sein Unternehmen stellt Tenniskleidung, T-Shirts und Unterwäsche her, und dies ausschließlich in Deutschland. »Mit 1200 Angestellten, die mindestens Tariflohn, Weihnachts- und Urlaubsgeld bekommen und deren Kindern er ebenfalls einen Job garantiert, macht er über 80 Millionen Euro Umsatz. 1975 schaffte er die Pensionskasse ab, 1998 reduzierte er die Lohnfortzahlung im Krankheitsfall von 100 auf 80 Prozent, und 2005 erhöhte er die Wochenarbeitszeit von 37 auf 40 Stunden ohne Lohnausgleich.«[93] Andererseits habe es Verluste, Kurzarbeit oder betriebsbedingte Kündigungen seit seinem Amtsantritt 1968 nie gegeben.

Davon allerdings verkaufen sich noch keine T-Shirts. Deshalb ist sein wahres Erfolgsgeheimnis, das aber wiederum ohne eine zufriedene und zupackende Belegschaft nicht möglich wäre, schlicht »Made in Germany«. Dies ist jedoch keine gutmenschelnde Deutschtümelei, sondern ein durchaus eigennützig-rationales Standortkalkül: Für – und sei es nur vermeintlich – bessere Qualität zahlt der Kunde auch mehr.

Auf diese Überlegungen zum Standort Deutschland, die mit der Patriotismusheuchelei nichts gemein haben, kommen wir im Kapitel über die Fehler der Manager zurück.

DRITTENS

Sie ist natürlich nicht wirklich an die Unternehmer gerichtet. Auch die politischen Führer wissen um die systembedingte Allmacht des Profitmaximierungsgebots und um die Lachhaftigkeit moralischer Appelle, aber schließlich glaubt ja auch der Zauberer kaum seinen eigenen Beteuerungen, wirklich eine Frau zu zersägen.

An das gemeine Volk gerichtet, sind derartige Patriotismuskampagnen nach einer Studie des Instituts für Konflikt- und Gewaltforschung an der Universität Bielefeld vielmehr »der Versuch eines ›surrogathaften Ankers auf schwankendem sozialen Boden‹. Ein ethnisches Kollektiv solle künftig bieten, was die soziale Marktwirtschaft nicht leisten könne: Über die Betonung der ›Schicksalsgemeinschaft‹ mit raunendem Tiefgang sollen jene Angehörige der Mehrheitsgesellschaft emotional wieder integriert werden, die andererseits sozial desintegriert worden sind.«[94]

FAZIT

Ebenso wie die Standortideologie ist die Patriotismuskampagne – anders als etwa der kritische Stolz auf die deutsche Kultur, die demokratische Verfassung oder den Sozialstaat – zumeist gegen andere Nationen gerichtet und verfährt nach dem *Floriansprinzip:* Sollen doch die Menschen in anderen Ländern arbeitslos und arm sein.

Warum aber soll ein deutscher Unternehmer nicht in Rumänien oder Indien statt in Bayern für »Lohn und Brot sorgen«? Die einzig angebrachte Kritik an der Auslagerung der Arbeitsplätze, nämlich die an den Löhnen, den Arbeitsbedingungen und der Lebensqualität in »Billiglohnländern«, fällt wohlweislich zumeist unter den Tisch. Man will ja nicht das schlechte dem besseren Niveau angleichen, sondern gerade das Gegenteil als »alternativlos« erzwingen. Auch das ist übrigens nicht »ungerecht«, sondern

Marktwirtschaft im besten Sinne: Die teureren Anbieter müssen sich dem billigeren Konkurrenten anpassen und mit ihrem Preis – hier: Arbeitslohn und menschenwürdiger Sozialstaat – heruntergehen.

Aus der Sicht des »globalen Kapitals« handelt es sich um die Methode *Teile und herrsche*. Will sich ein System, dessen Nutznießer hoffnungslos in der Minderheit sind, gegen die übergroße Mehrheit absichern, so tut es gut daran, die einzelnen Gruppen dieser Übermacht, also die Völker, aufeinanderzuhetzen. Für die »Internationale der Reichen und Mächtigen« war dies spätestens ratsam seit Verbreitung der Losung »Proletarier aller Länder, vereinigt euch«.

Nebenbei bemerkt, war es ja ein wesentliches Ergebnis des bislang furchtbarsten Aufeinanderhetzens, des Zweiten Weltkriegs, dass sogar die Reichen und Kapitalbesitzer des Aggressors Nazideutschland ihren Besitz mit wenigen Ausnahmen und Abstrichen über den Krieg retteten, während die Siegermacht UdSSR mehr als 60 Millionen Tote zu beklagen hatte. BMW-Miterbin Susanne Quandt, deren Großvater Günther mit der späteren Goebbels-Ehefrau Magda verheiratet war, gehört mit einem ererbten Milliardenvermögen heute zu den reichsten Deutschen, während Hunderttausende Nazi-Zwangsarbeiter nach dem Krieg in Not und Elend lebten.

Wenn also deutsche »Patrioten« unsere Bürger wegen der Mannesmann-Übernahme durch Vodafone aufhetzen und britische »Patrioten« ihre Landsleute wegen der Rover-Übernahme durch BMW mobilisieren, dann riecht das nach »Völkerfeindschaft« – und wer könnte sich da wohl die Hände reiben?

Brechen wir also an dieser Stelle die Theoriedebatte ab mit der Erkenntnis, dass der Manager weder theoretisch noch praktisch gemeinnützig arbeiten kann.

3. Kapitel

Das Leistungsprinzip

»Der ›neue‹ Neoliberalismus gibt sich flott und modern,
doch unter seinem Nadelstreifenanzug steckt das Fell des Neandertalers,
und sein Aktenköfferchen ist das Behältnis für die Steinaxt.«
Norbert Blüm

Die Perversion des Leistungsprinzips

Bei der Frage nach dem Leistungsprinzip für Manager geht es –
anders als bei den systembedingten beruflichen Sachzwängen –
um die schon erwähnte private Gewinnmaximierung. Ein Sachzwang, sich auf Kosten der Gesellschaft die Taschen bis zum Bers-
ten vollzustopfen, existiert nicht, bestenfalls ein individueller »rationaler« Trieb. Eine Spielart moralischer Argumentation ist die
Legende von der Leistungsgesellschaft. Dass diese Fama, wie alle
Märchen, nicht ganz stimmen kann, springt selbst dem gutgläubigsten Normalbürger förmlich ins Gesicht. Würde nämlich nach
Leistung bezahlt, dann müsste ein zum C-Promi avanciertes Par-
tygirl durch sein hysterisch-tumbes Werbespotgegacker ungefähr
tausendmal mehr leisten als ein Notfallarzt.

Nun dürften aber der Forderung »Je härter, qualifizierter, besser
und länger die Arbeit, desto höher die Bezahlung« über 95 Prozent der Bevölkerung zustimmen, ebenso der Umkehrung »Ohne
Arbeit kein Lohn«. Härtefälle wie unverschuldete Arbeitslosigkeit
oder Faulheit regelt der Sozialstaat – welcher abendländische In-
dustriestaat will sich schon übermäßig viele Hungertote leisten?

Beim Schlagwort Einkommen ohne Arbeit denkt der geistig-moralische Bodensatz der Gesellschaft – angeheizt von seinen Medien – amüsanterweise zuerst an Hartz-IV-Empfänger, die nach dreißig Jahren Arbeit durch Firmenpleiten ihren Job verloren haben. Dabei ist doch offenbar – getreu der Lebensweisheit »wer nichts erheirat' und nichts ererbt, der bleibet arm, bis dass er stirbt« – die Hauptquelle privaten Reichtums nicht etwa die Arbeit, sondern der Kapitalbesitz; also Einkommen ohne einen Handschlag. Dies weiß jeder Kleinsparer, der die Zinsen auf seine 1000 Euro ja auch im Schlaf oder während eines halbjährigen Komas »verdient«. Wer allerdings 175,2 Millionen Euro besitzt, »verdient« selbst bei einer vergleichsweise geringen Rendite von fünf Prozent 1000 Euro pro Stunde oder 730 000 Euro im Monat, und selbst ein Zwergpudel hätte eine ererbte Million oder Milliarde in zwei Hundejahren[95] fast verdoppelt.

Hinter dem hochtrabenden Wort *Investor* verbirgt sich also nichts als ein Mensch, der ähnlich wie ein Spielsüchtiger legal ohne Arbeit ans ganz große und immer größere Geld will. Auch der Hinweis des »Investors«, er habe am Geldmarkt irrsinnig akribisch und hart gearbeitet, gleicht der Behauptung des Jackpotknackers, er habe die Glückszahlen vorher wissenschaftlich errechnet.

Ehrlicher als viele Investoren selbst sieht es Fondsmanager Thomas Krenz, Deutschlandchef der »Heuschrecke« Permira: »Der Preis für das Risiko ist die Rendite.« Das aber, wie der *Spiegel* richtig bemerkt, »klingt nach Lohn der Angst«.

Weil das so ist, sind Einkommen auch mit dem Marktgesetz von Angebot und Nachfrage nur äußerst begrenzt zu erklären: Natürlich sinken in der freien Marktwirtschaft die Löhne und Gehälter, wenn das Angebot an Arbeitskräften die Nachfrage übersteigt. Aber sowenig man die Einkommen aus Kapitalbesitz mit der hohen Nachfrage nach Müßiggängern erklären kann und die Millionengagen der Werbeprimaten mit der Nachfrage nach Schwachköpfen, so wenig sind paradiesische Einkommen und Rundum-sorglosabsicherung der deutschen Manager mit der Nachfrage nach ihnen zu erklären. So bricht Jörg Eigendorf in der *Welt* selbst für die in jenen Tagen teilweise inhaftierten Siemens-Manager eine Lanze: »Ein global agierender Konzern wie Siemens kann gar nicht anders, als seine Mitarbeiter, allen voran die Topmanager, konkurrenzfähig zu vergüten.«[96]

Die Behauptung, irgendein seriöser US-Konzern sei ganz versessen auf die Dienste eines deutschen Managers, ist so überzeugend wie die Behauptung eines viertklassigen Fußballreservisten, er habe ein Angebot von Real Madrid. Oder anders betrachtet: Bei einer staatlichen Begrenzung der Managereinkommen, wie sie auch der Friedensnobelpreisträger Muhammad Yunus strikt ablehnt, wären uns solch unersetzliche Koryphäen wie Peter Hartz, Klaus Kleinfeld, Ron Sommer oder Dieter Schrempp vom Ausland weggeschnappt worden.

Bleiben als Erklärung für den Geldsegen die oben beschriebene faktische Unabhängigkeit der Manager von den Eigentümern oder gar deren Zustimmung. In beiden Fällen ist der Konzern der Selbstbedienungsladen der Manager.

Obwohl die Managereinkünfte eigentlich nur die Aktionäre betreffen und die Bevölkerung nicht das Geringste angehen, herrscht breiter Unmut über das als grotesk empfundene »Preis-Leistungs-Verhältnis«. In den Augen der Normalos bauen Manager nur Mist und stopfen sich selber die Taschen voll.

Diese Empörung als Sozialneid abzubügeln greift zu kurz. Wird die Leistung eines Menschen – ob Manager, Sportler, Rennfahrer, Politiker oder Künstler – als außergewöhnlich empfunden, so finden sich kaum Missgünstige. Gab es jemals nennenswerte Empörung über die Einkünfte von Michael Ballack oder Michael Schumacher, Helmut Schmidt oder Helmut Kohl, Udo Lindenberg oder Udo Jürgens?

Ein bevorzugter Einwand gegen die Kritik an absurd überhöhten Einkommen ist der Hinweis, eine objektiv gerechte Entlohnung könne niemand bestimmen. So schreibt Marc Beise in der *Süddeutschen Zeitung:* »Die Entlohnung erfolgt in der Marktwirtschaft aus guten Gründen nicht nach Gerechtigkeitskriterien. Wer wollte sie auch definieren?«[97] Muss man auch gar nicht. So braucht auch Marktwirtschaftler Beise das »gerechte« Honorar für Schlüsseldienste nicht zu bestimmen, um sich über eine Rechnung von 1000 Euro für zwei Minuten Türöffnung enorm zu echauffieren.

Sozialismus der Reichen

Eine der beliebtesten Rechtfertigungen für den Reichtum der Reichen ist die Behauptung, sie würden sich in freiem Wettstreit gegen die Konkurrenten durchsetzen sowie die größten Risiken tragen. Es ginge also ähnlich zu wie im Hochleistungssport, wo es schon mal den einen oder anderen – nicht zuletzt durch den Sachzwang Dopingbetrug – mehr oder minder hart erwischt.

31 300 Firmenpleiten allein im Jahr 2006 scheinen dies auch zu belegen. Das Gros der vernichteten 473 000 Arbeitsplätze betrifft allerdings kleinere Firmen mit ehrlich-naiven Unternehmern und Managern, die auf halbseidene »Geschäftsideen« hereingefallen sind oder die Zeichen des Marktes nicht rechtzeitig erkannt haben. Mit diesen, aus Normalbürgersicht wagemutigen Hasardeuren will natürlich niemand tauschen, und so erscheint auch der Gewinn der Glückspilze als eine Art »Lohn der Angst«.

Das Risiko der Topmanager allerdings hat damit nichts zu tun – es ist nicht vorhanden. Ausgerechnet in diesen Kreisen herrscht nämlich das gerade von ihnen meistgehasste Gesellschaftssystem: der Sozialismus. Und zwar »der Sozialismus der Reichen«, wie Pascal Bruckner, einer der bekanntesten »neuen Philosophen«

Frankreichs, es nennt. Bruckner sieht sich als »Zeuge des Ent-
stehens einer neuen Kaste, die ... durchaus feudalistische Züge
trägt. Deren exorbitante Gehälter und Trennungsgelder, auf die
sie als Status-Geschenk ein nahezu gottgegebenes Recht zu haben
glauben, sind natürlich völlig entkoppelt von ihren tatsächlichen
Leistungen für das jeweilige Unternehmen – für jeden wirklichen
Marktwirtschaftler ist diese Art Kumpelkapitalismus eine schal-
lende Ohrfeige.«

Damit wird zugleich die gesamte neoliberale Propaganda ad ab-
surdum geführt: »Wie will man denn Reformen in der Gesellschaft
durchsetzen und glaubhaft einen Abschied vom traditionellen Si-
cherheitsdenken anmahnen, wenn an der Spitze dieser Klüngel
steht, häufig unproduktiv und stets bereit, sich einander unter die
Arme zu greifen, egal, was es kostet?«[98]

Für den Hamburger Wirtschaftsrechtsprofessor Michael Adams
führt das dazu, »dass zuweilen Managergehälter nicht mehr der
Ausdruck des Wettbewerbs um die Besten und Tüchtigsten sind,
sondern die Ausnutzung von Machtpositionen im Unternehmen.
Die Manager erleichtern dann im Zusammenspiel mit den Kontrollorganen die Unternehmenskasse oder verstecken riesige Vergütungsbestandteile vor einem tumben Aufsichtsrat.«[99]

Die Managergehälter

Bei alledem wird verständlich, warum Josef Ackermann im Januar 2004 vor Beginn des Mannesmann-Prozesses das Victory-
Zeichen zeigte. Nicht nur, dass er wohl seine Pappenheimer der
Dritten Gewalt genau zu kennen glaubte: Was sollte ihm selbst im
unwahrscheinlichen schlimmsten Fall passieren?

Schon zu diesem Zeitpunkt war »Deutschlands attraktivster Manager« *(Wirtschaftswoche)* mit 10,1 Millionen Euro Jahresein-

Die Bezüge der DAX-Manager 2006 (alphabetisch geordnet)[101]				
Konzern	Firmenchef	Bezüge in Mio.[102]	Vorstand gesamt	Zu 2005 in %
Adidas	Herbert Hainer	3,42	8,51	−3,1
Allianz	Michael Diekmann	5,27	40,93	10,8
Altana	Nikolaus Schweickart	2,49	7,62	32,6
BASF	Jürgen Hambrecht	3,99	20,33	−2,5
Bayer	Werner Wenning	2,87	8,76	6,0
BMW	Norbert Reithofer[103]	3,78	14,38	17,9
Commerzbank	Klaus-Peter Müller	3,67	21,52	36,6
Continental	Manfred Wennemer	3,50	16,05	52,5
DaimlerChrysler	Dieter Zetsche	7,50	30,90	−38,2
Deutsche Bank	Josef Ackermann	13,06	32,38	15,2
Deutsche Börse	Reto Francioni	2,88	13,59	46,4
Deutsche Post	Klaus Zumwinkel	4,13	24,02	69,5
Dtsch. Postbank	Wulf v. Schimmelmann	2,10	10,41	50,2
Dtsch. Telekom	René Obermann[104]	2,67	11,06	−3,4
E.on	Wulf Bernotat	4,87	21,49	−3,4
Fresenius	Benjamin Lipps	4,24	16,50	85,7
Henkel	Ulrich Lehner	3,03	15,16	9,4
Hypo Real Estate	Georg Funke	3,01	8,63	3,42
Infineon	Wolfgang Ziebart	2,21	6,33	−17,0
Lufthansa	Wolfgang Mayrhuber	2,56	5,81	92,0
Linde	Wolfgang Reitzle	7,36	14,29	26,7
MAN	Hakan Samuelsson	3,28	11,69	21,9
Metro	Hans-Joachim Körber	4,66	13,52	61,0
Münchener Rück	Nikolaus von Bomhard	4,13	25,14	7,9
RWE	Harry Roels	6,87	17,86	4,1
SAP	Henning Kagermann	9,01	37,82	28,3
Siemens	Klaus Kleinfeld	3,60	29,89	8,3
ThyssenKrupp	Ekkehard D. Schulz	3,34	22,09	73,7
TUI	Michael Frenzel	2,00	7,37	−17,0
Volkswagen	Bernd Pischetsrieder	3,14	13,54	18,6
Durchschnitt		4,28	17,59	11,4

kommen der bestbezahlte Dax-Manager. Kein Wunder also, dass nach einer Emnid-Umfrage vom Sommer 2004 rund 85 Prozent der deutschen Privataktionäre Ackermann für überbezahlt hielten, für eine »fette Katze«, wie die Branche solche Konzernchefs nennt.

2005 strich er bereits 11,9 Millionen Euro ein, 2006 dann 13,2 Millionen, von denen man nach Berechnungen des Welt-Autors André Mielke 1320 Friseurinnen einstellen könnte oder die selbst bei mickrigen fünf Prozent Rendite 55 000 Euro einbrächten. Das hört sich nach einer Menge Geld an, aber zum Glück versichert Ackermann im Februar 2006: »Meine persönlichen Ansprüche zum Beispiel sind eher bescheiden.«[100]

Überhaupt macht ein Blick auf die Topmanagerbezüge im Geschäftsjahr 2006 deutlich, warum seit der Zeit Helmut Kohls die Spitzensteuersätze um mehr als zehn Prozent gesenkt werden mussten. Zehn Prozent von einer Million, dies kann jeder BWLer mit Hilfe einer Unternehmensberatung ermitteln, sind mickrige 100 000.

Zu diesen Großverdienern meint der frühere Chefredakteur von *Spiegel* und *manager magazin*, Wolfgang Kaden: »Wohlgemerkt, es handelt sich bei diesen Herren nicht um Unternehmer, die für Wagemut und Risikobereitschaft vom Markt angemessen belohnt werden. Die Rede ist von Managern. Von Angestellten im Vorstandsrang, die bei ihrer unternehmerischen Tätigkeit keinerlei eigenes Kapital im Einsatz haben und deren einziges Risiko das des Jobverlusts ist. Ein Risiko im Übrigen, wie es jeder andere abhängig Beschäftigte auch zu tragen hat; in der Regel allerdings ohne Abfindungsklausel im Arbeitsvertrag. Soll, darf man sich über solche Saläre, die inzwischen jedes von gemeinen Erdenbürgern als angemessen empfundene Maß sprengen, noch aufregen? Ich finde: Man soll, man darf, man muss.«[105]

Diese Geldscheffelei könnte im Vergleich mit den stagnierenden oder gar sinkenden Realeinkommen der Bevölkerung des Guten zu viel sein, wie sogar der Vorsitzende der fünf Wirtschaftsweisen, der Wirtschaftsprofessor Bernd Rürup, andeutet. Er sieht im »deutlichen Auseinanderdriften der durchschnittlichen Managergehälter und Arbeitnehmereinkommen ein gesellschaftliches Problem«. Die Marktwirtschaft sei nur so lange stabil, wie sie von der Masse der Bevölkerung akzeptiert und gestützt würde. »Ich habe den Eindruck, dass diese Akzeptanz schwindet«, sagte er Ende März 2007 der *Süddeutschen Zeitung.*

In einer ganz anderen Einkommensliga spielen natürlich die US-Manager: König der Raffkes ist selbstverständlich ein Heuschreckenchef: Blackstone-Gründer Stephen Schwarzman kassierte allein 2006 genau 398,3 Millionen Dollar, etwa vier Mal so viel wie alle 30 DAX-Bosse zusammen. Und der Börsengang brächte ihm nach Schätzung der US-Börsenaufsicht für seine 23 Prozent Anteil ein Vermögen von 7,73 Milliarden Dollar ein: Ein skrupelloser Berufsspieler wäre einer der reichsten Menschen der Welt. Aber auch das Zockerfußvolk kann sich nicht beklagen. So zahlte Goldman Sachs (Spitzenreiter Lloyd Blankfein mit 54 Millionen) seinen Bankern und Brokern allein an Sonderleistungen im Schnitt 622 000 Dollar, insgesamt 16,5 Milliarden. Alle Wall-Street-Banker zusammen erhielten 2006 Bonuszahlungen für etwa 23,9 Milliarden Euro. Und sogar der Nachwuchs greift reichlich ab. Nach Schätzung von Tim Zühlke, Personalberater der auf Investmentbanking spezialisierten Beraterfirma Smith & Jessen, erhielten die Spitzentalente bei den Ablegern von Goldman Sachs, Merrill Lynch oder Lehman Brothers Bonuszahlungen von 20 bis 30 Millionen Euro: »Die Banken müssen diesen Stars optimale Bedingungen bieten, wozu auch eine Topbezahlung gehört.« Andernfalls würden sie rasch zur Konkurrenz wechseln oder sich selbständig machen. Und ein Citi-Banker erzählte der *Sunday*

Times: »Diese Goldman-Sache ist ein Alptraum. Vor meiner Tür steht eine Schlange 25-Jähriger, die mir erzählen, dass 200 000 Pfund nicht genug für sie sind.«

Noch sitzen die Heuschreckenschwärme vor allem in New York, wo seit Neuestem kurz nach der Bonusbescherung die Ferraris ausverkauft sind und die Makler der Luxusappartements mit Blick auf den Central Park wegen Managerandrangs Urlaubssperre haben. Wie die FDP kritisieren die Investmentbanker die zu hohen Steuersätze für Einkommensmillionäre.

Moralische Appelle am Fall Siemens

Was den überdimensionalen Einkommensschüben der Vorstände erst den richtigen Kick verleiht, sind die zeitnahen Massenentlassungen. Im Herbst 2006 ist Siemens an der Reihe: Der Vorstand will sich 30 Prozent mehr Geld genehmigen, während 3000 frühere Konzernarbeitsplätze in München, Kamp-Linfort und Bocholt wegfallen sollen.

Formal und auf den ersten Blick betrifft dies in erster Linie den taiwanesischen Elektronikkonzern BenQ, der für seine deutsche Tochter Insolvenz anmeldet. Die Wahrheit beschreibt *Spiegel*-Autor Andreas Nölting unter der Überschrift »BenQ macht für Siemens den Drecksjob«: »Was sich wie ein Fall BenQ anhört, ist in Wahrheit ein Fall Siemens. Die Asiaten lösen nur eine Aufgabe, vor der sich Siemens-Chef Klaus Kleinfeld drücken wollte«, denn der hätte »diesen Job nicht erledigen können. Die Politik und die Medien hätten aufgeschrien, wie ein globaler DAX-Konzern, der Milliardengewinne schreibt, so kaltherzig mit seinen Arbeitnehmern umgeht.«[106]

Erst ein Jahr zuvor nämlich hat Siemens die Handy-Sparte an BenQ abgestoßen, schon damals verbunden mit großen Opfern –

natürlich der Mitarbeiter: Sie bekamen weniger Lohn, mussten auf Urlaubs- und Weihnachtsgeld verzichten und dafür fünf Stunden mehr pro Woche arbeiten. Warum Kleinfeld die Handy-Abteilung verschenkte und sogar noch 250 Millionen Euro dazugab, wird erst jetzt klar: Es war eine Art ›Abwrackprämie‹, mit der BenQ die Liquidationskosten in Deutschland begleichen kann, also ein »unternehmerisch kluger, wenn auch moralisch anstößiger Schachzug«.[107]

Gerechterweise aber blieb die Sache dennoch hauptsächlich an Siemens hängen, und so war wieder einmal bundesweites Entsetzen angesagt. Aber wie glaubwürdig ist das Entsetzen eines Hundehalters, der seinen Pitbull mit den Worten »Der will doch nur spielen« auf ein Kleinkind hetzt, über dessen Verletzungen?

»Wer als Topmanager richtig Kasse machen will, sollte erst einmal Mitarbeiter feuern«, fasst die *Financial Times Deutschland* das naheliegende Ergebnis einer US-Studie zusammen: Demnach bekamen entlassungsfreudige Manager im Jahr des Stellenabbaus 19,6 Prozent mehr an aktienbasierter Vergütung als Führungskräfte anderer Betriebe, die auf Entlassungen verzichteten. Ein Jahr später waren es sogar 42,6 Prozent und drei Jahre später schon 77,4 Prozent.

Dieser Zusammenhang ist natürlich nicht nur jedem halbwegs informierten Bürger, sondern auch der überparteilichen Heuchlerfraktion seit Jahren bekannt, und auch das darauf folgende Empörungsritual hat Tradition: Schon zu Silvester 2004 nannte der damalige Bundestagspräsident Wolfgang Thierse die Managergehälter »obszön hoch«.

Dennoch übertreffen sich Urheber, Wegbereiter und Fürsprecher der neoliberalen Exzesse im Fall Siemens beim scheinheiligen »Wie kann man nur!«.

- Bischof Wolfgang Huber wertet das Verhalten des Aufsichtsratspräsidiums erwartungsgemäß als »unpatriotisch«.

- Wolfgang Thierse, inzwischen Bundestagsvizepräsident, wählt diesmal die Prädikate »asozial« und »auf skandalöse Weise unanständig«.

- Bundesfinanzminister Peer Steinbrück jammert, manche Topmanager seien »ignorant, ohne Gespür, raffgierig«. Die Maßlosigkeit einiger Wirtschaftsspitzenkräfte gefährde das Wohl der Gesellschaft.

- SPD-Fraktionschef Peter Struck nennt die Anhebung »instinktlos«.

- Der wirtschaftspolitische SPD-Fraktionssprecher Rainer Wend, bekannt geworden als Beirat der Hamburg-Mannheimer und Aufsichtsrat der schlagzeilenträchtigen Beraterfirma WMP, findet: »Wenn (Manager) ausschließlich ihren persönlichen Vorteil im Blick haben, schwächt dies das Vertrauen der Menschen in die soziale Marktwirtschaft.«

- FDP-Fraktionsvize Rainer Brüderle meint: »Es entspricht nicht gerade hanseatischem Kaufmannsstil, Tausende Mitarbeiter zu entlassen und gleichzeitig die eigenen Gehälter kräftig zu erhöhen.«

- Matthias Berninger, gelernter Student, Ex-Staatssekretär und vor seinem Abgang zu Mars Anfang 2007 wirtschaftspolitischer Sprecher der Grünen, analysiert messerscharf: »Die Dax-30-Unternehmen verabschieden sich mehr und mehr aus der Deutschland-AG.«

- Da kann und will nicht einmal Edmund Stoiber abseits stehen. Der Bericht der *Welt* eignet sich zum lauten Vorlesen auf Partys zu vorgerückter Stunde: »Nach dem BenQ-Desaster nahm Stoiber dann Siemens-Chef Klaus Kleinfeld noch einmal persönlich ins Gebet und forderte ihn auf, Verantwortung für die Mitarbeiter der früheren Handy-Sparte von Siemens zu übernehmen.

Dabei machte Stoiber deutlich, dass er Zukunftsperspektiven für die Mitarbeiter von BenQ am Standort Deutschland haben wolle. Für den CSU-Politiker ist das Gespräch offenbar zufriedenstellend verlaufen: Er habe den Eindruck gewonnen, dass Siemens zu seiner Verantwortung für die früheren Mitarbeiter stehe.«[108]

Noch am selben Tag berichtet die *Welt* über »Das schlechte Gewissen des Klaus Kleinfeld« und seinen Verzicht auf die Gehaltserhöhung.

Besonders herzerfrischend, dass noch kurz zuvor ausgerechnet die Arbeitnehmer-»Vertreter« im Aufsichtsrat als so ziemlich einzige zwischen Rostock und Rosenheim die Siemens-Bosse verteidigten und im besten BDI-Stil die »aufgebauschte Neiddiskussion« kritisierten, die »das Klima im Unternehmen« weiter vergifte. Damit schade man auch den Beschäftigten. Es sei unwahrscheinlich, dass der Beschluss des Präsidialausschusses zurückgenommen werde.

Das kommt dabei heraus, wenn das Hundchen Herrchens Pantoffel verteidigt, die Herrchen aber schon längst in den Müll geworfen hat. Die Mitarbeiter sind ohnehin anderer Meinung als ihre Vertreter. Ausgerechnet in Kleinfelds Blog im Intranet werfen Siemens-Beschäftigte ihren Chefs »Unfähigkeit und Maßlosigkeit« vor. Ein Beispiel: »Sehr geehrter Herr Kleinfeld ... Die Firma besteht seit 150 Jahren. Viele Firmenlenker waren am Werk. Sollte es jetzt einem gelingen, alles zu zerschlagen und dafür auch noch eine satte Belohnung zu bekommen?«[109]

Worum es eigentlich geht, und nicht nur im Fall Siemens, bringt Mathias Binswanger in der *Welt* unter der Überschrift »Lohn ohne Leistung« auf den Punkt: »Einkommensunterschiede sind nützlich. Doch exorbitante Managergehälter vergiften das gesellschaftliche Klima.«

Ebenfalls einen Ehrenplatz im Geschichtsbuch der Habsucht eroberte sich die Erhöhung der Telekom-Vorstandsbezüge von 9 auf 17 Millionen Euro im Jahre 2001 bei gleichzeitigem Absturz der T-Aktie um 90 Prozent. Weil dem Bund damals 43 Prozent der Aktien gehörten, gab der damalige Unionskanzlerkandidat Edmund Stoiber nicht ganz zu Unrecht der Bundesregierung eine beträchtliche Mitschuld.

Der Kampf gegen die Transparenz

Dass der »Generation Gier« *(Die Welt)* moralisch nicht ganz wohl ist, zeigt ihr Widerstand gegen die Transparenz. »Vernebeln und Verschleiern gehört zum Handwerk vieler Topmanager«, resümiert Ulrich Papendick im *manager magazin*. Zwar müssen die börsennotierten Unternehmen laut Gesetz *über die Offenlegung von Vorstandsvergütungen* vom August 2005 die Gehälter ihrer Vorstände einzeln aufschlüsseln. Dennoch beklagt die Deutsche Schutzvereinigung für Wertpapierbesitz (DSW) noch immer mangelnde Klarheit. So werde den Unternehmen nicht vorgeschrieben, wie sie die Details der Vergütungen offenlegen sollen, was eine sehr weit reichende Gestaltung ermögliche. Zum Beispiel bei Aktienoption: Hier können Mitarbeiter Aktien des eigenen Konzerns innerhalb einer bestimmten Zeitspanne zu einem festgelegten Ausübungspreis kaufen. Damit sich das lohnt, muss die Aktie in dieser Zeit über diesen Preis steigen. Bei den Aktienoptionen verlange der Gesetzgeber aber den Zeitwert der aktienbasierten Vergütung zum Zeitpunkt der Gewährung. Dadurch werde nicht klar, welche Summen den Vorständen tatsächlich zufließen. So seien etwa die Millionen Euro, die Josef Ackermann unterstellt würden, ein rein virtueller Wert.
Weniger virtuell war dagegen der Reibach des Postchefs Klaus

Zumwinkel am 10. November 2006. Da verkaufte er 200 640 Aktien, die er durch seine Optionen zum Ausübungspreis von 14,10 Euro erhalten hatte, für 21,78 Euro. Das ergab auf einen Schlag gut 15,2 Millionen Euro.

Auch im heroischen Kampf gegen Ehrlichkeit und Transparenz bei Aktienoptionen sind die USA Trendsetter. In der Auseinandersetzung mit einigen Konzernen machte die US-Börsenaufsicht SEC Ende 2006 einen Rückzieher und lockerte die heftig angefeindete Richtlinie zur Veröffentlichung von Manager-Gehältern. Gerade bei den Aktienoptionen ist der Zwang zur Ehrlichkeit künftig weniger streng.

Dies ist umso bemerkenswerter, als doch gerade die US-Großverdiener der Ruf umgibt, sie würden mit ihren Einkünften eher hausieren gehen, als sie zu verheimlichen. Hierzulande kommt dazu schnell der Einwand, die US-Krösusse hätten leicht reden, weil bei ihnen die »Neidkultur« geringer entwickelt sei. Dies mag sein, ist aber in den USA großenteils »religiös« bedingt. Ebenso wie dort viele Bürger ernsthaft glauben, Jesus finde Wohlgefallen am Anzünden von Abtreibungskliniken, rassistischen Kreuzzügen und spiritistischer Kontaktaufnahme mit Verstorbenen, so glauben sie auch, die astronomischen Gehälter der Manager genauso wie die Hungerlöhne der ehrlich Arbeitenden seien Gottes Wille und würden quasi vom Allmächtigen selbst festgelegt.

Ganz so »gottesfürchtig« und neidfrei sind die meisten Bundesbürger noch nicht, auch nicht (mehr) die Aktionäre. So hielten sich die Anleger auf der Hauptversammlung der Immobilienbank *Hypo Real Estate* im Mai 2006 bis kurz vor Schluss an das heilige Ritual, das das *manager magazin* so beschreibt: »Normalerweise werden auf bundesdeutschen Hauptversammlungen alle Forderungen der Firmenlenker mit geradezu stalinistischen Mehrheiten abgenickt.«[110] Dann aber war Schluss mit lustig: Der Antrag, den Topmanagern jährlich 700 000 Aktien für ein Bonusprogramm zuzubilligen, wurde abgeschmettert. Ähnlich grandios war bereits 2005 Puma-Chef Jochen Zeitz (43) beim Versuch gescheitert, ein üppiges Bonusprogramm für das Topmanagement durchzupeitschen.

Ob dies nur Strohfeuer machtloser Kleinanleger sind oder ob nicht auch den institutionellen Anlegern die dreiste Selbstbedienung irgendwann zu bunt wird, bleibt abzuwarten.

Aktienoptionen

Die Aktienoptionen sind ohnehin ein Kapitel für sich. Der Grundgedanke war ein Anreiz zur Motivation der Manager: Da der Wert einer Option mit dem der Aktie steigt, werden die Manager umso reicher, je mehr auch das Aktionärsvermögen anwächst.

Selbst dem Laien erschließt sich leicht, dass dies mit Aktienoptionen zwar auf dem Papier erreicht werden *könnte,* dass die Sache aber einen Haken hat: Im Grunde wird das Spitzenmanagement zum unseriösen kurzfristigen Hochtreiben des Kurses und zum Insiderhandel noch einmal besonders eingeladen.

Gegen derlei Missbrauch sind einige Schutzmechanismen unerlässlich:

26 der 30 DAX-Konzerne arbeiten mit Aktienoptionen. Wie das genau geschieht, untersucht jährlich die Fondsgesellschaft Union Investment. Die aktuelle Studie vom Herbst 2006 zeichnet ein recht betrübliches Bild: Fast die Hälfte der Unternehmen vergibt die Optionen ohne Selbstbeteiligung der Begünstigten. Zum Sieger wurde Bayer gekürt: Optionen gibt's nur, wenn die Aktie eine dreijährige Mindestrendite von 15 Prozent erreicht und den EuroStoxx 50 schlägt. Außerdem hat das Programm ein relativ kleines Volumen und verlangt relativ hohe Eigenbeiträge der Begünstigten. Die Lufthansa belegte Platz zwei, vor allem wegen der

hohen Selbstbeteiligung: Da es auf die Aktie nur 20 Prozent Rabatt gibt, müssen die Manager 80 Prozent zahlen. Zudem gilt die Option nur, wenn die Lufthansa-Aktie sich besser entwickelt als die Aktien der sechs wichtigsten Konkurrenten. Das Schlusslicht bildete SAP, weil ein absolutes Renditeziel als Bedingung fehlt, die Laufzeit sehr kurz ist und sehr viele Manager berechtigt sind.

Insgesamt aber dürften die Aktienoptionen wohl bald Schnee von gestern sein. Zu deutlich wurde das Gegenteil des Geplanten erreicht.

Der Trend geht deshalb weg von der Bezahlung nach dem Lottoprinzip hin zur Entlohnung nach individueller Leistung. Immer mehr Unternehmen führen andere Kriterien als den Aktienkurs ein. Auch die langfristigen Ziele rücken in den Vordergrund. Die Zuteilungsfristen für Extrazahlungen werden sich im Schnitt auf mindestens fünf Jahre erhöhen. Gleichzeitig dürften viele Unternehmen die Umstellung zum Vorwand nehmen, den Kreis der Nutznießer mittel- und langfristiger Vergütungspläne drastisch einzuschränken. Die Wirtschaftsprüfer von PricewaterhouseCoopers jedenfalls sehen eine Tendenz, die Pläne auf den Vorstand und die beiden Ebenen darunter zu beschränken.

Aktienoptionen und Insidergeschäfte

Natürlich nutzten Topmanager ihre Aktienoptionen zum Insiderhandel wie die Luft zum Atmen. So übten bei DaimlerChrysler 17 Führungskräfte, darunter drei Vorstände, in der Zeit vom 15. Juli bis 5. August 2005 ihre Optionen aus. Da alle dadurch erworbenen Aktien sofort wieder verkauft wurden, rieten die Experten der VCH Investment Group den Privatinvestoren von der Aktie ab. So weit, so gut. *Aber:* Laut Börsenaufsicht BaFin hatte der Konzern die »spätestens am 10. Juli 2005« getroffene Entscheidung über den Rückzug von Vorstandschef Jürgen Schrempp erst am 28. Juli veröffentlicht, was dann zu einem Kurssprung der DaimlerChrysler-Aktien um rund zehn Prozent geführt hatte. Wegen der möglicherweise verspäteten Veröffentlichung klagten rund 60 Anleger auf Schadensersatz in Millionenhöhe für entgangene Kursgewinne.

Ebenfalls wegen des Verdachts auf Insiderhandel durchsuchte die französische Justiz im Dezember 2006 Büros des Luftfahrtunternehmens EADS in Paris. Der Verdacht war im Zusammenhang mit den im Juni bekannt gegebenen Lieferverzögerungen beim Super-Airbus A380 aufgekommen, die zu einem Kurssturz der EADS-Aktie geführt hatten. In den Monaten davor hatten mehrere Topmanager von EADS ihre Anteile verkauft, unter ihnen der inzwischen zurückgetretene französische Co-Chef Noël Forgeard, bezeichnenderweise bis 2005 selbst Airbus-Chef, der im März 2006 seine Optionen zog und die Aktien mit 3,7 Millionen Euro Gewinn sofort wieder verkaufte. Ebenfalls mit dabei waren der Chef der Rüstungssparte, Stefan Zoller, und Marketing-Chef Jean-Paul Gut, vor allem aber die beiden Großaktionäre Arnaud Lagardère und DaimlerChrysler. Nach Ermittlung der französischen Börsenaufsicht AMF waren diese Akteure aber nur die Spitze des Eisbergs. Laut *Le Monde* wurden insgesamt 800 Personen ermittelt, die ebenfalls Anfang 2006 ihre Aktien abgestoßen hatten.

Aber auch Gewerkschaftsbosse langen beim Insiderhandel zuweilen kräftig zu, wie etwa 1993 der damalige IG-Metall-Chef Franz Steinkühler: Als Aufsichtsrat der Daimler-Benz AG wusste er vom anstehenden Umtausch von Mercedes- in Daimler-Aktien und dem wahrscheinlichen Kursanstieg des Mercedes-Papiers, das er deshalb seiner Verwandtschaft empfahl.

Wie eine Erfindung von Kapitalismuskritikern mutet der Coup dreier Siemens-Vorstände vom April 2007 an: Unmittelbar nach der Ablösung des Konzernbosses Kleinfeld kassierten sie durch

Einlösen von Aktienoptionen über sieben Millionen Euro: Der wegen des Schmiergeldskandals suspendierte Johannes Feldmayer sahnte rund 2,2 Millionen Euro ab, der für mehrere Konzerntöchter zuständige Rudi Lamprecht 3,1 Millionen und Medizintechnik-Chef Erich Reinhardt 1,8 Millionen Euro. Den dicksten Reibach aber machte mit 6,3 Millionen Euro natürlich der scheidende Kleinfeld persönlich.

Ruhegelder

Ein gegenwärtig noch ganz heißer Tipp ist die Altersvorsorge. Solange sie noch nicht strafbewehrt oder noch gar nicht im Geschäftsbericht gesondert ausgewiesen wird, ist sie für Ulrich Papendick vom *manager magazin* »eine Einladung für manchen Manager, richtig zuzulangen«. Dass man daher teilweise um die Pensionen »härter verhandelt als um alles andere«, kann man sich ohne weiteres vorstellen.[111]

Wie zum Beispiel bei Karstadt-Quelle, wo Ex-Vorstandschef Walter Deuss vor dem Essener Landgericht sogar die Überstunden des Chauffeurs für den Altersdienstwagen erstritt. Kommentar der *Süddeutschen Zeitung:* »Der Karstadt-Verkäufer, der um seinen Arbeitsplatz fürchten muss, wird das nur schwer verstehen. Schließlich ist der ehemalige Chef, der sich auf Kosten des Konzerns gern in einer BMW-Limousine zur Jagd ins Bergische Land kutschieren lässt, mitverantwortlich dafür, dass bei Karstadt-Quelle heute 25 000 Mitarbeiter ihre Arbeit verlieren.«[112]

Besonders auf ältere Vorstandskandidaten wirkt die Droge »sorgenfreie Altersvorsorge« stärker als ein höheres Gehalt – »zumal der Anspruch häufig sofort unverfallbar gestellt wird«, wie Ulrike Schweibert von der internationalen Anwaltskanzlei Freshfields Bruckhaus Deringer in unverwechselbarem Elitedeutsch sagt.

Etwa 70 Prozent des letzten Grundgehalts sind den Vorständen im Alter sicher, und das nicht selten bereits nach nur einem Dienstjahr.

Zur Erinnerung: Dieselben Rundumversorgten und die von ihnen in lukrativen Beiräten und durch »Gastvorträge« alimentierten Politiker beschimpfen selbst die geringste Solidarität mit den Schwächsten der Gesellschaft als »soziale Hängematte« und diffamieren staatliche Altersvorsorge als »soziale Wohltat«.

Mit einem Wort: »Sie binden unerträglich schwere Lasten zusammen und legen sie den Menschen auf die Schultern; wollen selber aber keinen Finger rühren, um die Lasten zu tragen.« Dies stammt allerdings nicht von Attac oder der Linkspartei, sondern laut Matthäusevangelium 23,4 wortwörtlich vom Gottessohn persönlich.

Vollkasko: Nietenversicherung

Was aber wäre ein Rundumsorglospaket ohne eine spezielle Haftpflichtversicherung für Manager, eine Art kleine Schwester des »Jagdscheins«, im Volksmund auch »Nietenpolice« genannt.

Reinhard Mey besingt in seiner Ballade »Zeugnistag« jene wohlige Empfindung eines Kindes, Eltern zu haben, die Schaden von ihm wenden, »egal, was du auch ausgefressen hast«.

Dieses Gefühl früher Jugend lebt in den Herzen unserer Topmanager wieder auf, wie Hendrik Munsberg in der *Berliner Zeitung* mit fühlend beschreibt: »Eine Gewissheit behalten die Führungskräfte stets: ihnen persönlich kann nichts passieren. Denn sie selbst sind durch einen Rundum-Vollkaskoschutz lückenlos abgesichert.«[113]

Selbst wenn die Führungskräfte ihrem Unternehmen zu einem Millionenschaden verhelfen, ist »alles im Griff auf dem sinkenden

Schiff«. Dem Vernehmen nach haben alle großen Dax-Konzerne und M-DAX-Unternehmen sogenannte *Directors&Officers-Liability-Policen* (D&O) abgeschlossen: Machen die Topleute einen kostspieligen Fehler, zahlt der Versicherer. In den allermeisten Fällen zahlt natürlich das Unternehmen die Prämien. In den USA gibt es solche Versicherungen seit Jahrzehnten, bei uns in Deutschland waren sie bis 1986 als unmoralisch verboten, weil sie die Manager vor den finanziellen Folgen selbst begangener Fehler freistellen.

D&O-Versicherungen sind nicht gerade billig. So zahlt nach Expertenschätzung eine deutsche Großbank bei einer Deckungssumme von 50 Millionen Euro für ihre Führungskräfte etwa 1,5 Millionen Euro Jahresbeiträge. Derzeit soll es in Deutschland rund 10 000 solcher Policen geben. Thomas Wollstein von der Münchener Rück schätzt das Prämienvolumen in Deutschland auf rund 350 Millionen Euro im Jahr, Tendenz steigend.

Auch bei den D&O-Versicherungsfällen natürlich wieder in vorderster Front: Die Creme de la Creme der deutschen Managementriege.

■ Für den von Peter Hartz angerichteten Schaden kommt mit 4,5 Millionen Euro ein US-Versicherungskonzern auf, der offenbar VW als Kunden nicht verlieren will. Neben Aufsichtsratsboss Ferdinand Piëch winkte bezeichnenderweise auch IG-Metall-Chef Jürgen Peters die Vereinbarung durch, während sich Porsche-Chef Wendelin Wiedeking im VW-Aufsichtsrat der Stimme enthielt.

■ Auch im Versicherungsfall Jürgen Schrempp zeigten sich die Versicherer wohl oder übel großzügig. Sie zahlten insgesamt 193 von 200 Millionen Versicherungssumme für eine glorreiche Äußerung. Der damalige DaimlerChrysler-Chef hatte Ende 2000 in einem Zeitungsinterview geprahlt, die vermeintliche »Fusion unter Gleichen« sei in Wahrheit eine Übernahme durch Daimler gewesen. Prompt zogen US-Aktionäre wie der ehemalige Chrysler-Großaktionär Kirk Kerkorian wegen Täuschung vor Gericht und holten einen Vergleich über 300 Millionen Euro heraus. Zunächst hatte die Versicherung nicht zahlen wollen, weil Schrempp vorsätzlich gehandelt habe. Süffisanter Kommentar der *Financial Times Deutschland:* »Der Streit ... könnte einen weiteren Imageverlust der D&O-Versicherungen bewirken. Ohnehin haben Streitigkeiten um Großschäden das Vertrauen der deutschen Konzernlenker in die Managerhaftungspolicen erschüttert.«[114] Nun sehen also auch einmal die Großen, wie das so ist mit dem netten Versicherungsagenten von nebenan.

■ Ebenfalls eine Äußerung der Güteklasse »Man gönnt sich ja sonst nichts« brachte Rolf-Ernst Breuer in die Bredouille. Der damalige Vorstandschef der Deutschen Bank hatte im Februar 2002 in einem Fernsehinterview Kirchs Kreditwürdigkeit angezweifelt. Der Medienmogul gab Breuer daraufhin eine Mitschuld am Zusammenbruch seines Imperiums und strengte mehrere Prozesse an. Anfang 2006 verpflichtete der Bundesgerichtshof Breuer und die Deutsche Bank grundsätzlich zur Zahlung von Schadensersatz. Daraufhin trat Breuer im Mai von seinem Posten als Aufsichtsratsvorsitzender der Deutschen Bank zurück. Aber auch hier sind Probleme mit der D&O-Versicherung vorprogrammiert. »Wenn Vorsatz im Spiel ist, zahlt sie auf keinen Fall«, sagt Anwalt Stefan Rützel von der Kanzlei Gleiss Lutz in Frankfurt. Dann aber, so meint die *Frankfurter Allgemeine Zeitung* ein wenig blauäugig, müsse Breuer mit seinem Privatvermögen haften.

Goldener Handschlag

Der »goldene Handschlag« für gescheiterte Manager gehört mittlerweile auch in Deutschland ebenso zur gesellschaftlichen Kultur wie das Sauerkraut zum Eisbein.

Dass es sich bei den so reichlich Beschenkten zumeist um Versager handelt, ist eigentlich eine Banalität. In der Marktwirtschaft nämlich zahlt man für etwas so viel, wie einem die Sache wert ist. Und so fragt sich das Unternehmen in Gestalt des Aufsichtsrats: »Wie viel ist es uns wert, dass dieser Kerl verschwindet?«

Es ist also dieselbe Überlegung wie die einer Mutter, die den ungeschickten Sprössling mit Kinogeld aus seinem Ehrenamt als Küchenhilfe lockt. Nur zahlt die Mutter dem Sohn natürlich keine 10 000 Euro, damit er nicht mehr abtrocknet. Allerdings hat der Filius auch keinen Fünfjahresvertrag über je 2000 Euro.

Im Klartext: Astronomische Abfindungen wie die noch immer beispiellosen 11,6 Millionen Euro für den damaligen Telekomchef Ron Sommer sind meist in den skandalösen Arbeitsverträgen vorprogrammiert. Sommer etwa erhielt »nur« so viel, als hätte er bis zum bitteren Ende seines Vertrages weitergewurstelt. Gegen diese Praxis, so versichert auch Peter von Blomberg von Transparency International, könne man leider nichts machen. Daher ging auch die Empörung über die 3,5 Millionen Euro Abschiedsbonus für den im Juli 2007 geschassten Chef von Vattenfall Deutschland am Problem vorbei. Klaus Rauscher, den zuletzt sogar die Kanzlerin im Zusammenhang mit den Störfällen in den Atomkraftwerken Krümmel und Brunsbüttel kritisiert hatte, kassierte nur so viel, wie ihm bis Vertragsende 2010 zugestanden hätte.

»Patzer werden nicht mehr geduldet«, diagnostizierte Margarita Chiari in der *Süddeutschen Zeitung* schon Ende 2006, als binnen weniger Tage Kai-Uwe Ricke bei der Telekom und Bernd Pischetsrieder bei VW gehen mussten. Letzterem hatte Intimus und Aufsichtsratschef Ferdinand Piëch kurz zuvor noch den Arbeitsvertrag verlängert, was ihm prompt auf der VW-Hauptversammlung im April 2007 von den Aktionärsschützern aufs Brot geschmiert wurde.

»Es fehlte der Spirit«, stichelte Anselm Waldermann im *Spiegel*, als der Aufsichtsrat von RWE den Vertrag mit Konzernchef Harry Roels zu Ende Januar 2008 auslaufen ließ: »Die Zahlen des Unternehmens sind in Ordnung – und trotzdem musste etwas geschehen.« Einerseits »schraubte Roels die Strompreise für seine Kunden immer höher und höher« und war daher »ein echter Liebling der Aktionäre und Spekulanten«, andererseits aber sei RWE als »auf sein Kerngeschäft zurechtgestutztes Energieunternehmen mit Milliarden von Euro an Barreserven« – sprich: ein halbwegs seriöser Großkonzern – ein »lukrativer Übernahmekandidat«.

Nach einer Untersuchung der Unternehmensberatung Booz Allen Hamilton war bereits 2005 jeder zweite Abgang ein vorzeitiger Rausschmiss wegen Managementfehlern oder einer Fusion. Seit 1995 habe sich die Zahl der »leistungsbedingten Abgänge« immerhin vervierfacht. Ein Supercoup gelang in diesem Zusammenhang dem VW-Markenchef Wolfgang Bernhard. Er war erst im Februar 2005 zu VW gestoßen. Keine zwei Jahre später verließ er das Unternehmen mit einer Millionenabfindung. Sein Vertrag lief noch bis 2010.

Der Grund für derlei Großzügigkeit ist vor allem das geschilderte Überkreuzsystem der gegenseitigen Kontrolle und Abhängigkeit der Topmanager. NTV-Mann Riße sieht hohe Abfindungen aber auch als »Schweigegeld«: Managerfehler seien meist auch auf Kontrollfehler des Aufsichtsrats zurückzuführen: »Darüber hüllt man dann doch besser den Mantel des Schweigens und stellt mit dem vergoldeten Handschlag sicher, dass die Topmanager später den Mund halten.«[115]

Ein ganz anderes, jenseitiges Kaliber sind allerdings die Versagerabfindungen in den USA. So kassierte Pfizer-Chef Hank McKinnell zum Abschied 198 Millionen US-Dollar, und die Öffentlichkeit wunderte sich: »Bei den Aktionären war er unbeliebt, Analysten fanden ihn ideenlos – und die eigenen Mitarbeiter schalten ihn als jähzornig. Kein Wunder also, dass (er) früher in Rente muss als geplant. Erstaunlich ist nur, wie viel Geld er dabei mitnimmt.«[116]

Noch besser räumte Robert Nardelli ab. Als Chef der Baumarktkette Home Depot kassierte er 210 Millionen Dollar, »nur damit er geht«. Und tatsächlich zog die Aktie daraufhin gewaltig an. Für das »Musterbeispiel für die Gier amerikanischer Manager« (Spiegel) wiederum war die Bruchlandung die Eintrittskarte ins Heuschreckenkonzert. Cerberus machte Nardelli Mitte 2007 zum Vorstandschef des gerade von Daimler abgestaubten Autokonzerns Chrysler.

Der Job danach

Auch deutschen Topmanagern bieten Heuschrecken eine zweite Chance: Nachdem sie aus ihren Spitzenämtern komplimentiert worden sind und Millionenabfindungen abgegriffen haben – weltweit ereilt dieses Schicksal jährlich jeden siebten Vorstandschef –, fängt das lukrative Leben für sie erst richtig an. Die PE-Unternehmen werfen Konzerninsidern mit intakten Seilschaften die Topjobs förmlich hinterher.

Für die undurchsichtigen und der Öffentlichkeit meist nicht vermittelbaren Machenschaften der Branche können einschlägig erfahrene Manager ideale Türöffner sein und gleichzeitig den Firmenjägern das Flair von Glaubwürdigkeit verleihen.

Das war's eigentlich schon mit den Anforderungen, aber Schaumschläger wären keine Schaumschläger, würden sie nicht ihrem –

Vom Vorstandssessel in den Heuschreckenschwarm: Die deutschen Top 12

1. Klaus Esser, Ex-Mannesmann-Chef, stieg bei General Atlantic ein.

2. Dieter Vogel, Ex-ThyssenKrupp-Chef, gründete mit einem US-Partner das Investmenthaus Bessemer Vogel & Treichel.

3. Jens Odewald, Ex-Kaufhof-Vorstand, gründete das Investmenthaus Odewald & Cie.

4. Thomas Fischer, Ex-Deutsche-Bank-Manager, war bei Cerberus, bevor er Vorstandschef der WestLB wurde.

5. Ron Sommer: Ex-Telekom-Chef, wurde Berater bei Blackstone.

6. Stephan Kessel, Ex-Continental-Chef, wurde Berater bei Investcorp.

7. Klaus Eierhoff: Ex-Vorstand von Karstadt, Bertelsmann und Thiel Logistik, wurde Geschäftsführer bei Odewald & Cie.

8. Eckhard Cordes: Ex-DaimlerChrysler-Vorstand, war Berater der schwedischen EQT, bevor er die Leitung der Haniel-Gruppe übernahm.

9. Thomas Middelhoff, Ex-Bertelsmann-Chef, ging zu Investcorp und wurde später Konzernchef von KarstadtQuelle.

10. Ulrich Schumacher: Ex-Infineon-Chef, ging zu Francisco Partners Anlageziele.

11. Klaus Kleinfeld, Ex-Siemens-Chef, wurde Präsident des US-Aluminiumriesen Alcoa.

12. Der ehemalige BDI-Präsident Michael Rogowski landete gar als Berater bei der Edelheuschrecke Carlyle Group, wie vor ihm schon die früheren Regierungschefs John Major und George Bush senior.

meist mit fremdem Geld finanzierten – Glücksspiel den Heiligen-schein eines seriösen und anspruchsvollen Jobs andichten.

Ähnlich wie betrügerische Hellseher oder Lottosystemanbieter ihr Herumraten als »hochkomplexes wissenschaftliches System« verkaufen, so stellen die fachlich unbedarften Aufschneider ihr Spekulieren und Zocken als wissenschaftlich fundiertes Treiben dar.

Dabei imitiert man jenen Werbegag größenwahnsinniger Kaschem-menwirte, die ihre heruntergekommene Spelunke mittels der Klatschpresse zum »Szenetreff« hochjubeln wollen, indem sie un-ter großem Trara irgendwelchen bestellten Prominenten lauthals Hausverbot erteilen.

In diesem Sinne behauptet *Spiegel*-Autor Kai Lange ernsthaft und gewichtig: »Der neue Job bei einer Beteiligungsgesellschaft be-deutet viel Arbeit und Gestaltungsfreiheit. Es geht um Finanzie-rungsfragen, Sanierung und um Wachstumsstrategien.« Und noch gewichtiger: »Nicht jedem gelingt der Wechsel.« Selbst erfahrene Manager hätten eine »steile Lernkurve« zu bewältigen.[117]

Ein Personalberater, der wohl kaum zugeben würde, dass seine Kundschaft Zockerklitschen betreibt, setzt noch eins drauf: Die Aufgabe sei »extrem komplex« und ein Firmenchef nicht automa-tisch für die Arbeit in einem kleinen PE-Team geeignet. Er müsse »in kurzer Zeit und mit hohem persönlichen Einsatz Wissenslü-cken schließen«, denn ein Konzernboss könne nur »Detailarbeit delegieren. Mit Finanzierung, steuerlicher Strukturierung oder Teilanalyse hat er meist wenig zu tun.«[118] Will sagen: Meine Spe-lunke ist »mega-in«, weil ich nicht mal jeden Topmanager herein-lasse.

Wie allerdings »Finanzierung, steuerliche Strukturierung oder Teilanalyse« zuweilen in der Praxis aussehen, haben wir bereits anhand der Affären Mannesmann und Hartz gesehen. Wer übri-gens das auf BWL-Erstsemesterdenglish basierende Geheimkauderwelsch dieser Zunft als Beweis für intellektuelles oder gar wissenschaftliches Niveau ansieht, der hält auch ein ins Koreanische übersetzte Spiegeleirezept für höchste kulinarische Kunst – nur weil er kein Wort versteht.

Wenn schon, denn schon

Bei der Schilderung des Husarenstücks von Premiere-Chef Georg Kofler bedauert der Autor, Begriffe wie »Raffgier« und »skrupellos« bereits verwendet zu haben. *Spiegel Online* jedenfalls nimmt im Februar 2007 kein Blatt vor den Mund: »Georg Kofler nutzt die Gunst der Stunde und zockt auf Kosten seines eigenen Unternehmens. Gerade hat Premiere eine schwere Krise überwunden – da stößt Kofler seinen gesamten Aktienbestand ab und bringt den Kurs zum Absturz. Mit dem Gewinn kauft er sich dann erneut Papiere.«[119] Als Kofler für etwa 180 Millionen Euro verkaufte, gab der Kurs um neun Prozent nach – der richtige Moment zum Wiedereinstieg. Kein Wunder, dass sozial denkende Menschen wie Sonia Rabussier, Medien-Analystin bei der global aktiven Vermögensverwaltungs- und Investmentbank Sal. Oppenheim, »Verständnis für Kofler« zeigen.
Der Hamburger Wirtschaftsprofessor Michael Adams fasst die leidige Debatte pointiert zusammen: »Eine gewisse Gier sollte man in den Wirtschaftswissenschaften grundsätzlich jedem zubilligen ... Das Problem besteht nur darin, dass zuweilen Managergehälter nicht mehr der Ausdruck des Wettbewerbs um die Besten und Tüchtigsten sind, sondern die Ausnutzung von Machtpositionen im Unternehmen. Die Manager erleichtern dann im Zusammenspiel mit den Kontrollorganen die Unternehmenskasse oder verstecken riesige Vergütungsbestandteile vor einem tumben Aufsichtsrat.«[120]

4. Kapitel

Größenwahnsinnige Parvenüs und Soziopathen

»Es gibt in diesem Wirtschaftssystem in der Tat
Menschen, denen die Gier nach Geld das Hirn zerfrisst.«
Heiner Geißler

Der Göttinger Politikprofessor Franz Walter attestiert der selbsternannten wirtschaftlichen Eilte der Republik dümmliches, menschenverachtendes Globalisierungsgehabe: »In den Modernisierungsmilieus dieses Landes muss man locker englisch parlieren, mit großer Geste von Synergieeffekten reden und sich kalt und höhnisch von der Sozialstaatlichkeit verabschieden können, um hier wirklich Resonanz zu finden und zu punkten.«[121] Auf wen träfe dies eher zu als auf unsere Topmanager?

Anerkennungssucht

Wäre Großspurigkeit olympische Disziplin, so würden Deutschlands Topmanager zu den heißen Medaillenaspiranten zählen. Zugegeben: Unsere Unternehmenslenker stellen neuerdings ihren Größenwahn nicht ganz so penetrant zur Schau wie die neureiche russische Ölmafia in Kitzbühel. Nichtsdestotrotz ist es nicht schwierig, auch Beispiele für extrem selbstbewusstes Gebaren unserer Topmanager zu finden. Natürlich ist der von der Werbeagentur Jung von Matt kreierte Dumpfbackenspot »Mein Auto, mein Haus, mein Boot« in der Edelvariante »Meine Villa, meine Yacht, mein Flugzeug« ein unbedingtes Muss für Topmanager. Aber der damalige Infineon-Chef Ulrich Schumacher stach wirklich alle aus, als er zum Börsenstart der Siemens-Ausgliederung 2000 in New York im Stile eines pubertierenden Nachwuchsrasers in voller Rennfahrermontur im Porsche vorfuhr.

Ebenfalls vom Phallussymbol Auto handelt eine Anekdote aus dem erwähnten Baden-Badener Eliterekrutierungscamp: Ein BMW-Manager griff beim Anblick der von Daimler bereitgestellten Wagen spontan zum Handy. »Kurz darauf präsentierte er den verdutzten Kollegen ein zweites Set Nobelkarossen – diesmal mit blau-weißem Emblem.«[122]

Ihre Hochblüte erlebten diese Mannsbilder, die vermutlich in der Pubertät die Bildchen aus Mamis Unterwäschekatalog ausgeschnitten haben, in der Zeit der New Economy, der Phase des eigentlichen »Coming-out« des deutschen Managerwesens. Der Soziologieprofessor Holger Rust schwelgt in Erinnerungen: »Mal ehrlich: Wer wollte nicht so sein? Mitten im Lichtgewitter der Fotografen stehen, dass es ohne Ray Ban kaum auszuhalten ist? Du weißt schon, diese Sonnenbrille aus ›Men in Black‹, die amerikanische Filmpolizisten und smarte New-Economy-Manager so unglaublich cool aussehen lässt. Solche Egos braucht das Land, hieß es damals.« Fazit: »Diese neuen Siegertypen, diese unübersehbaren Egos beflügeln die Karriereträume von jungen Leuten, so viel ist schon mal sicher.«[123]

Tatsächlich nannten 500 scheinbar geistig gesunde Uni-Absolventen im Jahr 2000 in einer Umfrage als ihre Vorbilder drei Lichtgestalten, die den Aktionären im Wortsinne »lieb und teuer« wurden: Jürgen Schrempp, Ron Sommer und Thomas Haffa, »einer der bestaussehenden Bankrotteure«.[124]

- Schrempp wurde 1995 Daimler-Chef, fusionierte 1998 mit Chrysler und schied Ende 2005 aus. Bereits 2001 schrieb die *Zeit:* »Der Mann war zu laut, zu schnell – und zu erfolglos. Sein Missmanagement hat den Weltkonzern in eine prekäre Lage gebracht.«[125] Tatsächlich hatte sich der Aktienkurs nach der Fusion mehr als halbiert.

- Sommer war seit 1995 Telekom-Chef und trat nach schwindelerregenden Kursverlusten der unter anderem von Tatort-Kommissar Manfred Krug angepriesenen »Volksaktie« im Juli 2002 zurück.

- Haffa brachte 1997 die Medienfirma EM.TV an die Börse, erwarb unter anderem die Rechte an der Biene Maja, Fred Feuerstein und zu 50 Prozent an der Formel Eins, trat 2001 als Vorstandsvorsitzender zurück und wurde im Jahr 2003 zu 1,2 Millionen Euro Geldstrafe wegen falscher Darstellung der Unternehmensverhältnisse verurteilt.

Unvergessliches Lehrstück aus der Abteilung »Des Kaisers neue Kleider« war die Wahl einer gewissen Jeanine Graf zur »Entrepreneurin des Jahres 2000«. Ausgewählt wurde die Gründerin einer »Inquire AG« von der Unternehmensberatung Ernst & Young, SAP, der Deutschen Börse und einer hochkarätigen Jury, zu der auch der damalige Dresdner-Bank-Chef Bernd Fahrholz gehörte. Das einzig Wahre an ihrer Story war die herzliche Freundschaft mit Bayerns damaligem Wirtschaftsminister Otto Wiesheu (CSU). Ansonsten führte sie den Doktortitel einer nicht existenten US-Universität, verlegte ihr Geburtsjahr von 1968 auf 1970 und ihr Geburtsland vom Libanon nach Frankreich. Zwecks Kundenfang erfand sie Geschäftsbeziehungen zu Firmen wie Porsche und log ihre Mitarbeiterzahl von unter zehn auf 65 hoch.

Da Madame Graf nur stellvertretend für Hunderte von zwielichtigen Gestalten des Neuen Marktes steht, denen die Banken unvorstellbare Summen in die Hand gaben, drängt sich die Frage auf: Waren die sprichwörtlich peniblen und misstrauischen Geldinstitute wirklich so gutgläubig oder ging es ihnen nur um die diversen Geldgeschäfte und Börsengänge, an denen ja die Banken stets verdienen, wurden also die unerfahrenen, inkompetenten und großspurigen Figuren quasi als »Strohleute« benutzt? Hat je ein Banker ernsthaft gedacht, man könne einen Internetverkäufer von Brühwürfeln in Aspik zum Global Player aufblasen?

Statussymbol: »Noch nicht abgehoben«

Mit dem Absturz des Neuen Marktes kam der Kater, vor allem für die ent- und getäuschten Kleinaktionäre. Damit die Topmanager aber dennoch oder jetzt erst recht mit der hemmungslosen Selbstbereicherung fortfahren und in immer neue utopische Gefilde vorstoßen konnten, ohne dass das Volk Ärger machte, zogen einige der Industriekapitäne die leiseren Töne vor. Die werden freilich professionell inszeniert. So ist der Lufthansa-Chef Wolfgang Mayrhuber dem eher obrigkeitskritischen *Stern* eine schmeicheltriefende Laudatio wert: »Der Manager ist gern unter Menschen. Mit dem Rikschabesitzer, der ihn nachts mit seiner Frau Beate durchs Chinesenviertel von Singapur strampelt, reißt er Witze; bei der Verkäuferin, die ihre Garküche auf der Straße aufgebaut hat, erkundigt er sich nach den Zutaten für die Dim-Sum-Teigtaschen. Und weil sie kaum Englisch spricht, lacht er sie eben so lange an, bis sie mitlachen muss. Mayrhuber genießt das: ein paar Stunden mit seiner Frau ... Wie ein frisch verliebtes Paar gehen sie Händchen haltend durch die nach Gewürzen und Bratfett duftenden Straßen, er trägt das Jackett über der Schulter, Ärmel hochgekrempelt. Der Architekturkenner Mayrhuber bestaunt die Kolonialgebäude der Temple Street. An einem Plastiktisch, auf Hockern

sitzend, trinken die beiden ein Dosenbier zu den Dim Sums.«[126]
Wer solche Kritiker hat, braucht keine bezahlte Werbung.

Auf dem Höhepunkt des multiplen Siemens-Skandals und kurz vor der Aktionärsversammlung gibt auch Aufsichtsratschef Heinrich von Pierer den Mann aus dem Volke. In seiner Geburtsstadt Erlangen stellt er sich auf dem Marktplatz, wo er »jeden Samstagvormittag mit Ehefrau Annette einkauft«, »zum Spaß« in die Schlange vor dem Ü-Wagen von Bayern Eins, wo gefragt wird, warum man »Reif für die Insel« ist. Und als er dran ist und nach dem Namen gefragt wird, sagt er »Pierer, Heinrich«. Ironisches Lob der *Süddeutschen Zeitung:* »Er mag es, wenn man ihn für einen normalen Bürger hält, obwohl er als Aufsichtsratschef des größten deutschen Elektrokonzerns für 400 000 Menschen verantwortlich ist.«[127] Andererseits macht die *Welt* gerade den Volksfreund von Pierer für den »PR-Gau« verantwortlich, dass die erwähnte 30-prozentige Erhöhung der Vorstandsbezüge zeitgleich mit der BenQ-Insolvenz bekannt wurde: »Damit bediente Siemens das Klischee vom raffgierigen Manager, der seine Leute in die Wüste schickt ... Experten rätseln noch immer, wieso dem im Umgang mit der Öffentlichkeit mit allen Wassern gewaschenen von Pierer ein derartiger Fehler unterlaufen konnte.«[128]

Die volksnahe Selbstdarstellung versuchte auch DaimlerChrysler-Chef Dieter Zetsche in einem US-Werbespot als »Dr. Z«, der irrsinnig locker die Fahrzeuge anpreist. 80 Prozent der Zuschauer dachten allerdings, es handele sich um einen Schauspieler, der einen deutschen Akzent vortäuscht. Besser kommt »Dr. Z.« übrigens bei jüngeren *Spiegel*-Redakteurinnen wie Anne Seith (Jahrgang 1976) an, deren Beschreibung hart an einem Liebesbrief vorbeischrammt: »Er hat eben alles, was ein Liebling der Öffentlichkeit braucht: Er isst mit seinen Mitarbeitern in der Kantine, sorgt wohl dosiert für lustig-schräge Auftritte. Zetsche kann auf Automessen E-Gitarre spielen, ohne peinlich zu sein, und neue

Wagen mit dickbusigen Blondinen im Arm präsentieren, ohne als Macho zu gelten. Vielleicht wegen des putzigen Schnurrbarts und der runden Brille, mit denen er immer aussieht, als nehme er sich selbst nicht allzu ernst«.[129]

Statussymbol Kunst

Nach einer Untersuchung der Zeitschrift *infection manifesto* statten 70 Prozent aller Topmanager ihre Büros mit neuerer Kunst aus, »die als Bedeutungsträger auch aus der öffentlichen Selbstinszenierung von Führungskräften nicht mehr wegzudenken ist«.
Dabei gilt Kunstbesitz einerseits als »Ausweis von Geschmack, Vermögen und Macht und weist damit auf die Zugehörigkeit zur wirtschaftlichen/politischen Elite.« Andererseits »bleibt das Statussymbol Kunst paradoxerweise nur als Gegenbild anziehend«. Die Investition hoher Summen in Kunstwerke signalisiert dem staunenden Publikum, der Manager sei gar nicht der tumbe, raffgierige *homo oeconomicus*, für den ihn alle halten. »Die ausweisliche Befähigung, irrational – also unökonomisch – zu handeln, steigert das Prestige des Käufers und sichert damit seinen hohen gesellschaftlichen Rang.«[130]

Das Sponsoring für eine gute Sache: Für Ruhm und Ehre des Managers

Nicht ganz so penetrant personenbezogen, aber ebenfalls imagekosmetisch ist das Sponsoring, also die marktwirtschaftliche Variante des antiken Mäzenatentums: Hier gibt gleich ein ganzer Konzern den schöngeistigen Kunstliebhaber, begeisterten Sportsfreund, jugendfreundlichen Bildungsbürger oder mildtätigen Samariter, der sein ureigenstes Herzensanliegen freigiebig unterstützt. Allerdings wird auch in diesem Bereich nach den Erfahrungen der Bankensponsoring-Forscherin Nicole Fabisch von der Katholischen Universität Eichstätt oft »das persönliche Steckenpferd des Vorstandes geritten«.[131]

Für das Jahr 2007 schätzt die Absatzwirtschaft das Sponsoring-Volumen auf 4 Milliarden Euro. Rund 2,5 Milliarden werden in den Sport gepumpt, 0,9 Milliarden ins Medien-Sponsoring und 0,3 Milliarden in die Abteilung Kultur und »Public«, womit vor allem Schulen, Hochschulen und Wissenschaft gemeint sind – ein Schelm, der Böses dabei denkt.

Und die Schwergewichte im DAX sind natürlich auch bei den Almosen Spitze. So spendete Musterwohltäterin Deutsche Bank im Jahre 2006 knapp 90 Millionen Euro, davon 45 Prozent für Sozialprojekte, 28 Prozent für Wissenschaft und 25 Prozent für Kunst und Musik.

In ihrer grenzenlosen Großherzigkeit machen die Konzerne nur einen Fehler: Sie sind viel zu bescheiden, wie auch Forscherin Fabisch findet: »Vornehme Zurückhaltung bringt gar nichts.« Oft würden nicht einmal die eigenen Mitarbeiter und Kunden vor Ort über die Aktivitäten ihrer Bank informiert.

Der Tipp zu weniger Zurückhaltung ist ebenso typisch wie ignorant: Kommen auf einer Party die dummdreisten Angeber besser an als die Reservierten, die aber hinter ihrem Rücken hoch gelobt werden?

Gerade in einer Zeit, in der immer mehr Bürger ihre Briefkästen mit Schildern »Keine Werbung« versehen und die ständigen Werbeunterbrechungen im Fernsehen nur noch als Belästigung empfinden, scheint Bescheidenheit eine Marktlücke zu sein.

So hat *infection manifesto* bei gezieltem Kultursponsoring ohne »allzu marktschreierisches Auftreten ... überraschend hohe Recall-Werte bei einer mehrheitlich positiven Grundeinstellung der

Konsument/-innen« beobachtet. Faustregel: »Der Sponsor sollte nicht wichtiger erscheinen als das gesponserte Ereignis.«[132]

Einmal jährlich allerdings feiern die Gönner sich selbst. Da ehrt der Fachverband für Sponsoring FASPO die mildtätigsten Wohltäter im deutschsprachigen Raum mit dem *Internationalen Sponsoring Award.* 2007 ging die Beweihräucherungstrophäe unter anderem in der Sparte Sport an die Deutsche Bahn für ihre Kampagne zur WM 2006 »Wir sind am Ball« und in der Kategorie Kultur an die Deutsche Telekom für das Projekt »The Guggenheim Collection/The Guggenheim Architecture – Guggst Du?« Einen Sonderpreis für Public-Sponsoring erhielt RWE für die Aktion »Fußball-WM 2006 der Menschen mit Behinderung«.[133]

Einen »Deppen Award« für die Millionen Kunden, die durch das Zahlen saftiger Preise für Fahrkarten, Telekommunikation und Strom die Spendierhosentaschen erst gefüllt hatten, gab es leider nicht.

Aber ob grandios nervige Selbstinszenierung oder scheinbar diskrete Präsentation: »Ob sich die ausgegebenen Millionen auszahlen, ist nur schwer zu ermitteln«, meint der Frankfurter Wirtschaftsjournalist Notker Blechner. »Das Sponsoring dient vor allem der Verbesserung des Unternehmensimages und der Markenbekanntheit.«[134]

Ganz überholt scheint die von Günter Ogger in seinem Bestseller *Nieten im Nadelstreifen* im Jahre 1992 angestellte Vermutung jedenfalls nicht, dass die meisten Sponsoring-Aktionen nur Zwecken dienen, »die allenfalls den Geltungsdrang repräsentationsfreudiger leitender Angestellter befriedigen können«.[135]

Der kostspielige Größenwahn

Wer kein eigenes Risiko befürchten muss, kann beim Ausleben seiner Allmachtsphantasien umso unbeschwerter das Geld anderer aufs Spiel setzen. Kaum ein Manager verkörpert den auf das ganze Unternehmen bezogenen und daher noch kostspieligeren Größenwahn so deutlich wie Jürgen Schrempp. Bereits bei seinem Amtsantritt als Daimler-Vorstandschef im Jahre 1995 hat er »die Vision von der Welt AG unter der Führung des traditionsreichen deutschen Herstellers mit dem Stern«.[136]

Leute wie ihn muss Altkanzler Helmut Schmidt mit dem legendären Hinweis gemeint haben: »Wer Visionen hat, sollte zum Arzt gehen.« Andererseits aber wusste bereits Victor Hugo: »Nichts ist mächtiger als eine Idee, deren Zeit gekommen ist.«

Und Schrempps Zeit war die historische Fußnote namens New Economy. Das große Übernahmefieber, die *Fusionitis*, war ausgebrochen, und Schrempp war einer ihrer Propheten. Schon vor der Fusion mit Chrysler im November 1998 stieg der Daimler-Aktienkurs auf 105 Euro. Weltweit wurde in den Jahren 1998 und 1999 das Transaktionsvolumen der gesamten letzten Dekade erreicht. Allein 1999 etwa 3,4 Billionen Dollar.

Und was hatten unsere Unternehmen davon?

»Starke Erkältungen nach der deutschen Fusionitis«, bilanzierte eine Studie der Privaten Universität Witten/Herdecke im Mai 2000. Nur in 24 Prozent der Zusammenschlüsse mit deutscher Beteiligung von 1994 bis 1998 entwickelte sich der Aktienkurs besser als im Branchendurchschnitt. Die Fusion von Daimler und Chrysler gehörte nicht dazu: Sehr bald stürzte die Aktie bis auf etwa 30 Euro ab, was Schrempp den Beinamen »Größter Kapitalvernichter aller Zeiten« einbrachte.

Das focht aber den Visionär Jürgen Schrempp nicht an, zumal Baden-Württembergs damaliger Ministerpräsident Erwin Teufel,

selbst stolzer Inhaber der Mittleren Reife, den gelernten Autome-
chaniker im Jahre, 2003 zum Professor ernannt hatte. Da konnte
er sogar mit kostspieligem Missmanagement kokettieren: »Er sei
wohl der einzige Vorstandsvorsitzende eines großen Konzerns,
der schon vor seiner Berufung so viele Milliarden in den Sand
gesetzt habe.«[137]

Vorzuweisen hat Schrempp unter anderem das Theater um das
Mautsystems Toll Collect, das Dahinsiechen der US-Sparte Chrysler, die missglückten Allianzen mit Mitsubishi und Hyundai, die
Qualitätsprobleme von Mercedes-Benz, die Verluste beim Kleinst-
wagen Smart und nicht zuletzt das kleinlaute Ende lauthals
angekündigter Projekte wie den 1999 gemeinsam mit General
Motors und Ford gegründeten und 2004 wieder verkauften elek-
tronischen Marktplatz Covisint. Fazit von *Welt*-Autor Marc Dalan:
»Kaum ein Manager in Deutschland hat so viel versprochen und
so wenig gehalten.«

Verdienter Lohn war im Jahre 2004 ein neuer, diesmal sogar globaler Ehrentitel. Die US-Zeitschrift *Business Week* kürte ihn zum
»Schlechtesten Manager des Jahres«.

Irgendwann reichte es auch den Aktionären, dem Aufsichtsrat
und der Nation, vertreten durch ihr Sprachrohr: *Bild* präsentierte
im Frühjahr 2005 »Schrempps Flop-Bilanz« unter dem Titel: »Hal-
löle, ich raffe beim Daimler« und rechnete vor: »Seit seinem Amtsantritt im Mai 1995 hat Schrempp nach Expertenschätzung rund
80 Millionen Euro verdient! Gleichzeitig sank der Wert des Unternehmens seit der Fusion mit dem US-Konzern Chrysler 1998
um rund 50 Milliarden Euro!«[138] Sogar die *Frankfurter Allgemeine
Zeitung* fragte am 22. Mai: »Wer stoppt Jürgen Schrempp?«

Das Ende vom Lied kam am 28. Juli 2005: »Der Schöpfer der
Welt AG zieht sich zurück«, stellte Susanne Preuß ebenfalls in
der *Frankfurter Allgemeinen* fest: »Innerhalb von wenigen Minuten hat Jürgen Schrempp, der Vorstandsvorsitzende des Daimler-

Chrysler-Konzerns, am Donnerstag die Aktionäre des Stuttgarter Autoherstellers um Milliarden reicher gemacht: die Ankündigung, er werde zurücktreten, ließ den Kurs nach oben schnellen, wie es wohl keine seiner Taten in den zurückliegenden Jahren je geschafft hat. Der Wert des Konzerns stieg von 36 auf 40 Milliarden Euro.«[139]

Und auch das passt ins Bild: »Am Tag seiner Rücktrittserklärung wirkte Schrempp kein bisschen zerknirscht. ›Um eine persönliche Anmerkung zu machen‹, sagte er am Donnerstag in der Telefonkonferenz, in der die Quartalszahlen des Unternehmens präsentiert wurden, ›ich bin ein sehr glücklicher Mensch‹.«[140]

Die Erleichterung der Aktionäre währte allerdings nur kurz. Am 4. April 2007 erhielt Lars Labryga von der Schutzgemeinschaft der Kapitalanleger auf der Hauptversammlung stürmischen Beifall für sein Pauschalurteil über den Vorstand unter Dieter Zetsche: »Sie alle haben in unverantwortlicher Weise versagt.«

Sind Topmanager Psychopathen und verhinderte Serienkiller?

Wer jemals beruflich oder privat mit einer relevanten Anzahl an Topmanagern, aber auch gewöhnlichen Karrieristen oder Workaholics zu tun hatte, der wird neben zweifellos sympathischen oder erträglichen Menschen eine nicht unerhebliche Gruppe geortet haben, von denen der Volksmund sagt, dass sie dringend professioneller Hilfe bedürfen. Ein solcher Profi, der Psychotherapeut Rolf Haubl, diagnostiziert denn auch immer öfter »eine regelrechte Sucht nach Anerkennung«. In einer Gesellschaft, in der es ausschließlich finanzielle Wertmaßstäbe und immer weniger persönliche Bindungen gebe, sei beneidet zu werden ein »Liebesersatz«.

Wer nicht mehr ist als das, was er hat, so Haubl, für den wird der Neid anderer zum »wichtigsten Indikator des eignen Wertes«.[141] Im Klartext: »Wer beneidet wird, der glaubt, dass er's geschafft hat.« Man könnte sagen: Der Versuch, den *homo oeconomicus* konsequent zu leben, führt geradewegs auf die Psychiatercouch.

Nun stellt sich bei verhaltensauffälligen Personen die dringende Frage, ob sie für niemanden, »nur für sich selbst« oder für ihre Umwelt oder sogar die Gesellschaft eine Gefahr darstellen.

»Mitleid gibt's umsonst«, lautet ein Sprichwort, »Neid muss man sich hart erarbeiten.« Die Frage ist, wie hart und skrupellos erarbeiten ihn sich die Topmanager?

»Keine Kompromisse«, titelt das *manager magazin*. »Eine neue Managergeneration hat sich Deutschlands Topkonzerne untertan gemacht ... Ehrlich, schnell, rücksichtslos. Eine neue Konsequenz hat Einzug gehalten«.[142] Gelobt wird, wer bereits »seine Belegschaft das Fürchten gelehrt hat«:

- DaimlerChrysler-Chef Dieter Zetsche »greift noch härter durch ... als sein Vorgänger ... Innerhalb weniger Monate hat der Neue fast 15 000 Stellen gestrichen«.
- Allianz-Chef Michael Diekmann (51) »nimmt seinen knapp 70 000 Untergebenen in Deutschland das, was er seinen Kunden verkauft: die Sicherheit«.
- Wolfgang Bernhard versetzte »als Markenchef bei VW eine ganze Region in Angst«.
- Klaus Kleinfeld »sortiert den Technologiekonzern Siemens neu. Was nicht genügend Profit bringt, muss vom Hof.«

Vergessen wir nicht, dass es sich keineswegs um Computer handelt, sondern um Menschen, die sich den Neid anderer erarbeiten wollen und keinen anderen Maßstab für ihr Selbstwertgefühl haben als den Shareholder-Value.

Folglich sehen seriöse Wissenschaftler wie der Entdecker der *sozialen Intelligenz,* der US-Psychologe Daniel Goleman, die Wirtschaftsbosse weniger kritiklos. »Unser komplexes soziales Gehirn macht uns erst zum Menschen«, schreibt er ihnen ins Stammbuch, und über Managerkollegen wie den Oracle-Chef Lary Ellison sagt er: »Solchen narzisstischen Persönlichkeiten fehlt ein wesentlicher Aspekt sozialer Intelligenz: Empathie. Im Extremfall zeigt sich dieses Defizit bei Psychopathen wie dem Serienmörder Jeffrey Dahmer, der junge Männer quälte und grausam tötete. Er hatte weder Mitleid mit den Opfern noch Angst vor den Konsequenzen seiner Taten. Sie gaben ihm ein Gefühl von Größe.«[143]

Nun sind aber nach neuestem Forschungsstand »nicht alle Psychopathen brutale Killer«, wie der US-Wirtschaftspsychologe Paul Babiak Anfang 2007 feststellte.

Für Psychopathen aber hält der Verhaltensforscher viele Manager allemal: »Psychopathen sind häufig liebenswürdig, haben Selbstbewusstsein und stehen auf Geld, Macht und Sex. Weil sie sich gut ausdrücken können, denkt jeder, sie hätten Visionen und wären zur Unternehmensführung geeignet.« Hinzu kommt nach Babiaks Ansicht, dass Psychopathen oft ganz bewusst eingestellt werden – bedarf die heutige Geschäftswelt doch oft gewissenloser Chefs, die vor harten, schnellen Entscheidungen nicht zurückschrecken. »Ein Psychopath hätte keine Skrupel, einen ganzen Betrieb zu schließen, während einer wirklichen Führungspersönlichkeit die Entlassungen leidtun würden.«[144]

Der Psychologe warnt auch davor, dass die Zahl der Psychopathen in Unternehmen in den kommenden Jahren noch steigen werde. Als Berater für US-Firmen seien ihm unter hundert Angestellten rund acht Psychopathen begegnet – alle in gehobenen Positionen.

Auch sein deutscher Kollege – der Gutachter beim Europäischen Parlament und beim Deutschen Bundestag – Professor Joachim

Hasebrook von der Uni Lübeck sieht Gemeinsamkeiten zwischen Topmanagern und Psychopathen: »Sie benutzen Menschen, manipulieren Menschen, nehmen keine Rücksicht auf das Schicksal anderer. Und das macht sie natürlich in Organisationen, die so etwas befördern, zu sehr attraktiven Managern, weil sie bei harten Entscheidungen und deren Durchsetzung absolut kalt sind und das ohne jede Gefühlsregung durchziehen.«[145]

Ein solches Flair umgibt zum Beispiel Martin Winterkorn. »Der Rowdy kommt nach Wolfsburg«, kündigt Michael Kröger im *Spiegel* Ende 2006 den neuen VW-Chef an. »Martin Winterkorn ist berüchtigt für seine rauhe Tonart. Besonders ruppig geht der passionierte Techniker mit seinen Ingenieuren um.« Und was ihn als harten Kerl besonders adelt: »Ökologische Aspekte sind Winterkorn fremd.«[146]

Aber noch ist nicht alle Hoffnung verloren, wie Goleman versichert: »Soziale Intelligenz kann man üben, sogar noch als Erwachsener.«[147] Und bis das Erfolg hat, kann sich die Gesellschaft wehren. Hasebrook fordert, dass »man jetzt zurückkehrt zu mehr sozialer Verantwortung ... natürlich mehr Kontrolle ... Dann wird die Umwelt für Psychopathen wieder schwieriger.«

Glück im Job – Pech in der Ehe?

Derart gestrickte Persönlichkeiten benötigen eigentlich eine Ehefrau, die

- die Aufzucht der (für den Status des Mannes wichtigen!) Kinder übernimmt,
- den Haushalt und sonstige private und gesellschaftliche Pflichten managt,
- attraktiv, gebildet, stilsicher und charmant die »Frau an seiner Seite« spielt,

- selbst zu wenig Fähigkeiten und Ambitionen für eine eigene Karriere besitzt,
- sich daher über ihren Mann und seine Erfolge definiert (»Frau Bankdirektor«) und
- ihm durch Erfüllung seiner Intimbedürfnisse das Callgirl erspart.

Eine solche Mischung aus Mutter Beimer, Sekretärin, Dienstbotin, höherer Tochter, Eva-Herman-Dummchen und Nitribitt kommt ohnehin in der Realität niemals vor und blieb auch früher Kitschromanen und Männerstammtischphantasien vorbehalten.

Seit aber mehr als die Hälfte der Abiturienten und Akademiker Frauen sind, lassen sie sich noch weniger mit der Rolle als »starke Frau im Hintergrund«, sprich als anspruchsloses Anhängsel eines karrieregeilen Managers, abspeisen. Da helfen auch schöne Begriffe nichts: Putzfrau bleibt Putzfrau, auch wenn sie Raumkosmetikerin heißt, und Hausfrau bleibt Hausfrau auch mit dem – unter anderem von Roland Koch vorgeschlagenen – kostenlosen Ehrentitel *Familienmanagerin*.

Und »Rücken freihalten« heißt nun einmal praktisch, sich beim abendlichen Repräsentationstermin »sich auf seine Anweisung hin jede halbe Stunde auf die Damentoilette zurückziehen, um brav aufzuschreiben, was ihr der unvorsichtige Tischnachbar eben anvertraut hat«.[148]

Selbst was als »gleichberechtigte Partnerschaft« annonciert war, biegt der Manager sehr schnell mittels der »Sachzwänge« zurecht: Je erfolgreicher seine Karriere, desto mehr soll und muss sie ihre eigenen Bedürfnisse den seinen unterordnen. Über kurz oder lang gibt das Ärger, bis einer von beiden die Notbremse zieht. Der Weg zum Scheidungsrichter scheint für viele Managerehen vorprogrammiert.

Für Wirtschaftskapitäne allerdings kein Grund zur Panik: Ehe sie –

wie es schon 42 Prozent der deutschen Manager laut *Emnid* bereits getan haben – aus Rücksicht auf die Familie auf Karrierechancen verzichten, tauschen sie lieber das »Humankapital« Gattin aus.

Wie die Mächtigsten der Mächtigen dies handhaben, schildert Eva Buchhorn vom *manager magazin* ebenso respektlos wie treffend: »Status und Macht innerhalb eines Unternehmens verschaffen Topmanagern schon seit jeher genügend Möglichkeiten, Ehefrau Nummer eins durch Ehefrau Nummer zwei zu ersetzen. Hilmar Kopper (71) und Jürgen Schrempp (62), die als Aufsichtsratsvorsitzender der Deutschen Bank beziehungsweise als Chef des Daimler-Konzerns ihre derzeitigen Frauen kennen- und lieben lernten, sind nur zwei der prominentesten Beispiele.«

Wichtig scheint, dass die Neue ihren Helden kritiklos anhimmelt, und das klappt am besten mit Frauen, die von ihm beruflich abhängig sind und seine Tochter sein könnten: »Die 20 Jahre jüngere Sekretärin lauscht noch hingebungsvoll den Geschichten aus dem entsagungsreichen Leben des Managers, die seine Gattin schon in tausendfacher Variation kennt.« Hauptsache pflegeleicht jedenfalls. Buchhorn gegenüber lobt ein Manager seine neue Gattin: »Ein ganz anderer Typ: lieb, anschmiegsam, beruflich wenig ambitioniert.«

Dass man den Trieb zur Eitelkeit auch ganz anders ausleben kann, zeigt Soziologe Holger Rust am Beispiel des ebenfalls nicht unter Minderwertigkeitskomplexen leidenden Inhabers und Chefs der Textilfirma Trigema, Wolfgang Grupp: »Seine Selbstdarstellung ist untrennbar verbunden mit dem Erfolg seiner Firma. Der Burladinger Fabrikant würde es als Verletzung seines ausladenden Selbstbewusstseins empfinden, wenn er auch nur einen Mitarbeiter entlassen müsste.«[149]

Die Aussteiger

Zuweilen aber hängt einem Topmanager selbst das spielende Geldscheffeln zum Halse heraus. Investmentbanker Roland Lienau (Jahrgang 1961), Co-Chef des Aktiengeschäfts der Deutschen Bank, hatte im Februar 2007 vom Zocken mit dem Geld fremder Leute die Nase voll: »Ich kann mir vorstellen, mein Haus auf der Ile de Re auf Vordermann zu bringen.«[150]

Inzwischen halten immer mehr Führungskräfte den ursprünglich selbstgewählten Druck nicht mehr aus. So geraten »selbst hartgesottene Karrieristen in die Sinnkrise ... Sie schrubben 80-Stunden-Wochen, jetten um die Welt, regenerieren wochenends in Wellnessoasen und bewundern ihre Liebsten auf den zugesimsten Handy-Fotos. Bis sich irgendwann die Frage nicht mehr verscheuchen lässt: Was soll das alles? ... Denn wer lässt sich schon gern ausquetschen, um letztlich anonymen Shareholdern oder gefräßigen Heuschrecken die Taschen zu füllen?«[151]

Ihre Lösung heißt *Downshifting* – das Herunterschalten bei Job und Geld zugunsten von mehr Lebensqualität. Einige typische Beispiele:

- Claus Rottenbacher (Jahrgang 1965) dachte von 1995 bis 2002 ausschließlich an »Wertschöpfung«, erst als Managementberater bei A. T. Kearney, ab 1998 als von der New Economy gefeierter Gründer des »Energie-Brokers« *Ampere AG*. »Er hat Wertschöpfung gelebt, gepredigt, geatmet, bis er irgendwann nicht mehr schlafen konnte. Sein Marathonlauf durch den Kapitalismus endete als Patient in der Berliner Charité.« Heute lebt er als selbständiger Kinderfotograf ohne neoliberale Flausen und als jemand, der zum Beispiel »gern mit dem Hund zur Post läuft, um 20 Briefmarken zu holen«. Von Gehaltsoptimierung um jeden Preis hat er die Nase voll: »Ich will keinen Erfolg um des Erfolgs willen. Ich will einfach nicht mehr so sein, wie man dann sein muss.«[152]

■ Theo Lieven (Jahrgang 1952) ist Mitbegründer der PC-Handelskette Vobis. 1996 verkaufte er seine Anteile. Heute gibt er Klavierkonzerte auf der ganzen Welt. Außerdem ist er Jet-Pilot und Fluglehrer.

■ Oliver Sinner (Jahrgang 1969) verließ die damals renommierte Startup-Klitsche *SinnerSchrader*. Nun leitet nun sein Hotel »Seemöwe« an der Ostsee, frühstückt mit seiner Tochter und bringt sie jeden Tag zum Kindergarten: »Ich hab genug Geld verdient, so, wie mein Leben momentan ist, gefällt es mir.«

■ Christian Schmidt (Jahrgang 1962) war als Jurist mit 29 Jahren Hauptabteilungsleiter einer Chemiefirma und ging mit 32 zur Boston Consulting Group (BCG). »Eines Morgens explodierte sein dumpfes Unbehagen über ein zu einseitiges Leben, und er sagte sich: ›So geht es nicht weiter.‹ Schmidt kündigte, ließ sich scheiden und ging in ein tibetisches Kloster. Und danach ein Jahr nach Indien, ›um mir klar zu werden, was ich im Leben erreichen möchte‹.

■ Christine Licci (Jahrgang 1964) warf nach einer Blitzkarriere bei Citibank und HVB alles hin, privatisiert jetzt am Zürichsee, heiratete inzwischen und heißt nun Novakovic.

■ Michael Heinzel (Jahrgang 1967) versäumte als Mitglied der Geschäftsleitung einer Unternehmensberatung immer öfter Geburtstage und Veranstaltungen im Kindergarten seines kleinen Sohnes: Als das zweite Kind unterwegs war, ging er mit seiner Familie nach Neuseeland. Nun erkundet er per Wohnmobil das Land oder genießt das Leben im Häuschen am Strand.

Offenkundig haben sich die Neoliberalen mit dem Leitbild des *homo oeconomicus* selbst ausgetrickst, denn »erstmals hinterfragt eine Generation die klassischen Karrieremuster, wägt Beruf und

Privatleben exakt ab – und stellt immer öfter fest, dass es sich »nicht lohnt«, noch mehr zu rackern ... Analytisch geschult, kalkulieren sie permanent den Grenznutzen zwischen Berufs- und Privatleben, sie optimieren ihre Lebenszeit ... verweigern sich der Karriere um jeden Preis. Wichtiger als Geld und Hierarchien ist vielen die Optimierung des eigenen Lebens, Arbeit soll Spaß machen und interessant sein ... Der Vater, der blindlings bis 65 durchrackerte und dann vom Herzinfarkt gestoppt wurde, hat als Vorbild ausgedient.«

Die Krux ist, dass es den Jungen zu gut geht: Für die sogenannte »Erbengeneration«, die jährlich 200 Milliarden Euro Nachlass abräumt, ist Geld »nicht mehr überlebensnotwendig. Es fehlt der Leidensdruck, der Leistungsdruck erzeugt.«

So gerät die Umerziehung vom normalegoistischen Menschen zum raffgiergesteuerten Soziopathen ins Stocken. Folglich kritisieren viele Topmanager nicht mangelnde Leistungsbereitschaft, sondern fehlende Flexibilität. »Selbst Topleute weigern sich mit Rücksicht auf Frau und Familie oft, umzuziehen oder zu pendeln«, jammert Personalberater Thomas Bockholdt. »Das hat in den vergangenen Jahren weiter zugenommen.«

Aber natürlich gibt es auch noch leuchtende Vorbilder. Hier eine Lobeshymne des *manager magazins* auf einen gewissen Torsten Ahlers (Jahrgang 1966), »ein jungenhafter Ralf-Bauer-Typ, der gern lacht und als Mitglied der Deutschland-Geschäftsführung das Inhaltegeschäft von AOL verantwortet. Nach Banklehre, BWL-Studium und Trainee bei Axel Springer hätte er einen Job in der *Bild*-Verlagsleitung haben können ... Torsten Ahlers hat immer den anderen Weg gewählt. Wo andere ausgebüxt sind, suchte er mit voller Absicht das Risiko ... Es ist dieser Mut, der zu vielen seiner Altersgenossen fehlt.« Wie sagt der Volksmund: »Eine Gehirnwendung weniger, und Sie laufen auf allen vieren.«

Im Volk ist das degenerierte Menschenbild des *homo oeconomicus* ohnehin nicht sehr verbreitet. Laut einer Umfrage vom Frühjahr 2007 empfinden 30 Prozent der Deutschen den täglichen Kampf am Arbeitsplatz als zu hart. Und 87 Prozent fühlen »keine echte Verpflichtung gegenüber ihrer Tätigkeit«.

Da überziehen also die Neoliberalen das ganze Land mit einer »orwellesken« Kampagne für den »rational« habsüchtigen, gefühllosen Menschen, und niemand dankt es ihnen – jedenfalls immer weniger Bürger außerhalb der Chefetagen.

Beraterwahn als Flucht aus der Inkompetenz

Dass der Beraterbedarf mit eigener Inkompetenz steigt, wissen wir nicht erst seit Erfindung der Gelben Seiten.

»Graduierte Idioten«:
Die Ausbildung als Basis der Inkompetenz

Wie aber steht es mit der Fachkompetenz jener Sorte Manager, die an den Machthebeln unserer Konzerne schalten und walten? Nach dem Abitur, für dessen Noten zuweilen Papis Scheckbuch verantwortlich zeichnet, wird Betriebswirtschaft studiert.

Hier trichtern »Managementberater« vom Schlage einer Gloria Beck Mamis Liebling ein, »wie man mit Beredsamkeit den Professor überzeugt – und dabei elegant Wissenslücken überspielt ...«, und wollen so durch »Rhetorik« den verklemmten geistigen Tiefflieger zum abgefeimten Speichellecker und Schaumschläger aufpumpen: »Ein erster Schritt könnte darin bestehen, dass sich die Studenten vornehmen, sich pro Kurs einmal zu melden und eine Frage zu stellen. Dann sticht man aus der Masse hervor und bleibt dem Dozenten positiv im Gedächtnis.«[153] Nachdem der Sprössling vielleicht das eine oder andere vom pseudowissenschaftlichen neoliberalen Aberglauben aufgeschnappt und sich solcherart durchs Examen und vielleicht noch zum »Master of Business Administration« (MBA) und zum Doktortitel geschlängelt und geschleimt hat, beginnt »der Ein- und Aufstieg im Unternehmen. Oben angekommen, erzählen sie von ›Benchmarking‹, ›Reengineering‹ und ›Empowerment‹, das einfache kaufmännische Einmaleins, das jeder Gemüsehändler können muss, beherrschen viele nicht«.[154]

Aber was hat es eigentlich auf sich mit diesem MBA, der nach Erkenntnissen des Berliner Soziologen Reinhard Blomert und einer Studie des kanadischen Managementlehrers Henry Mintzberg als »Eintrittsbillett in die amerikanische Wirtschaftselite der Manager, Berater und Investmentbanker«, begann, aber längst zu einer starken globalen Vereinheitlichung »zwischen Boston und Bukarest« beigetragen hat?[155]

Die Ausbildung dauert zwei Jahre und ist inklusive Weltanschauung standardisiert. In einer Mischung aus Fallstudien und scholastisch mathematisierten vom beruflichen Kontext losgelösten Marktmodellen geht es vor allem um Budget, Finanzberichterstattung und Kostenkontrolle.

»Die angehenden Manager lernen vor allem, analytisch zu denken und anhand von Papieren und Zahlen rasche Entscheidungen zu treffen. Soziale Situationen kommen nicht vor, da sie sich nicht in Zahlen darstellen lassen, und der gesellschaftliche Rahmen, in dem sie arbeiten, entgleitet daher ihrem Blick völlig, sie erwerben weder volkswirtschaftliche noch politische oder soziologische Kompetenzen.«

Was dabei herauskommt, ahnt man bereits und wird von einer Umfrage der *American Economic Association* bestätigt: Die MBA-Absolventen beherrschen zwar formale Techniken zur Problemlösung, versagen aber bei realen Problemen. Sie fanden sogar, die Kenntnis der Realität hemme sie bei der Anwendung ihrer üblichen Techniken. Dementsprechend wollten auch 68 Prozent mit der Realität »nichts zu tun haben, sie bleiben lieber in ihrem ideologischen Modellbaukästchen«.

Deshalb sieht der US-Ökonom Robert Kuttner »eine Generation von graduierten Idioten heranwachsen, die über eine Reihe von Techniken verfügen, aber nichts von Ökonomie verstehen«. Konkret kann das heißen: Wenn Ihr Großmarkt in Zweibrücken zwei und in Neunkirchen neun gut gehende Filialen unterhält, wird Ihnen der frischgebackene MBA für Dreilinden die Eröffnung von drei Filialen empfehlen.

Die logische Folge des Ausbildungsdesasters: Die auf einsame Entscheidungen getrimmten Manager haben keinen Schimmer von den Stärken und Schwächen der Mitarbeiter, Zulieferer und Kunden. Sie basteln allein an allen möglichen Kontrollen und Reorganisationsstrategien. »So entstehen bürokratisch-hierarchische Strukturen, Systemwelten, in denen Entscheidungen aus formalisierten und zahlenmäßig erfassbaren Sachverhalten getroffen werden. Trotz aller Reden vom Netzwerk als neuer Form der Unternehmensorganisation sind deshalb heute viele Großunternehmen hierarchischer und bürokratischer als noch in den sechziger, siebziger und achtziger Jahren.«

Welchen Beitrag können solche »Führungskräfte« eigentlich überhaupt zum Wohl des Unternehmens, geschweige denn der Gesellschaft leisten? Auch die Maus, die in den Witzen dem Elefanten beim Autoanschieben hilft, behauptet ja, ohne ihre Hilfe wäre der Wagen keinen Millimeter vorwärtsgekommen.

Vor allem den Managern um die vierzig fehlen Kreativität und Mut zum Risiko, klagt der Münchener Betriebswirtschaftsprofessor Horst Wildemann: »Ihre Stärke liegt im Rationalisieren, nicht im Erneuern.« Lieber kauften sie erfolgreiche Innovationen ein, anstatt sie selbst zu entwickeln. »Manager dieser Altersgruppe agieren auf einer abstrakten, formalisierten Ebene, die zwar weltweite Verständigung ermöglicht, aber vom Verständnis der eigenen Unternehmenskultur entbindet«, sagt Stephan Grünewald vom Kölner Forschungsinstitut Rheingold. Das Resultat, auch der Talentmanagement-Programme der Großkonzerne, sind immergleiche Karrieretypen. »Immer wieder wurde ihnen eingebimst, dass sie flexibel sein müssten. Nun sind sie so flexibel, dass sie an Profil verloren haben, austauschbar geworden sind. Es sind Passepartouts.«[156]

Dass fachlich halbgebildete Würstchen von ehrlich arbeitenden Belegschaften zu wenig Ehrerbietung erhalten, versteht sich fast von selbst. »Junge Manager vermissen Disziplin und Respekt bei Untergebenen«, meldete *Spiegel Online* im Juni 2007. Diese Lachnummern im Nadelstreifen sehen natürlich die Schuld bei »den Achtundsechzigern«, unter deren Einfluss zumindest teilweise aus Duckmäusern selbstbewusste Mitarbeiter wurden.

Die BWL-Bubis werden's schon richten

Insofern ist der vielbelächelte Beraterwahn nur die logische Konsequenz aus der oft unglaublichen Inkompetenz. Während nämlich der tumbe Mob seinen Ausweg aus der angeblichen »Unerklärlichkeit der immer komplexer werdenden Welt« in Horoskopen sucht, die sich ein Gossenjournalist tags zuvor im Zustand der Volltrunkenheit ausgedacht hat, wenden sich fachlich völlig überforderte und daher vom Auf und Ab und den anderen Wirren der Weltwirtschaft stets aufs Neue verblüffte Topmanager an Unternehmensberater, auf dass die ihnen ihre eigentlich ureigensten Aufgaben abnehmen.

Und die Externen tun das, was viele täten, wenn Einfaltspinsel mit zu viel Geld dringend einen Übersetzer für Koreanisch suchen: Sie geben sich als Korea-Experten aus und verkaufen ihnen irgendein exotisch anmutendes Kauderwelsch.

Nun ist Kauderwelsch kein Koreanisch, und wer jemals einem Unternehmensberater bei dessen klippschulmathematischen »Berechnungen« über die Schulter schauen durfte, erinnert sich unwillkürlich an erwähnte Parabel »Des Kaisers neue Kleider«. Nicht umsonst spricht Politikprofessor Franz Walter von den Unternehmensberatern als »den 29-jährigen Bubis aus dem BWL-Bereich«.[157] Von dieser Spezies würden sich, so beklagt Heribert Prantl, »Industrievorstände beraten und als große unternehmerische Weisheit verkaufen lassen, dass man das Geld für tausend Leute spart, wenn man tausend Leute entlässt.«[158] Stefan Riße sagt es noch drastischer: »Deutschlands Topmanager legen ihr Schicksal beziehungsweise das ihres Unternehmens offenkundig häufig in die Hand von grau gewandeten Berater-Jüngelchen.«[159]

Ein legendäres, wenn auch extremes Beispiel für die Arbeit von Unternehmensberatern lieferte im Jahr 2000 das Urteil von Schweizer Ermittlungsbehörden über eine Studie, die beim Verkauf der ostdeutschen Leuna-Werke an Elf Aquitaine seinerzeit eine Rolle spielte und für die Thyssen immerhin 13 Millionen Mark bezahlt hatte, nämlich »dass die Faktibilitätsstudie für das Leuna-Projekt vollkommen erfunden war ... Sie bestand bloß aus einer Zusammenstellung von schon vorhandenen Unterlagen ... zum Teil aus Artikeln der Fachpresse und aus offenen Informationen.«[160]

Sogar halbwegs kritischen Politikern reicht es inzwischen. So warf Christian Wulff in einer Talk-Show dem Beraterguru Roland Berger vor, die Gutachten der Branche hätten »nicht einmal die Qualität parlamentarischer Anfragen der Grünen«. Aber das macht eigentlich auch fast gar nichts: Bekanntlich werden Berater oft nur als Buhmänner engagiert: Wenn die Idee zu Massenentlassungen und andere »unpopuläre Entscheidungen« angeblich von ihnen und nicht von den Firmenbossen stammt, kann man sie leichter gegen die eigenen Mitarbeiter durchsetzen. »Hierfür eignen sich die McKinsey-Leute besonders«, weiß NTV-Mann Riße zu berichten. »Ihre Strategien laufen häufig auf Personalabbau hinaus.«

Nicht selten versteckt sich ein Manager auch hinter großen Beraternamen. Legt er eigene Gedanken vor, so lauern irgendwo Fragen des Kalibers: »Wie wollen ausgerechnet Sie als gelernter Installateur den Binnenmarkt von Malaysia beurteilen?« Legt dagegen die internationale Beraterfirma Ex & Hopp eine sündhaft teure Analyse vor »Tun Sie das Richtige und vermeiden Sie das Falsche«, so hat der Manager die Creme de la Creme der wissenschaftlichen Betriebsführung hinter sich.

Derlei »Unternehmensberatung« lassen sich die Firmenlenker schon mal bis zu 3500 Euro pro Tag und Berater kosten und geben dafür immer bereitwilliger das Geld der Aktionäre aus. So stieg der Umsatz der Zunft von 12,9 Milliarden Euro im Jahre 2001 auf 14,4 Milliarden im Jahr 2006.

Die innere Struktur der Branche erinnert den SWF-Chef-Reporter und Buchautor Thomas Leif an den klerikalen Geheimbund Opus Dei. Eine den Kunden vertraglich zugesicherte absolute Diskretion verhindere jede wirksame Kontrolle – und sichere sogar das Überleben des dubiosen Gewerbes: Das wenige, was durch Insiderbereichte oder Rechnungshofstudien ans Tageslicht kommt, sei »alles andere als schmeichelhaft«.

Investmentbanker – Hütchenspieler der Globalisierung

»Investmentbanker verachten ihre Klienten«, pflegt Warren Buffett zu sagen. Dies erinnert an die Logik des Groucho Marx, »ein Club, der mich als Mitglied akzeptieren würde, wäre unter meinem Niveau«, und zeigt einen Rest ehrlicher Selbsteinschätzung. Bei aller Wichtigtuerei wissen diese Hütchenspieler der

Globalisierung, dass sie im Grunde nichts anderes sind als eine Mischung aus Versicherungsdrücker und Staubsaugervertreter: Auch sie erhalten Umsatzprovision und drängen die Konzernchefs förmlich zu jeder Übernahme, »es sei denn, woanders ist eine noch größere in Aussicht«.[161]

Was Investmentbanker von gewöhnlichen Vertretern unterscheidet, sind die Geldsummen, die sie zu bewegen helfen, und folglich auch ihr bereits erwähntes galaktisches Einkommen.

Da ist zum Beispiel der gelernte Mediziner und Betriebswirt Alexander Dibelius (Jahrgang 1962). Der Deutschlandchef von Goldman Sachs gilt laut Laudatio des *manager magazins* als »der ausgebuffteste Dealmaker des Landes«, für das Wirtschaftsblatt *Capital* als »Meister des diskreten Netzwerks in den Chefetagen der Unternehmen«.

Getreu seinem Motto »Der menschliche Körper benötigt nur vier Stunden Schlaf, alles andere ist Gewohnheit«, legt er eine Karriere im Zeitraffer hin: Mit 24 Jahren promovierter Chirurg, dann – »frustriert von der Krankenhaus-Bürokratie« – anheuern bei McKinsey, hier rasanter Aufstieg zum Partner, 1993 Wechsel zu Goldman Sachs, dort ab 2002 Mit-Geschäftsführer und seit 2004 alleiniger Chef für den deutschsprachigen Raum. Zwischendurch - man gönnte sich ja sonst nichts, kauft er 2001 das ehemalige Grundstück von Thomas Mann in der Poschingerstraße 1 in München und lässt sich darauf in Anlehnung an das Original eine Villa bauen. Dibelius »gilt als extrem ehrgeizig und diszipliniert ... Beim Kunden zeigt er sich zuweilen gern aggressiv. Er würde eher zweimal Erster und Letzter werden als viermal Zweiter.« Mit einem Wort: »Dibelius ist ein einflussreicher Architekt des effizienten Kapitalismus. Die von ihm begleiteten Fusionen oder Konzernverkäufe ... bestimmen das Schicksal von ganzen Konzernen und damit auch von vielen tausend Arbeitsplätzen.«[162] Zu seinen ehemaligen und aktuellen Kunden zählen Deutsche Telekom,

HypoVereinsbank, Siemens, E.on, RWE, Puma, Henkel, Deutsche Börse, Bayer, Conti, Dasa, KPMG, TUI, Rheinmetall – und natürlich DaimlerChrysler. Die Megafusion gilt als das »Glanzstück des Goldmannes *(Capital)*, und da sich der Deal nicht nur für Laien selbst zehn Jahre nach seinem Abschluss als glattes Minusgeschäft darstellt, möchte man lieber nichts über seine anderen Erfolge hören: Immerhin soll er selbst bei der Übernahmeschlacht von Vodafone um Mannesmann munter mitgemischt haben.

Vor diesem Hintergrund versteht man die übermäßige Menschenscheu der geheimnisvollen Drahtzieher: »Ihre Leistungen sind in letzter Konsequenz nie nachprüfbar. Wahrscheinlich verdienen sie deshalb auch so horrende Summen.«[163]

Tatsächlich schwappt beim Thema Investmentbanker der Sozialneid von kleinen Leuten bis in die Konzernspitzen über: »Was hat Dibelius, was ich nicht habe?« Für viele Manager passt vermutlich als Antwort: »So ziemlich alles.« Mit Sicherheit aber hat Dibelius den anderen eines voraus: Er war Trauzeuge des Supermanagers und Multiseilschafters Eckhard Cordes und wählte im Gegenzug auch ihn als Trauzeugen. Cordes war viele Jahre Klient und ist begeisterter Anhänger von Alexander Dibelius. Der Beginn dieser wunderbaren Freundschaft datiert aus einer Zeit, als Cordes Controller bei Daimler war und der Verkauf von Bereichen wie AEG oder Luftfahrtgeschäft, einem Teil der späteren EADS, anstand. Dibelius selbst sieht solche Hochzeitsfreundschaften ganz pragmatisch: »Beziehungen gestaltet man nur durch professionelles Agieren. Natürlich lernt man im Laufe der Jahre wichtige Personen in der Industrie persönlich kennen.« Opulente Lobeshymnen überlässt er Medien wie *Capital:* »Überzeugend und charmant im persönlichen Gespräch, ständig mit dem Blackberry hantierend – ein unermüdliches Wiesel, das ständig Witterung aufnimmt für mögliche Geschäfte, immer hungrig, immer bissig. Selbstverständlich kennt und trifft er die Vorstandschefs der

DAX-30-Konzerne regelmäßig. Auf Tastendruck hat er mehr als 8000 Adressen parat.«[164]

Ideal für einen »BWL-Bubi« als »Einäugigen unter Blinden« sind natürlich völlige Wirtschaftslaien: So suchte er den Kontakt zur CDU-Parteichefin Angela Merkel lange vor ihrer Nominierung als Kanzlerkandidatin, arrangierte für sie mehrere Dinner mit Unternehmenschefs, »damit sie besser und schneller mit Personen aus der Wirtschaft ins Gespräch kam«, und steht der Kanzlerin selbstverständlich bei Fragen zur Verfügung.

Kurzum: Was Investmentbanker anderen Managern voraushaben, sind eigentlich nur ihre Kontakte und die Gabe, sie möglichst unverbissen zu nutzen. Die Selbstsicherheit wiederum schöpfen sie aus der meist berechtigten Hoffnung, dass ihre Gesprächspartner noch viel ahnungsloser sind als sie selbst.

Auf welchem geistigen Niveau sich selbst Topleute bewegen, zeigt die Erklärung von Alexander Banik, Portfolio-Manager der Fondsgesellschaft DWS der Deutschen Bank, für die Spekulationswut an der chinesischen Börse im Jahr 2007: »Die Asiaten spekulieren generell gerne mit Häusern und Wohnungen – man könnte fast schon sagen, das ist genetisch bedingt. Jetzt kommt eben noch das Spekulieren am Aktienmarkt hinzu.«[165]

Stümper nach innen: Mangelnde Unternehmensführung

»Ich sagte meinen Mitarbeitern, sie seien überbezahlt.
Zu meiner Überraschung sahen sie das genauso.«
Jamie Dimon, Vorstandschef der Investmentbank JP Morgan

Unternehmensphilosophie Fehlanzeige

Es ist noch nicht so lange her, da trugen viele Mitarbeiter deutscher Großbetriebe den Stolz auf »ihr« Unternehmen offen zur Schau. Sie fühlten sich als Mitglieder einer Familie. Auf die Frage nach der Firmenphilosophie kamen wie aus der Pistole geschossen Begriffe wie »hochwertig«, »zuverlässig«, »kundenfreundlich«, »gut kalkuliert«. Die Belegschaft schien bis in die Haarspitzen motiviert. Ob Daimler oder Krupp, Volkswagen oder Siemens, Vulkan oder Bosch, Quelle oder Deutsche Bank: Die Arbeit bei diesen Firmen verschaffte ein zumindest lokales oder regionales Prestige. Das spürte der Arbeitnehmer auch bei der Wohnungssuche oder beim Kreditantrag. Der Arbeitsplatz galt als fast so sicher wie eine Beamtenstelle.

Heute ernten Mitarbeiter dieser Konzerne eher Mitgefühl oder Spott, und viele von ihnen waren gegen ihren Arbeitgeber schon auf der Straße.

Dieser Stimmungsumschwung hängt auch zusammen mit dem Fehlen jeglicher seriöser Firmenphilosophie, genauer gesagt: Das einheitliche und in sich stimmige Leitbild wurde in seine Einzelaspekte zerlegt, die man ins Englische übersetzte und der Reihe nach jeweils zum Allheilmittel ausrief.

BENCHMARKING:
Das respekteinflößende Zauberwort wurde geboren, als sich die US-Firma Xerox über den viel billigeren japanischen Konkurrenten Canon ärgerte und daher den Canon-Drucker zerlegte und analysierte. Dies zur wissenschaftliche Erkenntnis hochzujubeln und darüber einen halben Regenwald Papier zu füllen erinnert an den Tipp: »Ihre Räume werden heller, wenn Sie statt Äpfeln Birnen in die Lampen schrauben.«

BUSINESS REENGINEERING:
In Wahrheit nichts weiter als der Versuch einer intellektuellen Rechtfertigung der »Verschlankung«, also ein Synonym für Entlassungen. Selbst Miterfinder James Champy sah die Umsetzung seiner gigantischen »Theorie« später äußerst kritisch. Das Ganze war überdies kaum mehr als ein Aufguss der berüchtigten Gemeinkostenwertanalyse, und in den Augen des St. Gallener Managementprofessors Fredmund Malik »ein Instrument, das alle kreativen Nischen in Unternehmen beseitigt und massenweise Mitarbeiter demoralisiert hat«.[166] Motto: »Ausgerechnet jetzt, wo ich meinem Pferd das Fressen abgewöhnt habe, stirbt es.«

SYNERGIE-EFFEKTE:
Als sie Mitte der 1990er Jahre zur völlig neuen »wissenschaftlichen« Grundlage der Fusionitis avancierten, wurde damit ein Weltrekord für das Aufbacken uralter Erkenntnisse aufgestellt – gemäß dem Aristoteles-Satz: »Das Ganze ist mehr als die Summe seiner Teile«, der seit Menschengedenken auch von Menschen ohne BWL-Abschluss praktiziert wird: So sind drei Individuen eine potenzielle Skatrunde, und wenn ein Paar zusammenzieht,

benötigt es pro Person nur noch eine halbe Waschmaschine. Aber auch diese leicht verständliche Anleitung wurde von raffgiergetriebenen Managern verzerrt angewandt. So sinnvoll eine Fusion oder Übernahme besonders innerhalb einer Branche sein kann, weil man zum Beispiel Einkauf, Lager, Werbung oder Vertrieb zusammenlegen kann, so kontraproduktiv wirkt die bornierte Beschränkung der »Rationalisierung« auf die reine Zahl der Entlassungen. »Der wichtigste Faktor aber bleibt außen vor: die Mitarbeiter, ihre Qualifikation und Motivation.«[167]

Selbst wenn Letztere gar nicht quantifizierbar ist – wie erkennt man eine Motivation von 2,163? – und insofern alle derartigen »Untersuchungen« mit Vorsicht zu genießen sind, so sei doch die Studie des Münsteraner Professors Gerhard Schewe und eines Unternehmensberaters erwähnt, wonach allein im Fusionitisjahr 2001 Synergieeffekte für rund sieben Milliarden Euro verschenkt wurden. Nun ist es nicht so, dass Spitzenmanager die wahren Probleme nicht geahnt hätten. So prophezeite Daimler-Chef Schrempp schon bei der Unterzeichnung des Fusionsvertrages mit Chrysler: »In dem Zusammenführen der unterschiedlichen Kulturen liegt die größte Kunst des Managements.«[168] Dennoch wird wohl kaum jemand – unabhängig von der künftigen Entwicklung – den Zusammenschluss als Riesenerfolg werten. Dabei herrschte zu Beginn der Konzernehe noch allenthalben Optimismus: »Wie alle frisch Verheirateten waren die Manager zuversichtlich – der Zusammenschluss werde durch Synergieeffekte wie zum Beispiel durch gemeinsamen Einkauf rund 2,5 Milliarden Mark an Einsparungen bringen.«[169]

Amüsanterweise ist es ein Student der Kommunikationswissenschaften, Florian Schoemer, der in einer Seminararbeit den hochbezahlten Konzernfürsten den entscheidenden Aspekt ins Stammbuch schreibt: »Nicht nur unterschiedliche Landeskulturen erschweren eine Integration, sondern auch verschiedene Unternehmenskulturen. Denn bei grenzübergreifenden Verschmelzungen können sprachliche und kulturelle Unterschiede eine Integration erschweren. Daher muss das Unternehmen nicht nur das wirtschaftliche Ziel vor Augen haben, sondern auch andere Aspekte in Betracht ziehen.«[170]

Aber auch bei gleichen Kulturkreisen kann die Fusion in die Hose gehen: Die logische Angst um den Arbeitsplatz – Mitarbeiter übersetzen Synergie richtigerweise mit Rausschmiss – beflügelt in der Regel den »Faktor Humankapital« nicht, sondern lähmt ihn: »Die Belegschaften der zusammengefügten Unternehmen werfen sich gegenseitig Knüppel zwischen die Beine, um das eigene Überleben zu sichern.«[171]

Dies ist zwar ein klassischer Ziel-Mittel-Konflikt des Neoliberalismus, der ja – Stichwort wieder *homo oeconomicus* – von der erbitterten Feindschaft der Individuen und Völker untereinander lebt; und laut einer Studie über gescheiterte Fusionen nannten 85 Prozent der befragten Manager kulturelle Unterschiede im Führungsstil als Ursache. Aber ein alternativloser Sachzwang ist das Misslingen keineswegs: Gerade in international agierenden Firmen erweisen sich multikulturelle Belegschaften und gemischte Konzernführungen zusehends als Wettbewerbsvorteil: Heterogene Gruppen können in der Regel bessere Lösungen für komplexe Probleme erarbeiten. Aber wo viel Licht ist, da kommen auch die Motten: »Eine fabelhafte Chance für ein neues Beratungsgewerbe – die ›interkulturelle Kommunikation‹«, mokieren sich die Ethnologinnen Joana Breidenbach und Ina Zukrigl im Wirtschaftsmagazin *brand eins Online*.

»SHAREHOLDER-VALUE«:
Wie schon angedeutet, hat die hirnlose Jagd nach dem kurzfristig höchstmöglichen Aktienkurs mit dem Grundgedanken des Shareholder-Value-Ansatzes so viel zu tun wie der Gourmand mit

dem Gourmet. Ursprünglich hatte sein Erfinder Alfred Rappaport lediglich die banale Tatsache, dass die Aktionäre möglichst viel Gewinn erwarten, in pseudoexakte Formeln gekleidet.

Was nämlich den Absolventen eines BWL-Studiums als Sternstunde wissenschaftlicher Erkenntnis verkauft wird, ist für jeden Monopolyspieler eine Selbstverständlichkeit: Er muss möglichst viel Gewinn machen. Wenn das Spiel über sechs Stunden läuft, dann darf er nicht ausschließlich den Maximalgewinn nach zehn Minuten ansteuern. Deshalb darf er keinesfalls die Substanz, also zum Beispiel Parkstraße und Schlossallee, verkaufen. »Ich will alles, und zwar sofort« – dieses Begehren mag der Protestschlagersängerin Gitte Haenning gut anstehen, für ein Unternehmen bewahrheitet sich meist ein anderer Gitte-Titel »Freu dich bloß nicht zu früh«. Aber selbst diese minimalen Grundregeln werden von vielen Managern nicht eingehalten.

Wenn also eine Mode die andere jagt und häufig einander widersprechenden Trends gehuldigt wird, dann braucht man sich über das faktische Fehlen einer Unternehmensphilosophie nicht zu wundern.

Dass Papier und Bildschirme geduldig sind, beweist die Siemens AG auf der Internetseite zum Stichwort *Unser Leitbild:* »Wir machen unsere Kunden stark und verschaffen ihnen Vorteile im Wettbewerb – Wir treiben Innovationen voran und gestalten die Zukunft – Wir steigern den Unternehmenswert und sichern uns Handlungsfreiheit – Wir fördern unsere Mitarbeiter und motivieren zu Spitzenleistungen – Wir tragen gesellschaftliche Verantwortung und engagieren uns für eine bessere Welt.«[172]

Den Kinofreunden dürfte das bekannt vorkommen: In der US-Komödie »Undercover« mit Sandra Bullock zirpt bei einer Misswahl jede einzelne Teilnehmerin dümmlich lächelnd: »Außerdem bin ich natürlich für den Weltfrieden.« Da werden die ehemaligen Mit-

arbeiter von BenQ und die Leidtragenden der globalen Schmier-
geldaktivitäten aber ganz beruhigt sein.

Die Folge: Egoismus statt Vision

Hinzu kommt jener durch den *homo oeconomicus* geradezu ideo-
logisch verordnete pervertierte Egoismus der Manager, der mit
vernünftigem Eigennutz nichts zu tun hat. »Deutsche Manager
kennen keine wirkliche Teamarbeit«, stellte Günter Ogger schon
vor 15 Jahren fest. »Ihnen geht es stets um die eigene Profilierung
und ihr eigenes Fortkommen.«[173]
Bis heute hat sich nichts daran geändert. Manager aller Ebenen,
Betriebsräte und Personalchefs klagen – aus naheliegenden Gründen unter dem »Siegel der Verschwiegenheit« – über eine Zu-
nahme und Verschärfung des Kampfes jeder gegen jeden. Auch
die Konzernspitzen bilden da keine Ausnahme, wie das Beispiel
Wolfgang Bernhard zeigt. 1990 als McKinsey-Berater zu Mercedes
gekommen, blieb er gleich dort, erwarb sich unter anderem bei
DaimlerChrysler in Detroit den Ruf als »Sparminator«, »Angstma-
cher« und »Kostenkiller«. 2004 sollte er Mercedes-Chef werden,
zerstritt sich aber mit Konzernchef Schrempp und ging zu Volkswagen, wo er 2005 VW-Markenvorstand wurde. 2006 wollte er
Bernd Pischetsrieder als Chef beerben. Doch als Intimfeind Martin Winterkorn den Job bekam, war Bernhard »zum zweiten Mal
Kronprinz ohne Glück« (NDR) und verließ auch dieses Unternehmen. Nun mag dahingestellt sein, ob Bernhard immer richtig lag
und die anderen immer unrecht hatten und wie es um Bernhards
Sanierungskonzept ohne die aufgeflogene Betriebsratsbestechung
bestellt gewesen wäre. Jedenfalls scheint es bei ihm öfter auf das
»High Noon« hinauszulaufen.
Nicht besser die Telekom: So lieferte sich im Jahr 2006 der mitt-

lerweile gefeuerte T-Com-Leiter Walter Raizner mit dem damaligen T-Mobile-Chef und späteren Telekom-Boss René Obermann ein groteskes Duell um einen Apparat, mit dem man sowohl mobil als auch im Festnetz telefonieren konnte. Fast zeitgleich, aber mit verschiedenen Namen und Tarifen kamen sie auf den Markt.

Der Vergleich mit Mannschaftssportarten bietet sich geradezu an. Gerade deutschen Männernationalteams etwa im Fußball und Handball haftet ja der Ruf an, individuell zwar schwächer besetzt zu sein als ihre Gegner, dies durch Teamgeist aber mehr als wettzumachen. Umgekehrt sind die Erfolge der Superteams wie Real Madrid, FC Chelsea oder Juventus Turin, gemessen an Qualität und finanziellem Wert ihres Spielerkaders, geradezu ein Witz. Und nicht zufällig musste Juventus in der Saison 2004/2005 wie so manch ein *Global Player* mit großangelegter Schiedsrichterbestechung nachhelfen. Mannschaftsdienliches Spiel ist also nicht etwa unzeitgemäßer »irrationaler Altruismus«, sondern liegt letztlich im eigenen Interesse.

Noch näher liegt die Parallele zum Orchester, die der Wiener Dirigent und Unternehmensberater Christian Gansch sogar zu einem ganzen Buch verarbeitet hat.[174] Wenn Streicher gegen Blechbläser und Pauker gegen Klavierspieler kämpfen, kommt grauenhafte Katzenmusik heraus. Aufgabe des Dirigenten sei es nun, alle Musiker und ihre legitimen Profilierungsinteressen aufeinander abzustimmen.

Letztlich lasse sich Kooperationsfähigkeit aber nicht befehlen: »Jeder Einzelne muss das Bewusstsein haben, dass man dem Kunden ein in sich stimmiges Produkt anbieten muss.« Dies allerdings werde im Orchester wie im Konzern zunehmend behindert durch »blinden Aktionismus«. Immer mehr setze sich »dieser Showtyp durch, bei dem sich das Orchester fragt: ›Warum hüpft der so rum?‹ Dem Stück bringt das gar nichts. In der Wirtschaft sehe ich ähnliche Entwicklungen.«[175]

Nieten bevorzugt

Das Peter-Prinzip

Dass der durchschnittliche Topmanager mit seiner jeweiligen Position überfordert ist und daher mittelmäßig bis miserabel agiert, ergibt sich schon allein aus dem Peter-Prinzip. Demnach enthält auch eine Konzernbelegschaft dreierlei Typen:

- Unfähige, die bereits den richtigen Job haben.
- Mäßig Befähigte, die sich für eine Beförderung eignen.
- Sehr Befähigte, die eher rausgeworfen als befördert werden.

Dies entspricht auch dem subjektiven Empfinden und Handeln der Wirtschaftskapitäne: Für den eigennützigen und in seinem Job überforderten Topmanager versteht es sich von selbst, mögliche Konkurrenten nicht groß und mächtig werden zu lassen, geschweige denn zu züchten. Denn welcher Vorgesetzte sieht es gerne, dass seine untergeordneten Mitarbeiter kompetenter sind als er selbst? Der Einäugige ist schließlich nur so lange König, solange der Rest aus Blinden besteht. Paradebeispiel ist auch hier der Umgang mit der geschassten VW-Hoffnung Wolfgang Bernhard, wie Michael Kröger im *Spiegel* schreibt: »Aufsichtsratschef Ferdinand Piëch, der Bernhard einst als Sanierer ins Haus geholt hatte, hätte sich über die Erfolge freuen können – wenn sie nicht gleichzeitig der Beleg für die Fehler gewesen wären, die er selbst als Konzernchef in der Vergangenheit begangen hat ... Auch sein Führungsstil blieb nicht ohne Einfluss. Intrigen, Neid und Missgunst prägten die Unternehmenskultur unter seiner Ägide. Piëch, der die Kunst der Intrige selbst meisterhaft beherrscht, machte vor, wie es geht. Bernhards gradlinige Art wirkt dagegen wie ein Kontrastprogramm.«[176] Daher wurde nicht Bernhard VW-Chef, sondern Piëchs enger Vertrauter Martin Winterkorn. Der beschnitt natürlich als Erstes des Rivalen Kompetenz, worauf dieser als mutmaßlicher Kenner des Peter-Prinzips die Zeichen erkannte und das Handtuch warf.

Dass die Fähigen »ausgebremst statt gefördert« werden, beklagt auch der Hohenheimer Psychologie-Professor Heinz Schuler: »Viele Unternehmen verblöden ihre Mitarbeiter systematisch. Dabei wäre es so einfach, ihr kreatives Potenzial zu nutzen.« Dabei allerdings spielt den Einäugigen oft die Intelligenz einen Streich: »Ab einem Unterschied von 20 Punkten auf dem Intelligenzquotienten wird die Verständigung schwierig. Und bei 30 IQ-Punkten mehr oder weniger können wir uns gar nicht mehr miteinander unterhalten.«[177] Nun setzen sich aber, wie der Name schon sagt, auch in einem Unternehmen meist die Dominanteren gegen die Kreativen durch – »und das sind nicht unbedingt die Schlaueren«, wie Schuler süffisant betont. Ergebnis: »Es wird viel Potenzial verschenkt, weil Mitarbeiter unter ihrem Niveau arbeiten.«

Radfahrer und Leitwölfe

Bei seiner Diktatur des Mittelmaßes kommt dem Einäugigen eine berüchtigte »menschliche« – oder deutsche? – Eigenschaft zugute, die »Radfahrermentalität«: Nach oben buckeln und nach unten treten, wobei der Radfahrer das Buckeln »Loyalität« und das Treten »mutiges Durchgreifen« nennt. Etwas leidenschaftsloser nennt die sogenannte *Transaktionskostentheorie* diesen Opportunismus ein Verhalten, das »die Suche des Eigennutzes unter Zuhilfenahme von List und Tücke zum Ziel hat«.

Wird dies auch noch belohnt, konstruktive Kritik und neue Ideen dagegen bestraft, dann sind Routine und Schablonendenken die »menschlich verständliche« Folge.

Für Außenstehende leicht nachvollziehbar ist dies an den einander immer ähnlicher werdenden Automodellen ebenso wie an der Imitationsseuche im Dumpfbackenfernsehen. Ob Schmuddeltalk-, Koch-, Dinner-, Quiz- oder Gerichtsshow: Auf ein, meist ohnehin von US-Sendern übernommenes »Original« reagiert beileibe nicht nur die private Konkurrenz mit medialen »Generika«.

Und weil das so ist, weil ängstliches Nachahmen statt Innovation, Duckmäuserei statt mutiger Meinungsäußerung inzwischen Kultstatus erreichen, haben alle möglichen skrupellosen Einäugigen leichtes Spiel: Unbeschadet ihrer äußerst durchwachsenen Erfolgsbilanz heftet man ihnen das Schmeicheletikett »Leitwolf« an: Ron Sommer ebenso wie Jürgen Schrempp, Heinrich von Pierer ebenso wie Peter Hartz. Nun hinken alle Vergleiche, besonders die aus dem Tierreich. Dass aber ein realer vierbeiniger Leitwolf seinen Gegenspieler mit gekauften willigen Weibchen besticht, hat selbst der verwegenste Zoologe noch nicht behauptet.

Auch »Radfahren« scheint übrigens geschlechtsspezifisch zu sein. Glaubt man einer US-Studie, so verwenden männliche Führungskräfte 60 Prozent ihrer Arbeitszeit damit, ihre Position nach unten zu verteidigen, nach oben zu rechtfertigen, Konkurrenten auszuschalten und ihre eigene Zukunft zu sichern. Messerscharfes Fazit der früheren NRW-Frauenministerin Birgit Fischer: »Da bleibt nicht viel Zeit für Lösungsansätze für die Unternehmen.«[178]

Das unsägliche Auftreten nach außen

Josef Ackermanns Victory-Zeichen vor dem Mannesmann-Prozess, Rolf-Ernst Breuers Äußerungen über Leo Kirch und Jürgen Schrempps Kommentare über die Daimler-Chrysler-Fusion wurden bereits erwähnt; 1994 kreierte der damalige Deutsche-Bank-Chef Hilmar Kopper mit der Bezeichnung Peanuts für die 50 Millionen Mark an offenen Handwerkerrechungen im Zuge der Insolvenz des Immobilienunternehmers Jürgen Schneider das Unwort des Jahres; und wenn immer ein Konzernlenker in einer Talkshow sitzt oder sich auch nur vor Kameras äußert, schwellen den meisten Zuschauern die Schläfenadern. Deutschlands Manager gehören mit Politikern und Journalisten zu den unbeliebtesten Berufsgruppen. Bei der letzten europaweiten Umfrage äußerten lediglich zwölf Prozent der Deutschen »etwas Vertrauen« in ihre Führungskräfte, ein Prozent sprach ihnen »großes Vertrauen« aus. Dass auch Benimmkurse, Schauspielseminare und sündhaft teure Medienberater die Wirtschaftskapitäne nicht von aggressiv-arrogantem Imponiergehabe bis hin zur Publikumsbeschimpfung abhalten können, hat ganz offenbar damit zu tun, dass die Eliten des deutschen Volkes von ebendiesem Volk nahezu hermetisch abgeschottet und mit der Außenwelt nur durch Jasager, Bewunderer, Duckmäuser und andere willfährige Untertanen verbunden sind. Daher wirken sie in der Öffentlichkeit oft wie die fleischgewordene Redewendung »Sie wissen wohl nicht, wen Sie vor sich haben«. Verzweifelte Hartz-IV-Empfänger bei *Maybrit Illner* kann der Konzernboss eben nicht fristlos entlassen, sozialorientierte Professoren nicht in den Vertrieb versetzen und einer kritischen *Tagesthemen*-Moderatorin nicht die Bezüge kürzen.

Das System der Angst

Die Radfahrermentalität dient mancherorts geradezu als Unternehmensphilosophie. Einem regelrechten »System der Angst« *(Spiegel)* sieht sich der Managernachwuchs bei Lebensmitteldiscountern wie Lidl, Aldi oder Plus ausgesetzt.
Dabei erinnert die Anwerbung an ganz andere Gewerbe. Zunächst bezirzt man unbedarfte, meist junge Möchtegernmanager mit

138

wunderschönen Sprechblasen à la »Wir achten und fördern uns gegenseitig« und verwöhnt sie auf Wochenendseminaren mit Ski- und Snowboardtrips oder gar dem Besuch von Fußball-Bundesligaspielen. Dann verspricht man »frühzeitig erste Führungs- und Umsatzverantwortung« und »ausgezeichnete Karriereperspektiven« in einer »Branche mit Zukunft«, einen neutralen, auch privat zu nutzenden Firmenwagen, vor allem gut 50 000 Euro Jahresgehalt und den Titel Verkaufs-, Bereichs- oder Bezirksleiter.

Die so Umworbenen sagen alsbald begeistert zu und verdrängen den Gedanken an die Gegenleistung oder bilden sich ein, sie werde schon nicht so schlimm sein. Aber hier wie dort kommt das böse Erwachen recht bald. Urplötzlich sehen sie sich mit dem Alltagsumgangston ihrer Chefs (»Penner«, »blöde Zicke«) und einer »Mischung aus Willkür, permanentem Misstrauen und dubiosen Kontrollmethoden« gegenüber dem eigenen Personal konfrontiert. Dem *Spiegel* erzählten Noch- und Ex-Nachwuchsmanager, »Frühkontrollen, Spät- und Schichtwechselkontrollen, Probekäufe und Ehrlichkeitstests mit angeblich im Laden gefundenen Geldbörsen« seien »Standardrepertoire«. Gleich von Anfang an scheinen Leistungsnachweise in der Disziplin »nach unten treten« erwünscht, wie etwa zum Einstand erst mal ein Exempel zu statuieren und jemanden rauszuschmeißen.

Und schon sind die Jungmanager integriert in das Radfahrersystem. Vor allem die Angst um den Job wird von oben geschürt und nach unten weitergegeben, Gründe zum Meckern und Einschüchtern fänden sich schließlich immer: »Da ist die Warenpräsentation nicht in Ordnung oder der Fußboden schlecht gewischt, da fehlt das Preisschild, da ist die Haltbarkeitsfrist überschritten, da hängt das falsche Plakat im Fenster, oder es ist zu viel Ware im Lager.« Ein Ex-Marktleiter beteuert, einmal sieben Abmahnungen an einem Tag bekommen zu haben.

Kommentar eines Konzernsprechers, für den »Mobbing« natürlich

ein Fremdwort ist: »Manche Jungmanager sind mit der Verantwortung für bis zu 70 Mitarbeiter überfordert. Wenn uns solche
Fälle zu Ohren kommen, ziehen wir aber sofort Konsequenzen.«
Auf gut Deutsch: Sie fliegen raus. Später sagen sie dann vielleicht,
wie in den anderen Gewerben auch: »Ich war jung und brauchte
das Geld.«

Übrigens wird zuweilen sogar Topmanagern vorgeworfen, *keine*
psychopathischen Kotzbrocken zu sein. So wurde beim Führungs-
personalkarussell der Telekom im November 2006 die designierte
Personalmanagerin Regine Büttner unter anderem deshalb doch
nicht berufen, weil sie »zu nett für den Job« sei. Hatten die Herren
Gegner etwa eine Vorstrafe wegen Kindermisshandlung erwartet?

Nägel mit Köpfen in Sachen Menschenführung machen wie immer
die US-Konzerne. Sie lassen ihre Manager bei den *Marines* trai-
nieren und zum Beispiel sechswöchige Trainingscamps mit Par-
coursläufen, Gewaltmärschen, Maschinengewehrfeuer und Überlebenstraining im Schlamm und Führungsseminaren unter Schlaf-
entzug, vor allem mit viel Kasernenhofgebrüll absolvieren.

Was derlei Ausbildung bringen soll, erklärt Michael Wheeler,
Regionaldirektor bei der Finanzgruppe First Command: »Unsere
Leute lernen in diesen Seminaren zum Beispiel, wie man richtig
mit Menschen umgeht.« Einige Unternehmen, wie etwa General
Electric, haben bereits den nächsten Schritt gemacht und einen
Teil ihrer Führungsetagen gleich mit Soldaten besetzt.

Stromberg ist überall

Alle Eigenschaften des »Radfahrer-Managers« verkörpert Strom-
berg alias Christoph Maria Herbst, der fiktive Titelheld einer
TV-Serie, in der seit Oktober 2004 ein intriganter »Kotzbrocken«
(Süddeutsche) als Abteilungsleiter eines Versicherungskonzerns

kein Fettnäpfchen und Klischee auslässt, um in Wort und Tat seine Untergebenen aufs gröbste zu beleidigen und zu schikanieren, dabei aber gleichzeitig seine Chefs aufs devoteste zu umschleimen und die Kunden für dumm zu verkaufen. Dass die Serie samt Hauptdarsteller mit Preisen überhäuft und in den Quotenolymp gehievt wurden, verdankt sie ihrem hohen Wiedererkennungswert: »Genauso isses«, seufzten Millionen Firmenmitarbeiter, »genauso sindse, unsere Manager.«

Ob Stromberg weibliche Abhängige zum Intimen nötigen will oder sie mit Lästerei über ihr Äußeres bloßstellt, eigene Fehler auf andere schiebt oder Kollegen gegeneinander ausspielt, Vertrauliches herumtratscht oder Tragisches zynisch kommentiert, stets hat das Komische für das Publikum etwas Gruselig-Reales: »Eine andere Frisur, ein schieferes Grinsen – und es ist haargenau mein Chef.« Das eigentlich Bemerkenswerte aber bleibt der Umstand, dass diese Charaktere damit durchkommen – eben weil sie vielen Konzernbossen als Idealtyp eines Managers erscheinen.

Immerhin hat erst der »Arschlochfaktor« so manchen Wirtschaftskapitän nach ganz oben geführt, wie auch der Stanforder Managementprofessor Robert I. Sutton am Beispiel des Apple-Boss Steve Jobs und des früheren *Disney*-Chefs Michael Eisner feststellt, denen vorbildlich rüdes Benehmen nachgesagt wird. Ihr beruflicher Erfolg zeige, »wie man sich durch den strategischen Einsatz von gehässigen Blicken, Herabsetzungen und Mobbing Macht erwerben und ausbauen kann«.[179]

Dass Angst der beste Leistungsanreiz ist, weiß auch der globalökonomisch gebildete deutsche Manager natürlich längst. Schließlich haben ja die Afrikaner nur deshalb die besten Marathonläufer, weil in der Wildnis ständig die Säbelzahntiger hinter ihnen her sind. Und wurden nicht sogar Mozart, Rembrandt und Gutenberg erst durch ihre Angst vor dem Verhungern zu ihren genialen Leistungen motiviert?

Nun sollte den nassforschen Managern und ihren soufflierenden Unternehmensberatern schon die eigene Lebenserfahrung sagen, dass Angst nur sehr begrenzt die Leistung steigert. Zwar bewegt sie den versetzungsgefährdeten Elitegymnasiasten, den Golfschläger mit dem Mathebuch zu vertauschen, aber Aufsätze werden durch den Lehrerblick im Nacken keinen Deut besser. Selbst der neoliberale Trainer Jürgen Klinsmann beendete ja rechtzeitig vor der WM die Konkurrenz zwischen Oliver Kahn und Jens Lehmann und damit die Angst des Torwarts vor der Ersatzbank.

Auch dass die Angst um den Arbeitsplatz weniger das vermutete Blaumachen eindämmt als vielmehr die Selbstgefährdung wirklich Kranker stimuliert, ist inzwischen Allgemeinwissen. »Lieber krank zur Arbeit als ohne Job« fasste der *Stern* bereits im Frühjahr 2006 den aktuellen Forschungsstand zusammen.

Nach einer Studie der gemeinsamen *Initiative neue Qualität der Arbeit* von Bund und Ländern, Gewerkschaften und Arbeitgebern zum Thema Büroarbeit haben 62 Prozent häufig Nacken- und Schulterschmerzen, 50 Prozent regelmäßig Kreuz- oder Kopfschmerzen. Andere leiden unter Magenbeschwerden, Hörproblemen oder Herzschmerzen. 18 Prozent haben Schwierigkeiten, einzuschlafen. »Die Mitarbeiterführung hat keine Priorität«, sagt auch die Arbeitsrechtlerin und Studienleiterin Tatjana Fuchs. »Stattdessen wird versucht, immer in kürzester Zeit das Maximum herauszuholen.«

Wohin diese Personalpolitik führt, zeigt die Studie recht drastisch: Jeder zweite Mitarbeiter fühlt sich nach der Arbeit leer und ausgebrannt. 40 Prozent haben Probleme, sich in der Freizeit zu erholen. 36 Prozent empfinden ein »flaues Gefühl«, wenn sie an ihre berufliche Zukunft denken. 30 Prozent sehen ihre Arbeitssituation als frustrierend.

Dies aber müsste die Chefetagen aufhorchen lassen. Unzufriedene Mitarbeiter mit geballter Faust in der Tasche und Rachegedanken

(»Man sieht sich im Leben immer zweimal«) begehren vielleicht aus ebendieser Angst nicht offen auf, aber frustrierte Duckmäuser sind auf Dauer nicht nur nicht förderlich für den Shareholder oder sonst einen Value, sondern eher hinderlich und können sogar zur Gefahr für die Konzernspitze werden, wie erwähnte Fälle von Belegschaftsprotesten andeuten.

Echtes und vorgegaukeltes Umdenken

Dass man gute Arbeit nicht erzwingen kann, erkennen inzwischen auch schon die ersten Firmenleitungen. So beobachtet Managementforscher Sutton zunehmend ein ›effektives Arschlochmanagement‹, das Mobbing aus betriebswirtschaftlichen Gründen nicht toleriert. Das Abwandern qualifizierter Mitarbeiter kommt meist teurer als die Herstellung einer menschenwürdigen Arbeitsatmosphäre.
Letzteres scheint noch eine gewaltige Marktlücke zu sein.
»Manchmal genügt es schon, wenn man kein Arschloch ist«, meinte zum Beispiel DaimlerChrysler-Chef Dieter Zetsche noch im September 2006. Tatsächlich hört man nicht selten von Vorgesetzten aller Ebenen, dass sie schon mit kleinsten Gesten die Laune und damit die Motivation der Mitarbeiter verbessern: Der Blumenstrauß zum Geburtstag, die kurze Dankesrede nach einer Überstundenserie, die Nachfrage nach den »Lieben daheim« oder auch nur ein belangloser »Meinungsaustausch« über das Wetter und Gott und die Welt können Wunder wirken. So erzählen Mitarbeiter eines Berliner Pharmavertriebs noch nach Jahren als Beispiel für besondere Fürsorglichkeit, dass ihr damaliger Chef vor Weihnachten mit einer großen Konfektkiste von Abteilung zu Abteilung gegangen sei, aus der sich jeder Mitarbeiter eine Praline nehmen durfte.

Auch andere deutsche Unternehmen kämpfen gegen ihren mittel-prächtigen Ruf an, zum Beispiel beim Thema familienfreundliche Arbeitszeiten. Cosima Schmitt von der *tageszeitung* allerdings glaubt den Konzernen kein Wort: »Die Firmen geben sich fami-lienfreundlich, weil es gut fürs Image ist ... Dass die Angebote auch tatsächlich umgesetzt werden – dass massenhaft Firmenki-tas entstünden und Väter Teilzeit arbeiten –, lässt sich indes nicht feststellen.«[180]

So ergab die Studie *GLOBE* (Global Leadership and Organizational Behavior Effectiveness), für die 180 Sozialwissenschaftler insge-samt 17000 Manager der mittleren Führungsebene aus 62 Län-dern nach den Merkmalen einer guten Führungskraft befragten: »Bei der Humanorientierung landet Deutschland auf einem der letzten Plätze.«

Dass es auch anders geht, zeigt der von »rationalen« Marktradi-kalen als »Gutmensch« belächelte Schuh-Unternehmer und pro-movierte Mediziner Heinz-Horst Deichmann (Jahrgang 1926). »Ein Unternehmen muss den Menschen dienen«, sagte der beken-nende Christ, also »den Kunden ebenso wie den Mitarbeitern«. Es sei ein Fehler, wenn Unternehmen nur auf die Kosten guckten und die Mitarbeiter vergäßen. »Das rächt sich. Das tut der ganzen Gesellschaft nicht gut.« Motto: »Der enge Kontakt zu den Leuten, dieses menschliche Verhältnis ist entscheidend – dass man den Mitarbeitern Vertrauen entgegenbringt.«[181] Das kann zunächst einmal jeder sagen, allerdings nennt sogar die Gewerkschaft Ver. di die Firma Deichmann, einen »wahrhaften Vorzeigebetrieb«.

Zusätzliche Mitarbeitermotivation betreibt Deichmann durch die Verwendung seiner eigenen Gewinne. So schuf er das Missions-werk *Wort und Tat*, das in Indien und Tansania Schulen und Kran-kenhäuser betreibt und jährlich rund 80000 Menschen unter-stützt. Er selbst steuert nach eigenen Angaben jährlich bis zu fünf Millionen Euro bei: »Wenn sie die Leute sehen, wie sie da leben in den Schulen, den neuen Häusern, die wir gebaut haben, dann ist das viel befriedigender, als wenn ich mir ein Loire-Schloss nachgebaut hätte. Das hat mich nie gereizt.«

Dabei ist auch Deichmann eitel und eigennützig, allerdings auf besondere Art: »Das wäre schlimm, wenn ich jetzt im Geschäft bekannt wäre als einer, der die Leute ausnutzt, der die Leute rausschmeißt, Stellen beschneidet und so weiter.«

Verschenkte Produktivität des »Humankapitals«

Aber egal ob falsche Versprechen oder ernst gemeinte Konzepte, ob gespielte oder ehrliche Höflichkeit am Arbeitsplatz – all das wird natürlich zunichtegemacht von den *Big Points:* von der Schließung profitabler Betriebe bei gleichzeitiger Dividendenerhöhung oder von der Gehaltskürzung bei gleichzeitiger Explosion der Vorstandsbezüge.

Somit liegt die – nicht nur für ein Exportweltmeisterland – wertvollste Ressource, das »Humankapital«, in den meisten Konzernen weitgehend brach. So werden durch Managementfehler nach einer Studie der Beraterfirma Proudfoot Consulting weltweit rund 37 Prozent der Arbeitskraft verschwendet. Jeder Mitarbeiter verbringt 84 Tage mit unproduktiven Tätigkeiten, was in Deutschland 220 Milliarden Euro ausmacht, ein Neuntel des Bruttoinlandsprodukts. 46 Prozent des Produktivitätsverluste entstehen durch mangelnde Planung und Steuerung durch das Management, Tendenz steigend, 4 Prozent durch mangelnde Kommunikation, 9 Prozent durch fehlende Arbeitsmoral, 8 Prozent durch mangelnde Qualifikation und 1 Prozent durch Probleme mit der Informationstechnologie.

Besonderer Schwachpunkt sind die Besprechungen (die offenbar tatsächlich und nicht nur als Ausreden gegenüber missliebigen

Anrufern existieren). In jedem zweiten Fall treffen sich Mitarbeiter zur falschen Zeit am falschen Ort oder werden gar nicht erst eingeladen. Und wenn dann endlich eine Besprechung stattfindet, dann sind nur in jeder dritten die Teilnehmer vorbereitet. Protokolle werden kaum geschrieben, und nur 12 Prozent der Treffs enden mit einer klaren Festlegung der nächsten Schritte.

Auch hier kann man sich natürlich über die pseudowissenschaftliche Quantifizierung mokieren und sie als Rechtfertigung für exorbitante Beraterhonorare werten: Mehr als nur ein Körnchen steckt in diesem Managerverriss aber allemal.

Allerdings sind Sein und Schein und Wunschdenken verschiedene Dinge. So wählten 2000 Studenten, Absolventen und Berufsanfänger, ziemlich losgelöst von der Wirklichkeit, die beliebtesten deutschen Unternehmen. Aufstiegschancen waren für über drei Viertel, das Gehalt dagegen lediglich für die Hälfte und die Sozialleistungen gar nur für 45 Prozent wichtig. Dass die Umfrage des Internetportals *berufsstart.de* schon im Sommer 2006 abgeschlossen war, sieht man an der merkwürdig guten Plazierung einiger Großkonzerne.

1. BMW
2. Siemens
3. Porsche
4. DaimlerChrysler
5. Robert Bosch
6. Lufthansa
7. Audi
8. Volkswagen
9. Airbus
10. BASF

Die Frage ist, wie viel dieser Vertrauensvorschuss den Unternehmen nutzt: wie viel sie sich – im Wortsinne – »dafür kaufen können«.

6. Kapitel

Stümper nach außen:
So ruiniert man Unternehmen

»In einer Hierarchie neigt jeder Beschäftigte dazu,
bis zur Stufe seiner Unfähigkeit aufzusteigen.«
Laurence J. Peter / Raymond Hull

»Vielleicht haben sie es nicht anders verdient«, mögen einige
Großaktionäre beim Rauswurf von Konzernbosse denken; denn
die werden häufig mit Kurssprüngen quittiert. Noch verdrieß-
licher für einen Vorstandsboss ist es, wenn – wie im Februar 2007
im Falle des TUI-Frontmannes Michael Frenzel – schon allein das
Gerücht seines baldigen Ausscheidens den Kurs binnen weniger
Stunden um fünf Prozent in die Höhe treibt. Börsianer nennen
dieses Phänomen den Schrempp-Effekt. Schließlich hatte die
Rücktrittsankündigung des damaligen DaimlerChrysler-Chefs an
jenem 29. Juli 2005 die Aktie unverzüglich um über acht Prozent
hochschnellen lassen.
Dieses einfältig anmutende »Neue Besen kehren gut« erinnert
ein wenig an das Trainerkarussell in der Fußballbundesliga, und
das Statement von DSW-Aktionärsschützer Jürgen Kurz könnte
glatt von Günter Netzer sein: Der gefeuerte Manager »muss nicht
unbedingt schlecht sein, ist aber vielleicht der falsche für das Unternehmen«.
Was aber sind unter diesem Gesichtspunkt *Managerfehler?*

»Rationaler« Abbau und Export von Arbeitsplätzen

Nach der Logik mancher Kritiker, allen voran Betriebsräte und Gewerkschaften, sind Stellenstreichungen und der Export von Arbeitsplätzen individuelle Managerfehler oder Folge davon. Demnach hätte eine perfekte Betriebsführung ein blühendes Unternehmen, vor allem aber die Schaffung und nicht den Abbau von Arbeitsplätzen zur Folge. Und wenn alle Chefetagen perfekt arbeiten würden, hätten wir ein blühendes Land und letztlich eine noch blühendere Welt: Es gäbe nur Meister und keine Absteiger, die globale »Win-win-Situation« gewissermaßen.

Dass diese Vision der universellen Wohlstandsmarktwirtschaft blühender Unsinn ist, den unters Volk zu bringen schon einige Chuzpe erfordert, ist theoretisch und praktisch leicht überprüfbar. Der lauteste Schreihals ist also keineswegs der ehrlichste und schonungsloseste Kritiker, und zu den scheinheiligsten und dümmsten Attacken auf »die Manager« gehört das pauschale Anprangern der Streichung und des Exports von Arbeitsplätzen. So ist es ja gerade die Definition von Produktivitätsanstieg, dasselbe Resultat mit weniger Arbeitsleistung zu erzielen. Der Fehler ist also nicht, dass ein Betrieb Menschen durch Maschinen und Technik ersetzt, sondern dass nicht rechtzeitig oder überhaupt menschenwürdige Arbeitsplätze für die hier überflüssigen Mitarbeiter entstehen.

Ein wesentliches Kennzeichen der Marktwirtschaft ist das Ausnutzen von Angebot und Nachfrage, und zwar weltweit und zu welchen Bedingungen für die Arbeitnehmer und das »Gastgebervolk« auch immer. Das Streben nach den billigsten Produktionsbedingungen ist aus Sicht des Managers kein Fehler, sondern geradezu seine Pflicht: So funktioniert Marktwirtschaft. Etwas anderes ist es, wenn dies nicht zur soliden Gewinnmaximierung führt, etwa weil Arbeitsbedingungen und Lohnniveau zu Unruhe unter der Belegschaft oder Qualitätsverluste der Produkte zu Absatzeinbußen führen. Dies tritt häufig ein, wenn Fachkräfte durch Ungelernte ersetzt werden oder ein Beschäftigter die Arbeit von mehreren übernehmen muss.

Fachkräftemangel nach Hausmacherart

Im durchaus legitimen Bestreben, dem US-Turbokapitalismus und seinem Fundament *Hire and Fire* immer näher zu kommen, neigen deutsche Unternehmen zunehmend dazu, massenhaft hochqualifiziertes Fachpersonal voreilig zu entlassen. Dies freilich liegt nicht immer an leeren Auftragsbüchern; vielmehr werden qualifizierte und erfahrene Mitarbeiter häufig durch schlechter oder gar nicht ausgebildete und unerfahrene ersetzt. Als Folge droht ein empfindlicher »Know-how-Verlust«, wie sich beispielhaft in der Bauindustrie zeigt: »Aufgrund der mangelnden Attraktivität des Arbeitsplatzes erweist sich die Rückgewinnung einmal freigesetzter oder abgewanderter Fachkräfte als schwierig, da den Arbeitnehmern ein Höchstmaß an Mobilität und Arbeitszeitflexibilität abverlangt wird.«[182]

Hausgemachter Fachkräftemangel hat allerdings noch einen anderen Grund, wie der Maschinenbauprofessor Bruno O. Braun herausfand. Die Unternehmen hätten zu sehr auf die sogenannten »Softskills«, also Teamarbeit und Führungsqualität, gesetzt und zu wenig auf die fachlichen Qualifikationen. Umgekehrt richteten bereits karriereorientierte Ingenieurstudenten ihr Augenmerk auf den Erwerb von »Führungswissen« und sähen nicht, dass im Unternehmensalltag Führungsaufgaben untrennbar mit entsprechendem Fachwissen verbunden seien.

Übrigens entspricht nicht jedes Geschrei vom Arbeitskräftemangel der Realität. Nicht selten sind Greuelmärchen über offene

Stellen und Arbeitgeberinserate, auf die sich niemand beworben hätte, frei erfunden, um die Propagandalüge von den fast durchgängig arbeitsscheuen Hartz-IV-Empfängern zu unterfüttern.

Leichtfertiger Arbeitsplatzexport

Ein zuverlässiger Beweis für die leichtfertige Verlagerung von Arbeitsplätzen oder ganzen Betrieben ins Ausland ist die »Rückkehr der Reumütigen« *(Spiegel)*.

So verschob der Süßwarenhersteller Katjes Fassin seine Produktionsstätten Mitte 2006 von Italien und Finnland mit 60 Mitarbeitern nach Potsdam, da man hier »die Qualität besser unter Kontrolle« habe. Stiebel Eltron wiederum, »Global Player« in Sachen Warmwasser- und Heizgerätetechnik, zog Ende 2006 mit der Kunststofftechnik-Produktion eines aufgekauften slowakischen Betriebs nach Eschwege.

»Der Trend zur Stellenverlagerung ist gestoppt«, stellt Volkswirtschaftsprofessor Frank Wallau vom Institut für Mittelstandsforschung dementsprechend fest. »Es gibt sogar Anzeichen für eine Rückverlagerung.«

Tatsächlich wurden in der deutschen Industrie im Jahr 2006 erstmals seit 2000 mehr Stellen geschaffen (60 000) als durch Abwanderung vernichtet (50 000). Auch der Umfang der Investitionen in einheimische Produktionsanlagen nimmt wieder zu. »Die Zeit der Kapazitätsschrumpfungen ist erst einmal vorbei«, sagt Klaus Schrader, Experte für die EU-Osterweiterung und Globalisierungsfolgen beim Kieler Institut für Weltwirtschaft.

Zuweilen wird versucht, dies als ausschließlichen Erfolg der Erpressertour gegenüber den deutschen Arbeitnehmern zu verkaufen. So meint *Spiegel*-Autor Simon Hage in typisch wirtschaftsliberaler Diktion, »dass der Standort D hart an seiner Attraktivität gearbeitet hat. Beschäftigte hielten sich mit Lohnforderungen zurück, die Arbeitgeber steigerten gleichzeitig ihre Produktivität. Somit sanken die Lohnstückkosten.«[183]

In Wahrheit aber ist die reumütige Rückkehr meist nur die Korrektur voreiliger Auslandsflucht. Nach dem Zerfall des Ostblocks zu Beginn der neunziger Jahre nutzten vor allem Unternehmen mit arbeitsintensiver Produktion die Billiglohnländer wie Tschechien, die Slowakei, Polen und Ungarn als »verlängerte Werkbänke« und versprachen sich gleichzeitig zusätzliche Standbeine für eine Expansion.

Heute wissen Fachleute wie Schrader: »Nur wegen niedriger Lohnkosten nach Mittel- und Osteuropa zu gehen, ist blauäugig und geht schief.«

Viel vor allem mittelständische Firmen hatten sich schlecht auf die Auslandseinsätze vorbereitet und zahlten entsprechendes Lehrgeld in Form minderwertige Qualität oder endloser Lieferzeiten. Für einige Unternehmen waren auch schlicht die Unterschiede in Kultur und sogar Sprache zu groß. »Die deutsche Mentalität kann nicht einfach nach China oder Indien transferiert werden«, wie Mittelstandsexperte Wallau betont. Gerade mittelständische Betriebe schielten euphorisch auf neue exotische Wachstumsmärkte und würden dabei vergessen, dass Deutschland noch immer mehr ins Nachbarland Österreich ausführe als etwa nach China oder Indien.

Allerdings ist auch hier reine Erpressungspropaganda im Spiel: Viele Manager wissen genau, dass eine Auslagerung für ihr Unternehmen gar nicht in Frage käme, lassen sich aber gern durch massive Zugeständnisse der Belegschaft oder gar des Staates zum Bleiben überreden.

Den nicht vorhandenen Trend verschlafen –
Das Beispiel Siemens/BenQ

Die »als Verkauf nach Taiwan getarnte Schließung der Siemens-Handysparte« wurde bereits als ein »unternehmerisch kluger, wenn auch moralisch anstößiger Schachzug«[184] gewürdigt. Eine andere Frage aber ist, ob die Handysparte wirklich dichtgemacht werden musste. Unter der kernigen Überschrift »Manager haben deutsche Handys ruiniert« behauptet das *Handelsblatt*, »dass die Führung wichtige Technik- und Designtrends verschlafen hat« – womit das Mobilfunksystem UMTS gemeint ist. Netzbetreiber wie Vodafone und T-Mobile, die ihre Lizenzen im August 2000 für jeweils fast 8,5 Milliarden Euro ersteigert hatten, wollten ihren Kunden nämlich am liebsten nur noch UMTS-Geräte verkaufen, weil sie darauf ihre neuen Datendienste, Handy-TV oder mobiles Surfen im Internet anbieten könnten, um damit die geringeren Umsätze durch drastisch gefallene Minutenpreise zu kompensieren. Das bedeutet: Für die Produzenten – ob nun Siemens oder BenQ – ist es desaströs, wenn ihr Angebot nicht den Wünschen der Mobilfunker entspricht. »Die Handy-Hersteller sind von den Netzbetreibern abhängig«, sagt Paul Jackson vom Forschungsinstitut Forrester. »Wenn die Netzbetreiber die Geräte eines Herstellers nicht verkaufen wollen, bedeutet das fast schon den Ausschluss vom Markt.«

Nun ist Kommunikation kein Gut wie Schmierkäse oder Duschgel; sie hat auch mit dem intellektuellen Niveau der Gesellschaft zu tun. Womit also soll uns UMTS beglücken? »Mit Kochshows, Krimis und Nachrichten drängen die TV-Sender auf die Mobiltelefone – 40 Programme geplant«, fasste Ulrike Langer in der Welt diese Bildungsoffensive zusammen.

Noch zieren sich die Erben von Goethe und Heine allerdings, zu ihren heimlichen Traumprogrammen zu stehen. Während Japan

22 der weltweit ohnehin lächerlichen 47 Millionen UMTS-Nutzer stellt, Italien 9 und Großbritannien 4,8 Millionen, gelten die Deutschen mit läppischen 2,3 Millionen als hartnäckige UMTS-Muffel. Dies nicht mit hochintelligenter Produktinformation nach dem Motto »UMTS ist sexy« geändert zu haben ist zweifellos ein schwerwiegender Fehler der Manager von Siemens und später von BenQ. Allerdings ist UMTS auch nicht ganz einfach zu bewerben, es sei denn mit dem Slogan »Es war schon immer etwas teurer, einen besonderen Geschmack zu haben« – vor allem bei Auslandsreisen. »3500 Euro für einen Tag UMTS-Surfen« überschrieb *Spiegel Online* die leidvollen Erfahrungen eines Reporters bei der Tour de France. Oder aus der Sicht von Otto Normalurlauber: »Wer einmal die Startseite von *Spiegel Online* aufruft, hat damit schon knapp 500 Kilobyte verbraucht – oder eben vier bis sieben Euro, je nach Land, Anbieter und Tarif.«

Echte Trends verschlafen – Das Beispiel Telekom

Vor lauter Drückerkolonnentätigkeit in Sachen UMTS verschlief die Telekom jahrelang echte Trends wie Internettelefonie oder das Zusammenwachsen von Festnetz und Handy. Der einstige Monopolist unterschätzte völlig die neue Konkurrenz. Dabei hatten Experten und Fachmedien schon 2005 gewarnt: »Die Piranhas greifen an ... Das Festnetzgeschäft der Deutschen Telekom gerät unter Druck: Neben alternativen Telefonanbietern wildern auch Mobilfunkkonzerne und Internetanbieter in angestammten Telekomgefilden.«[185]
Die anhaltende Folge ist ein empfindlicher Exodus der Klientel, wobei die Aktionärsschützer Anfang 2007 halbironisch wenigstens die »neue Ehrlichkeit beim Kundenabfluss« loben. So gehe Vorstandschef René Obermann anders als Vorgänger Kai-Uwe Ri-

cke nicht mehr davon aus, dass die Telekom nicht auch künftig Kunden verlieren werde. Kunststück, hatten doch allein im Jahr 2006 über 1,5 Millionen Kunden Reißaus genommen. Dennoch gelang es Obermann, Wort zu halten: »Der neue Telekom-Chef kann die Kundenflucht nicht stoppen«, meldet der *Spiegel* im Februar 2007, drei Monate nach Obermanns Machtübernahme. Und im ersten Quartal 2007 feierte man dann auch noch den Rekordverlust von 600 000 Kunden.

Die aktuellen Telekom-Probleme rühren freilich teilweise aus dem Erbe des früheren Konzernchefs Ron Sommer, insbesondere aus dem Vertrauensverlust nicht nur durch den Kursverfall der T-Aktie von über 100 Euro auf zeitweilig unter 10, sondern auch durch das häufige Auswechseln der Vorstände, die staatsanwaltschaftlichen Ermittlungen gegen Vorstand und Aufsichtsrat wegen Prospektbetrugs (unter anderem Falschbewertung des Immobilienvermögens) und den »irrationalen Expansionsdrang mit willkürlichen milliardenschweren Akquisitionen, Bilanzkosmetik und einen hohen Verschuldungsgrad«.[186]

Auf den ersten Blick scheint dies nur die rund drei Millionen – zumeist ehemaligen – Telekom-Aktionäre zu betreffen. Aber zum einen sind die natürlich auch Nutzer von Internet, Handy und Festnetztelefon. Zum anderen könnten viele Bürger das Motto »Wer einmal lügt ...« auch auf die Angebote des Konzerns beziehen. Bezeichnend war die Entschuldigung des Schauspielers Manfred Krug, der gemeinsam mit seinem *Tatort*-Kollegen Charles Brauer durch seine Werbespots das T-Papier beim Börsengang 1996 erst zur Volksaktie gemacht hatte, bei den leichtgläubigen Aktionären. Ob diese Menschen, die zum nicht geringen Teil ihre Altersversorgung eingebüßt haben, jetzt in Scharen (wieder) Telekomkunden werden? Bemerkenswert übrigens das »Rückgrat« des gesamtdeutschen Mimen: »Heute ist ihm diese Werbung so peinlich, dass wir sie hier nicht mehr zeigen dürfen«, hieß es am

7. März 2007 in der WDR-Sendung »Hart aber fair«. Noch grotesker war die Reaktion von Telekom-Chef René Obermann, der Krug wegen seiner verspäteten Ehrlichkeit Populismus vorwarf. Obermanns Botschaft an Aktionäre und Kunden: Wir gedenken auch künftig mit euch so umzuspringen wie Ron Sommer in seiner Blütezeit.

Den Umweltschutz verschlafen; am Markt vorbeiproduziert – Das Beispiel Autoindustrie

Einer der ganz seltenen Fälle, in denen sich der Glaube an den Segen der Profitgier für die Gesellschaft erfüllt, ist die relative Umweltschonung durch Autos mit niedrigem Spritverbrauch. Angesichts der immer horrenderen Benzinpreise geraten die treibstoffintensiven Karossen immer mehr aus der Mode – nicht aus moralischen, sondern häufig eher aus eigennützigen Kostengründen.

»Wer nicht hören will, muss fühlen«, erlebte sogar ein Dieter Zetsche. Im Jahr 2002 veranlasste der damalige Chrysler-Chef die Entwicklung von dreißig neuen Modellen, die auf einer gemeinsamen Plattform stehen, ihre Komponenten verstärkt mit Mercedes und dem damaligen Partner Mitsubishi austauschen, vor allem jedoch »peppig, aber nicht teuer« sein sollten.

Zetsche vertraute dabei auf die Leidenschaft der US-Amerikaner für protzige, benzinfressende Pick-ups und SUV-Geländewagen. Solange der Liter Benzin noch 50 Cent kostete, lag der forsche Neuerer damit auch richtig. Schon bald schienen die mageren Jahre vorbei: Im Jahr 2004 machte Chrysler 1,4 Milliarden und 2005 sogar 1,5 Milliarden Euro plus, vor allem der Dodge Magnum verkaufte sich glänzend.

Als allerdings 2006 der Ölpreis explodierte, besannen sich die US-Autofahrer plötzlich auf eine »Geiz ist geil«-Mentalität beim

Wagenkauf. Chrysler aber verkaufte 20 Prozent seiner Autos in den USA, und 70 Prozent der Modellpalette bestanden aus Wagen mit hohem Verbrauch. Prompt machte das Unternehmen 2006 eine Milliarde Euro Verlust. Im Mai 2007 beendete DaimlerChrysler dann den Schrecken ohne Ende durch ein Ende mit Schrecken und überließ die neun Jahre zuvor für 36 Milliarden Dollar gekaufte US-Tochter für läppische 5,5 Milliarden der Heuschrecke Cerberus. Kommentar des *Spiegel:* »Es ist ein Mega-Minusgeschäft für die Deutschen und das Ende der Welt AG – trotzdem sind alle froh.«[187]

»Aus Schaden wird man klug«?

Nicht die deutsche Autoindustrie. Sie produzierte unbeirrt weiter Autos mit hohem Spritverbrauch. Doch dann drohte der Schluss von »Freie Fahrt für freie Raser«, als Anfang 2007 die EU ihre Pläne von neuen Grenzwerten für den Kohlendioxid-Ausstoß vorlegte, die benzinfressende Limousinen besonders betrafen.

Als dann naturgemäß die Klimaschutzdebatte immer verbissener geführt wurde und EU-Umweltkommissar Stavros Dimas demonstrativ seinen deutschen Dienstwagen gegen einen japanischen austauschte, verhielten sich unsere Manager wie Bürger, die vom Krebsrisiko für Raucher in der Zeitung lesen und nicht das Rauchen, sondern das Zeitungslesen aufgeben: Die Chefs der fünf großen deutsche Autokonzerne drohten Dimas schriftlich, wenn Brüssel diese Grenzwerte festschreibe, könnten Zehntausende Stellen verloren gehen. Anders gesagt: Umweltschutz schadet der Autoindustrie und vernichtet Arbeitsplätze.

Schützenhilfe kam selbstredend von den ehrenamtlichen Lobbyisten, allen voran die angehende Autokanzlerin Merkel: »Wir werden verhindern, dass es eine generelle Reduktion gibt.« Dabei sei sie sich der Unterstützung des Vizepräsidenten der EU-Kommission Günther Verheugen sicher. Auch Michael Glos (CSU) hielt die Grenzwerte für »unannehmbar«. Schließlich gehe es hierbei

»nicht um Umweltpolitik«, sondern um »knallharte industriepolitische Interessen«.[188]

Bei dieser Sachlage bot die Haltung des Deutschen Industrie- und Handelskammertags (DIHK) Stoff für eine Dolchstoßlegende: Ausgerechnet in *Bild* kritisierte Präsident Ludwig Georg Braun im Februar 2007, die Branche habe den Trend zu umweltschonenden Hybrid-Autos verschlafen und es versäumt, ihrerseits »Autos mit neuen Antriebsarten zu bauen und aggressiv zu vermarkten«. Und zum Entsetzen der Umweltschutzblockierer unterstützte er Vorstöße aus der Politik, die Menge klimaschädigender Emissionen von Pkws künftig schon auf den Preisschildern im Autohaus auszuweisen.

Auch Umweltbundesamtspräsident Andreas Troge mahnte: »Wer sich zu spät anpasst, gefährdet Arbeitsplätze«, und Grünen-Chef Reinhard Bütikofer empfahl der Branche aufzupassen, »dass sie ihre Zukunft nicht verspielt ... Die deutschen Automobilunternehmen haben schon den Dieselrußfilter verschlafen und dadurch nicht etwa Arbeitsplätze gesichert, sondern verloren.«[189]

Vollends im falschen Film wähnte sich die Industrie, als auch noch ihr vermeintlicher Mann im Bundespräsidialamt, Horst Köhler persönlich, der Autoindustrie attestierte, sie habe »mit Blick auf die ökologische Entwicklung kein Ruhmesblatt geschrieben«.[190] Als Antwort schob VW-Chef Winterkorn den schwarzen Peter den Kunden zu: »Sie wollen Autos mit stärkeren Motoren«, brach er eine Lanze für die hormongesteuerten männlichen Raser: »Wem macht es denn nicht Spaß, verantwortungsvoll schnell zu fahren?«, und aktivierte das Schreckgespenst DDR: »Sollen wir künftig alle Trabi fahren?«

Als sich aber sogar die ureigenste Lobby, der Verband der Deutschen Automobilindustrie (VDA), durch eine Ankündigung von Klimaschutzinvestitionen den Zorn der Konzerne zuzog und VDA-Präsident Bernd Gottschalk daraufhin entnervt zurücktrat, zeigte sich, wo die letzten wahren Freunde saßen: Kaum hatte EU-Umweltkommissar Stavros Dimas am 11. März 2007 Deutschlands mangelnde Bemühungen um den Klimaschutz kritisiert und ein Tempolimit auf Autobahnen angeregt, da stand die Führung der SPD wie ein deutscher Volkswagen schützend vor der Autoindustrie. So warnte Fraktionschef Peter Struck vor »Klima-Hysterie«, Verkehrsminister Wolfgang Tiefensee monierte »Missachtung der Fakten«, und Umweltminister Sigmar Gabriel witzelte auf dem ihm zugänglichen Niveau: »Dann wird die Umwelt eben bei Tempo 130 versaut.« Dabei geht es hier nur am Rande um Klimaschutz: Die Konzerne und ihre Politiker fürchten vielmehr um jene nachpubertierende Zielgruppe, die mit der Courage von 2,9 Promille todesmutig mit 220 km/h die A9 herunterbrettert. Leider nämlich hat man es versäumt, die coole Gefährdung von Menschenleben mit umweltfreundlichen Raserkarossen zu ermöglichen.

Zuweilen aber hört man tatsächlich von gesunkenen Emissionen: »Immer wieder versuchen Firmen, durch das Auslagern besonders klimaschädlicher Aktivitäten ins Ausland ihre CO_2-Bilanz zu schönen«, enthüllt das *manager magazin*. So werde ein sinkender Energieverbrauch als Folge von Produktionseinbrüchen oder Unternehmensteilverkäufen gern als ökologische Heldentat ausgegeben.

Lieferprobleme

Mut hatte er, der damalige Airbus-Deutschlandchef Gerhard Puttfarcken. Auf einer Kundgebung vor 12 000 Mitarbeitern des Hamburger Airbus-Werkes sowie Vertretern zahlreicher Zulieferer Anfang Februar 2007 gab er zu, »schwere Managementfehler« hätten für die Konzernkrise die »maßgebliche Rolle gespielt«. Schwierigkeiten beim Einbau der 500 Kilometer langen Verkabelung hatten zu Lieferverzögerungen des Großraumflugzeugs A 380 von inzwischen zwei Jahren geführt. Der »Airbus-Vater« Jürgen Thomas kritisierte unzureichende Ingenieurkompetenz und unausgereifte Computerprogramme.

Man kann auch sagen: Große Versprechen und nichts dahinter. Aber kommen einem die endlosen Verzögerungen bei wichtigen Projekten nicht bekannt vor? Ein funktionierendes Mautsystem war vom Konsortium Toll Collect hoch und heilig für August 2003 versprochen worden, wurde aber erst Anfang 2005 eingeführt. Und ebenso wie beim Airbus war DaimlerChrysler beteiligt.

»EADS-Aktie fällt ins Bodenlose«, meldete *Focus Money Online* bereits am 14. Juni 2006, als die Aktie der Airbus-Mutter binnen weniger Stunden um 30 Prozent oder fast sieben Milliarden Euro Börsenwert abgestürzt war. Da schlägt natürlich die Stunde der Heuschrecken. Prompt »analysierte« die Investmentbank Goldman Sachs im Oktober 2006, von den 16 Airbus-Werken müssten sieben ausgelagert oder verkauft werden, darunter vier deutsche.

Allerdings dürften sich die verehrten Casinokapitalisten noch ein wenig gedulden müssen: Nicht zufällig kaufte die Bundesrepublik Anfang Februar 2007 einen Großteil der DaimlerChrysler-Anteile an EADS. Denn, wie Thorsten Knuf in der *Berliner Zeitung* richtig feststellt, ist es für Deutschland ebenso wie für Frankreich »eine unerträgliche Vorstellung, dass eines Tages ein fremder Investor aus den USA, aus Russland oder China den wichtigsten Luft-, Raumfahrt- und Rüstungskonzern des Kontinents mitsamt seinem Know-how unter seine Kontrolle bringen könnte«.[191]

Übrigens boten sich auch anlässlich des Maut-Desasters die Heuschrecken als selbstlose Helfer an: Im Oktober 2005 wurde über einen Verkauf des gesamten Autobahnnetzes an Investmentbanken diskutiert.

Schlüsselfrage Innovation

»Deutsche Tüftler sind Ideenweltmeister«, klagt Kai Lange im *Spiegel*. »Doch das Geld mit neuen Produkten verdienen meist ausländische Konzerne. Deutschland könnte geistige Schätze im Milliardenwert heben, wenn hiesige Unternehmen nur mehr Teamgeist hätten.«[192] Dass dies kein ganz neues Phänomen ist, zeigt folgende Übersicht:

- Das Telefon wurde 1859 vom Frankfurter Physiker Philip Reis erfunden, doch erst 1876 vom Amerikaner Graham Bell zum Patent angemeldet.
- Das Fernsehgerät wurde 1931 von Siegmund Loewe und Manfred von Ardenne mit der ersten Übertragung vorgestellt, doch der große Renner wurde es nach dem Zweiten Weltkrieg in den USA.
- Den Farbfernsehstandard PAL erfand 1963 der AEG-Techniker Walter Bruch. AEG aber ist längst pleite, und auch der TV-Markt wird heute von Japan beherrscht.
- Die LCD-Technik für eine hochauflösende Darstellung auf Flachbildschirmen ließ sich die Darmstädter Firma Merck zwar in einigen Varianten patentieren, kommerziell erfolgreich genutzt wird sie aber heute in erster Linie von asiatischen Firmen wie Samsung, LG oder Sharp.
- Den Hybridmotor bauten die Ingenieure der Technischen Hochschule Aachen, blitzten aber mit ihrem Prototyp bei deutschen Autokonzernen ab. Schon 1973 fuhr ein umgebauter VW Bully als erstes Auto wechselweise mit Elektro- und Verbrennungsmotor. Heute ist Toyota mit dem Modell Prius Marktführer.
- Das Faxgerät KF 108 mit Röhrentechnik erfand 1956 der Deutsche Rudolf Hell. Siemens hatte daran aber kein Interesse, so dass auch hier das Geschäft nach Japan ging.

- Den Walkman meldete der Aachener Erfinder Andreas Pavel 1977 als »Stereobelt« zum Patent an, aber Sony vermarktete ihn ab 1979. Als Pavel und Sony sich viele Jahre später außergerichtlich einigten, hatte sich längst ein anderes Format durchgesetzt.
- Den MP3-Player entwickelte maßgeblich das Fraunhofer-Institut in Erlangen, das aber nur vergleichsweise mickrige Lizenzgebühren von einigen Millionen Dollar kassiert. Anbieter Apple verbuchte 2006 auch wegen des Erfolgs seines iPods rund 1,3 Milliarden Dollar Gewinn.

Mit knapp 26 000 Anmeldungen beim Europäischen Patentamt in München ist Deutschland im Verhältnis zur Einwohnerzahl Erfindungsweltmeister. Allerdings kommt jedes vierte Patent in Deutschland gar nicht erst auf den Markt, weil es nach Auffassung seiner Schöpfer »noch nicht reif für den Markt« sei oder weil schlicht das nötige Eigenkapital fehlt. Nach Schätzungen des arbeitgebernahen Instituts der deutschen Wirtschaft (IW) sitzen die deutschen Unternehmen damit auf nicht realisierten Vermögenswerten von mindestens acht Milliarden Euro.

Gleichzeitig wird der Handel mit Patenten und Patentlizenzen immer wichtiger: Von 1990 bis 2010 wird laut einer Untersuchung der Deutschen Bank der Umsatz mit Patentlizenzen weltweit von zehn auf 500 Milliarden Dollar steigen. Demnach hängt der Marktwert der 500 größten US-Unternehmen bereits zu drei Vierteln von Patenten und anderen immateriellen Werten ab.

Wie man diese Fakten marktradikal deutet, zeigt Karsten Müller von der Patentberatung IPB, die »die Idee als eine handelbare Ware« ansieht: Ein von der Politik reguliertes Subventionssystem wie in Deutschland könne flexibles, privates *Risikokapital* nicht ersetzen. Und das ist das Stichwort für weitere unverfrorene Steuergeschenke: Die für 2009 beschlossene Abgeltungsteuer stellt Aktienspekulanten schlechter als Anleihenbesitzer und erschwert so die Versorgung mit Eigenkapital.

Dass indes Innovationen durchaus nicht an Steuergeschenke für Heuschrecken und Hasardeure geknüpft sind, zeigt beispielhaft das in BMW-Autos verwendete Steuerungssystem »iDrive«, das Navigationselemente aus Computerspielen nutzt.

Kurzum: Gegen die Logik »Steuerfreies Aktienglücksspiel fördert Innovationen« war sogar das Heilsversprechen mittelalterlicher Pfaffen »Dein Hab und Gut für dein Seelenheil« ein seriöses Angebot.

7. Kapitel

Der Kunde als natürlicher Feind des Managers

»Erst wenn die Flut zurückgeht,
sieht man, wer nackt gebadet hat.«
Warren Buffett

Natürlich ist der Kunde König – aber wir leben schließlich nicht in der Monarchie. Zwar geben sich die weitaus meisten Front-arbeiter, also die Verkäufer, Kundenberater oder Serviceleute, häufig bis zur physischen und psychischen Erschöpfung Mühe. Aber welche Produkte sie mit welchen Methoden dem arglosen Publikum andrehen sollen, bewegt sich häufig in der Grauzone zwischen Unverschämtheit und Kriminalität.

Die Ablösung des ehrbaren Handels als herrschende Wirtschafts-philosophie durch das Übers-Ohr-Hauen hat weniger mit einem »allgemeinen Sittenverfall« zu tun als mit der Anonymisierung der Märkte. Die Kunden des Dorftischlers sind gleichzeitig sei-ne Nachbarn: Schlecht geleimte Tische ruinieren seinen Ruf als Handwerker, sein Geschäft und vor allem sein soziales Leben. Da-gegen ist eher unwahrscheinlich, dass ein Topmanager für den formal von ihm produzierten Möbelmüll persönlich zur Rede ge-stellt wird: Zuweilen kennt er seine eigene Produktpalette ja nicht einmal im Detail, und die dürftige Qualität der Tische wird für ihn bestenfalls dann zum Problem, wenn sie nicht einmal durch betrügerische Werbung kompensiert werden kann und über den Umsatzrückgang irgendwann auf den Aktienkurs durchschlägt.

Wie angle ich mir einen Kunden?

Nicht nur der geistig gesunde Mensch, auch der ursprüngliche Wirtschaftsliberalismus, die Wohlfahrtstheorie, unterscheidet zwischen informativer und suggestiver Werbung. Während die seriöse Produktinformation der Gesamtwirtschaft nutzt – schließlich ist ja der umfassend informierte *homo oeconomicus* die Voraussetzung des gesamten Modells –, wirkt Suggestivwerbung potenziell schädlich: Bei vollem Erfolg der Verblödungswerbung würde eine manipulierte Horde nur noch Schrott kaufen, was über kurz oder lang einzelne Märkte und dann die gesamte Volkswirtschaft zusammenbrechen ließe.

Übrigens zeigt sich die Verlogenheit des neoliberalen Einwands, der Kauf eines Produkts beweise dessen Nutzen für den mündigen Käufer und damit auch für die Gesellschaft, recht deutlich an den Beispielen Alkohol, Zigaretten und Playstation. Würde die Masse der Jugendlichen der Werbung folgen, so wären wir binnen kurzem ein Volk von nikotin- und alkoholsüchtigen, später von lungenkrebs- und leberzirrhosekranken bildungsfernen Primaten, die dann bestenfalls der Bestattungsbranche noch Profit bringen könnte.

Werbung für Untertanen und Dumpfbacken

Je mieser oder überflüssiger die Ware, desto schwieriger ihr Verkauf, desto größer der notwendige Aufwand für Verblödungswerbung, die aber meist für Menschen oberhalb eines Schuhgrößen-IQ relativ mühelos als plumper Humbug erkennbar ist. Die beliebtesten Varianten:

1. »Ich saufe wie George Clooney – ich bin George Clooney!«
Wenn der fastfoodgemästete Hauptschulabbrecher Clooneys
Cocktail »weghaut«, landet er auch bei dessen Traumfrauen,
und wenn die tagträumende Schundromanleserin zum gleichen
Duschgel wie die Tatortkommissarin greift, angelt auch sie sich
einen Konzernchef. Damit ist der eigentliche Nutzen einer Ware
völlig unwichtig, es geht um die Illusion oder um das mit dem
Logo verbundene »Prestige«. Entsprechend »ist der Anteil der
Produktionskosten am Endverkaufspreis meist verschwindend
gering. Den weitaus überwiegenden Teil bezahlen wir dafür, dass
wir umworben werden.«[193] Immer wieder amüsant sind die Tests,
bei denen die Markenzeichen der Jeans oder des Joghurts im Dunkeln bleiben und für die Probanden häufig die »No-Names« besser
abschneiden als das angebliche Edelprodukt. Vollends zeigt sich
der Markenfetischismus übrigens dort, wo die teuren noblen und
die billigen namenlosen Produkte von ein und demselben Herstel-
ler stammen und sogar identisch sind.

2. »Von Experten empfohlen.«
Der deutsche Ottonormalverbraucher vertraut gern »Experten«:
der »Zahnarztfrau« in Sachen Mundhygiene, dem »Monteur« in
Sachen Waschmaschine, dem »Finanzberater« in Sachen Altersvorsorge, dem »Ingenieur« in Sachen Auto. Uni-Professoren werben als »Mietmäuler« der Pharmakonzerne offen für frei erfunde-
ne Krankheiten und die dazu passenden Medikamente.

3. »Warum sollten zufriedene Kunden lügen?«
Um jene argwöhnischen Mitbürger zu überzeugen, die manchen
Promis einfach nicht abnehmen wollen, dass sie die angepriesenen Produkte jemals selbst getestet haben, geschweige denn
von ihnen begeistert sind, holen die Firmen ganze Kohorten viert-
klassiger Mimen für das Bühnenfach »zufriedener Kunde«.

4. »Perfekt auswärts ist cool.«

Pseudolatein macht Ladenhüter zu Rennern und Naschzeug zur Wertkost: Als kein Kind (»Kid«) mehr Rollschuh laufen wollte, erklärte man das Auslaufmodell zum »Inline Skating«, und als das ununterbrochene Kinderriegelkauen der lieben Kleinen gutgläubigen Müttern langsam komisch vorkam, erklärte man das Leckerli zur gesundheitsfördernden »Cerealie«.

5. »Wenn du das kaufst, gehörst du dazu.«

Wer bestimmte Marken trägt, fährt, qualmt, isst, trinkt, bestimmte Serien guckt und bestimmte Superstars anhört, der gehört dazu. Grundlage ist die von der Wahlforscherin Elisabeth Noelle-Neumann eigentlich zwecks Wählermanipulation entdeckte Schweigespirale der Konformisten und Duckmäuser. Demnach wollen viele Mitbürger um jeden Preis zu den »Gewinnern« gehören und wählen deshalb den von den Meinungsmachern vorhergesagten Wahlsieger.

Der Tatort als Dauerwerbesendung

Bekanntlich nehmen einige simple Gemüter auch die hanebüchenste Fernsehfiktion für bare Münze, wollen von *Schwarzwaldklinik*-Professor Brinkmann Tipps für eine reale Magenoperation und versuchen beim realen Einbruch, *die Männer vom K3* zu alarmieren. Diese Mitbürger sind die wichtigste Zielgruppe der Schleichwerbung, und die Konzerne lassen sich – wie kleinere Firmen natürlich auch – diese Art der »informellen Produktinformation« natürlich auch nicht entgehen:
Dabei liefern sich die beiden Öffentlich-Rechtlichen ein Kopf-an-Kopf-Rennen um die Schleichwerbung-Etats der Großindustrie.

ARD:

Die Serie *Marienhof* verwandelte sich wochenlang in ein TUI-Reisebüro, und auch sonst hatte man oft das Gefühl, die minderwertigen Herzschmerzdialoge würden von PR-Praktikanten der Konzerne zusammengeschustert: Allein der WDR sperrte 67 Filme und zwei Serien, darunter 38 *Tatort*-Folgen und 13 *Schimanski*-Krimis. Verlust durch Brachliegen des Schleichwerbemülls: etwa 75 Millionen Euro.

ZDF:

Die Metro-Tochter Kaufhof engagierte sich in der Serie *Samt und Seide*, Volkswagen und die Deutsche Post in der Serie *Sabine*. Veronica Ferres stellte im Traumschiff Kosmetika des Henkel-Konzerns zur Schau, bei *Wetten, dass ...?* waren neben unzähligen anderen Produkten die von T-Mobile nicht zu übersehen.

Alles nur Pannen und Einzelfälle? Laut *Tagesspiegel* akquiriert beim ZDF eine eigene Abteilung namens »Die Mitarbeiter« bereits seit 18 Jahren solche Nebeneinnahmen, allein 20 Millionen Euro im Jahr 2003.

Irreführung: »Ätsch, reingefallen!«

Zwei Reizwörter haben es nicht ohne Grund längst in den Duden und seit Generationen in die Umgangssprache geschafft: das *Kleingedruckte* und die *Mogelpackung*. Beide Praktiken nehmen die Empörung des geprellten Käufers bewusst in Kauf und setzen auf Ohnmacht und Verrauchen der Wut.
Im Kleingedruckten soll dem Kunden etwas untergejubelt werden: Laufzeiten, Nebenkosten, wirklicher Gewinn oder Verlust, die den Kunden – sogar nach Einschätzung des Anbieters selbst! –

vom Kauf abhalten würden. Nicht umsonst wird auch um das Recht auf Rücktritt oder Rückgabe kurz nach Vertragsabschluss oder Kauf permanent erbittert gerungen. Und nicht umsonst lernen die Drücker aller Branchen als Erstes, den Kunden »legal« vom Lesen des Kleingedruckten abzuhalten und ihn um Himmels willen die Sache nicht überschlafen, geschweige denn mit Freunden oder gar Experten bereden zu lassen. So mutiert das seriöse Prinzip »Geschäft ist Geschäft« zum »Ätsch, reingefallen«. Ziel ist gerade nicht der zufriedene, sondern der wütende, aber hilflose Kunde.

In der Praxis sieht das dann unter anderem wie folgt aus: Seit Billigfluganbieter ihre Tickets zu erschwinglichen Preisen anbieten, locken auch die etablierten Gesellschaften ihre Passagiere mit scheinbaren Schnäppchen für Hin- und Rückflug. Natürlich wollen rational kalkulierende Fluggäste die billigste Variante, auch wenn sie Hin- und Rückflug bei unterschiedlichen Anbietern buchen müssen. Dies liegt aber natürlich nicht im Interesse der großen Flugkonzerne, die ja der preiswerten Konkurrenz schaden und nicht dem Kunden nutzen wollen. Deshalb verfällt der Rückflug, wenn der Hinflug mit der eigenen Fluglinie nicht angetreten wurde. Dieser Passus findet sich in den Allgemeinen Beförderungsbedingungen, von denen die Anbieter offenbar leider zu Recht hoffen, dass sie kein Mensch liest. Mit dieser dummdreisten Nummer aber kamen sie schon öfter vor Gericht nicht durch: So verurteilte das Amtsgericht Köln die Lufthansa 2004 und 2005 dazu, den Passagieren die Kosten für die teureren Flugtickets zu erstatten. Aber natürlich lassen es die Fluggesellschaften auf jeden einzelnen Prozess ankommen, in der ebenfalls berechtigten Hoffnung, der »kleine Mann« habe Angst vor einem Rechtsstreit mit einem Großkonzern – zumal ja, wie gesehen, die Chefetage sowieso keinerlei Risiko selbst für die kundenfeindlichste Unternehmenspolitik trägt.

Die Mogelpackung wiederum ist wie ein Umzugskarton, in dem nur ein Stückchen Würfelzucker steckt. Sie setzt auf die Ungeduldigen oder mathematisch Minderbemittelten, die zum Vergleichen der unterschiedlichsten Tarife oder Packungsinhalte nicht willens oder nicht imstande sind. Der Idealkunde einer Lebensversicherung kennt nicht die alternativen Anlagemöglichkeiten und die Verluste bei vorzeitigem Ausstieg, der eines Supermarktes hält 70 Gramm Wurst für 2,92 Euro für preiswerter als 100 Gramm für 4,10 Euro und liest nicht die gegen den erbitterten Widerstand der Konzerne eingeführte und inzwischen gesetzlich vorgeschriebene Kilopreis-Angabe. Besonders beliebt ist die Methode »weniger Inhalt zu stabilen Preisen«, also etwa der klammheimliche Umstieg von 500- auf 400-Gramm-Packungen. Hier gehört zur Zielgruppe auch und gerade der Stammkunde, der nicht jedes Mal auf die Inhaltsangabe schaut.

Ein dritter Auswuchs, neben Kleingedrucktem und Mogelpackung, ist das illegale Flunkern: Nun muss eine lebendige Demokratie auch Werbung über alle ästhetischen und intellektuellen Grenzen hinweg durchaus ertragen können, und wenn jemand Frau Clementine, den Melitta-Mann und den Tchibo-Kaffeeexperten für real existierende Sachverständige hält, dann ist das dessen Problem. Aber wenn zum Beispiel doppelseitig mit »Stiftung Warentest: Sehr gut« inseriert wird, obwohl dieses Prädikat nur für die Farbe des Geräts, für den Rest aber »mangelhaft« vergeben wurde, dann ist das nicht nur Schmu, sondern laut Bundesgerichtshof irreführend und verboten. Untersagt ist auch, etwa mit dem Prädikat »gut« zu bewerben und zu verschweigen, dass die meisten Konkurrenten mit »sehr gut« bewertet wurden. Ein anderes Beispiel: Wegen Irreführung der Verbraucher wurden der Telekom im Juli 2004 per einstweiliger Verfügung und Androhung von 250 000 Euro Ordnungsgeld die »Badezimmer«-Werbespots mit Günther Jauch untersagt. Es würde verschwiegen, dass der angepriesene Gratistarif für Wochenenden und Feiertage an eine deutlich höhere Grundgebühr gekoppelt und der Anruf ins Mobilfunknetz kostenpflichtig sei.

Top Secret

Eine Steigerung dieser Methoden besteht darin, das Unangenehme, das den Kunden abschrecken könnte, gar nicht erst mitzuteilen.

Eine Renaissance erlebt in diesem Zusammenhang offenbar die althergebrachte Methode »Aus alt mach neu«, so etwa bei der Supermarktkette minimal. Ende 2005 bestätigte ein Sprecher des Mutterkonzerns Rewe den »Einzelfall« einer Wurstumetikettierungsaktion in einer Kölner Filiale. Durch ein spektakuläres Bauernopfer – die »Freistellung« einer skrupellosen Mitarbeiterin – wurde ein für alle Mal bewiesen, dass das Topmanagement nichts mit der Sache zu tun hatte, ja vermutlich nicht einmal wusste, was Umetikettierung überhaupt ist. Die zahllosen Einzelfälle des Etikettenschwindels bei Gammelfleisch im Jahr 2006 beschäftigten noch immer zahlreiche Richter und Staatsanwälte, drehten Millionen Mägen um und werden daher an dieser Stelle nicht weiter vertieft.

Um nicht in die Illegalität des Etikettenbetrugs getrieben zu werden, kämpft die deutsche Lebensmittelindustrie verbissen gegen bessere Verbraucherinformation, zum Beispiel gegen die EU-Verordnung, wonach die Mitgliedsländer bis 2009 Nährwertprofile mit einer Angabe über den Fett-, Zucker- und Salzgehalt entwickeln müssen, damit Verbraucher zwischen gesunden und ungesunden Lebensmitteln unterscheiden können. Das TV-Magazin *Frontal 21* zählt auf: »Tütensuppen, Tiefkühlpizza, Chips – in fast allen industriell hergestellten Lebensmitteln lauern Inhaltsstoffe, die uns krank und dick machen können. Doch kaum ein Mensch in Deutschland weiß, was er da täglich isst.« Würde er das wissen, so die berechtigte Befürchtung der Konzerne, so würde er die Krankmacher nicht einmal geschenkt haben wollen. Aus Angst um ihre Umsätze möchte die Industrie, so *Frontal 21* weiter, »alles so lassen, wie es ist. Dabei werden auch hierzulande die Menschen immer dicker. Jedes fünfte Kind zum Beispiel ist übergewichtig, insgesamt sind es zwei Millionen. 800 000 gelten sogar als fettleibig. Es sind nicht nur Butter, Schmalz oder Öl, sondern auch Wurst, Käse, Schokoriegel, Getränke und natürlich Fastfood, die uns dermaßen zu Leibe rücken. Beinahe überall lauern versteckte Dickmacher ...«

»Gesunde Nahrung gefährdet Arbeitsplätze« – darauf läuft die Argumentation der Konzernbosse hinaus. Abgesehen davon, dass die meisten anderen EU-Staaten keinerlei Probleme mit ehrlicher Verbraucherinformation haben, treffen wir hier wieder auf eine fatale Logik: »Lebensqualität schadet der Wirtschaft, und deshalb muss erstere hinter letzterer zurückstehen, denn schließlich ist ja nicht die Wirtschaft für den Menschen da, sondern der Mensch für die Wirtschaft.«

Outsourcing der Seriosität: »Und bist du nicht willig ...«

»Wie die Telekom Kunden verjagt«, beschreibt Florian Güßgen für *stern.de:* mit einer »hyper-aggressiven Marketing-Strategie, durch nervende Anrufe und gefälschte Auftragsbestätigungen«.[194] Patrick von Braunmühl vom »Verbraucherzentrale Bundesverband« sieht darin massive Verstöße gegen das Verbraucherrecht. »Zu Hunderten« hätten sich die Kunden über verbotenes »Cold-Calling« beschwert, und auch das Unterschieben nie erteilter Aufträge sei »massiv aufgetreten«. Man darf aber natürlich ganz sicher sein, dass die Konzernspitze von diesen Praktiken nicht das Mindeste geahnt hat und bei ihrem Bekanntwerden direkt aus allen Wolken gefallen ist.

Vor dem gleichen Hintergrund sind für die Autokonzerne bei Pannen und Rückrufen die Zulieferer die Sündenböcke vom Dienst, die ihrerseits wiederum »Preisdrückerei und unrealistische Planungen« anprangern. Den »Alptraum ›Made in Germany‹« im Jahr 2005 schildert die sonst vornehm zurückhaltende *Zeit* so: »Mangelhafte Teile von Deutschlands umsatzstärkstem Autozulieferer, der Bosch-Gruppe, verursachen bei rund 1,5 Millionen Autos der Marken BMW, Mercedes, Opel und General Motors Pannen und Rückrufe. In einigen Fabriken stehen für mehrere Tage sogar die Bänder still. Die Kosten für den GAU in der PS-Branche werden auf bis zu 200 Millionen Euro beziffert, der Imageschaden ist unermesslich. Pfusch in Serie eröffnet hierzulande neue Dimensionen.«[195]

Nicht anders ergeht es der Deutschen Post. Seit sie Transportdienste allen möglichen Subunternehmern wie Pizzalieferanten oder osteuropäischen Firmen anvertraut, haben sich die Kunden des einstmals so zuverlässigen Dienstleisters an das tägliche Verschwinden Tausender Sendungen gewöhnt. Und da auch noch der Post-Sprecher Dirk Klasen unumwunden einräumt: »Gegen Organisierte Kriminalität sind auch wir nicht gefeit«, schicken immer mehr Bürger nur noch Dinge mit der Post, deren Verschwinden nicht weiter tragisch wäre.

Zielgruppe: Verzweifelte und Unmündige

Hier muss der Anbieter nichts verschweigen, weil die Opfer entweder sogar ehrliche Informationen über das Preis-Leistungs-Verhältnis und die Konsequenzen aus dem Kauf einer Ware oder einer Dienstleitung geistig nicht erfassen oder sie zwar kapieren, darauf aber keine Rücksicht nehmen können.

Ein gutes Beispiel ist die sogenannte Kreditverführung: »Da ich kein Geld habe, zahle ich eben mit meinem guten Namen.« Über diese verballhornte Kreditkartenwerbung dürften immer weniger Deutsche lachen können. »Pleite-Rekord! Jeder Zehnte ist überschuldet«, meldete *Bild.de* im Februar 2007. Nun wird zwar niemand ernsthaft behaupten, der Ruin von 7,2 Millionen Bundesbürgern sei ausschließlich die Schuld der Konzerne. Denn sie tragen natürlich nur eine Teilverantwortung für die Massenarbeitslosigkeit, den Hauptgrund der Verschuldung. Millionen Menschen können Verpflichtungen aus besseren Zeiten nicht mehr erfüllen. Erhellend ist allerdings ein Blick auf die Gläubiger: Rund 70 Prozent des Geldes schuldet man den Geldinstituten, gefolgt von Versandhandel, Versicherern und Vermietern. Daher kritisiert Helmut Rödl vom Schuldeneintreiber Creditreform vor allem die Banken, die »eher Privatpersonen wackelige Verbraucherkredite einräumten, als solideren mittelständischen Unternehmern Geld zu leihen ... Es wäre wichtig, würden die Banken auch mal auf solche Geschäfte verzichten.« Allerdings sei der Markt für Konsumentenkredite für die Banken wegen seines Volumens von 30 Milliarden Euro »trotz der Risiken interessant«.[196] Die Sache hat allerdings zwei Seiten. Gerade Alleinerziehende oder kinderreiche Eltern stehen oft vor der zynischen Alternative, schuldenfrei zu verhungern oder auf Pump ihren Kindern wenigstens ein Minimum an menschenwürdiger Existenz zu bieten. Andererseits gibt es auch einen gewissen Typ von Kleinbürgern, die sich hemmungslos verschulden, um im Konzert der Oberklasse, also der schönen und reichen Müßiggänger, mitspielen zu können. Aber auch hier gilt die Casinoregel: Es gewinnt immer die Bank.

Offenbar geistig nicht erfasst werden zum Beispiel die – klein eingeblendeten – Telefonkosten für die Teilnahme an Umfragen von Fernsehsendern. Was im Rotlichtgewerbe und nicht nur dort streng verboten ist, nämlich Betrunkene, Geisteskranke und Kinder auszunehmen, das ist hier ein Kinderspiel. Aber mal ehrlich: Wer verschwendet im Vollbesitz seiner geistigen Kräfte 49 Cent für Umfragen wie »Strengt sich Podolski genug an?« oder »Wird sich Britney Spears wieder fangen?« Wie viele vernachlässigte Achtjährige mögen dort heimlich abstimmen, wie viele unbeaufsichtigte Entmündigte, wie viele dauerbetrunkene Pflegefälle? Leichtes Spiel mit der Zielgruppe »14 bis 49« also?

Diese Zielgruppe der werbeanhängigen Privatsender ist logischerweise identisch mit derjenigen der Wirtschaft. Einer Anekdote zufolge ernannte der damalige RTL-Chef Helmut Thoma nur deshalb die 14- bis 49-jährigen zur werberelevanten Altersgruppe, weil zufällig hier der damals noch junge Sender die meisten Zuschauer hatte. Warum aber hält die Industrie an dieser Zielgruppe selbst jetzt noch fest, wo doch der Durchschnittszuschauer mit einem Alter von ARD (58 Jahre), ZDF (59), RTL (48) und Sat. 1 (49) dieser Zielgruppe allmählich entwächst, und sogar die RTL-Pubertätsserie »Gute Zeiten, schlechte Zeiten« im Schnitt von 44-jährigen verfolgt wird? Laut ARD-Medienforscher Camille Zubayr glaubt die Werbewirtschaft nach wie vor, dass nur Menschen von 14 bis 49 Jahren »lustvoll konsumieren«.

Anders ausgedrückt: Je älter jemand wird und je öfter er sich als Käufer übers Ohr gehauen fühlt, desto kritischer wird er. Und kritische Kunden sind so ziemlich das Letzte, was unsere Konzerne und ihre Topmanager brauchen können, dann eher schon die Generation Zahnspange, die jede Menge oft gepumptes Geld für Handys, SMS, Klingeltöne, Alkopops und die schon erwähnten Markenklamotten ausgibt.

Service

Bei der Telekom stört nur der Kunde

Hat der Kunde erst einmal unterschrieben, dann hat er nichts mehr zu lachen. »Service und Deutschland passen nicht zusammen«, lautet ein landläufiges Vorurteil, das gerade die Konzerne in die Nähe einer wissenschaftlichen Erkenntnis zu erheben scheinen. Ob sündhaft teure, mit Laien besetzte oder ganz fehlende Hotlines, ständiges Hickhack um die Erfüllung werbewirksamer Garantieversprechen, säumige oder schlampige Arbeit der Kundendienste und Reparaturwerkstätten – kaum eine Chance zur kostensparenden Kundenverärgerung wird ausgelassen, und umgekehrt hat nahezu jeder Bürger schon den einen oder anderen Aufreger am eigenen Leibe erfahren müssen.

Auch hier führt kein Weg an der Telekom vorbei: Bei gerade einmal 15 000 Mitarbeitern für wöchentlich eine Million Anfragen ist es eigentlich kein Wunder, dass die Warteschleifen zum Geduldspiel werden und manchen Tags nur vier Prozent der Anrufer zu den 15 000 Mitarbeitern durchdringen. Hinzu kommen jährlich sechs Millionen Entstörungsaufträge für 25 000 Techniker, wobei aber jeder dritte Termin platzt. Die Folge sind bis zu 50 000 Beschwerden pro Woche. »Der große Marketingerfolg ging zu Lasten der Dienstleistungsqualität«, gibt dementsprechend der Obermann-Vertraute und T-Com-Verantwortliche im Vorstand, Timotheus Höttges, zu.

Was den Neukunden im Normalfall erwartet, schildert *Spiegel*-Autor Janko Tietz, den »der Dreiklang guter Argumente«, nämlich »schneller, preiswerter, freundlicher« zur Telekom gelockt hatte. Doch mit Vertragsabschluss begann eine Odyssee von einem nicht zuständigen Mitarbeiter zum nächsten, und in deren Zentrum immer wieder das Hotline-Tonband: »Aufgrund eines

erhöhten Aufkommens ... « - »nicht in der Lage, Ihren Anruf ... « -
»... von Nachfragen abzusehen«. Wochenlang wurde das Modem
nicht geliefert, dann hatte er zwei; und zwischendurch hatte ihn
ein Service-Mann unangemeldet besucht und angeblich nicht an-
getroffen. Fazit des Neukunden: »Einatmen, ausatmen. Das Leben
ist ein langer, ruhiger Stuss. Wählen, auflegen. Hoffen. Hören.
Ende Oktober 2006 war der Vertrag unterschrieben worden. Mitte
2007 ging das Telefon ... Die Strategie dahinter ist raffiniert: Wer
derlei überlebt, wechselt so schnell nicht wieder.«[197]
Noch atemberaubender als die Kundenfreundlichkeit selbst ist
allerdings der Umstand, dass durch den mangelhaften Service
allein nicht einmal viele Kunden verscheucht werden – dank der
Konkurrenz: »Wenn man den Kundenservice der Telekom mit
dem Service der Wettbewerber vergleicht«, meint der Analyst
Frank Rothauge vom Bankhaus Sal. Oppenheim, »dann schneidet
die Telekom gar nicht schlecht ab. Die Wettbewerber sind an vielen Punkten noch deutlich schlechter.«[198]
Dass das Serviceproblem den Konzernen seit Jahren bekannt ist
und wie ein Staffelstab von einem Vorstand an die Nachfolger
weitergereicht wird, ist besonders absurd, da die Lösung doch
dem gesunden Menschenverstand entspringen müsste und in jedem besseren Lehrbuch oder Unternehmerleitfaden nachzulesen
ist: »Einen Kunden neu zu gewinnen ist bis zu elfmal teurer, als
Stammkunden zu pflegen. Darüber hinaus sind zufriedene Kunden die besten Werbeträger. Sie erzählen ihr positives Erlebnis
vier- bis achtmal weiter. Ein unzufriedener Kunde jedoch erzählt
sein negatives Erlebnis mindestens zehnmal weiter.«[199]
Das Leben der Kunden und auch der Konzerne könnte so schön
sein. Man müsste nur Anzahl, Fachkompetenz und Motivation
des Servicepersonals erhöhen. Stattdessen aber antwortete die
Telekom auf ihr Serviceproblem mit der Ausgliederung von rund
50 000 Mitarbeitern in Servicegesellschaften. Das bedeutet dann

für die Betroffenen Demotivation durch längere Arbeits- und kürzere Pausenzeiten, geringeren Kündigungsschutz und womöglich auch deutlich weniger Gehalt für einen Großteil der in Deutschland beschäftigten T-Com-Mitarbeiter. Und das wäre womöglich nicht einmal das Ende der Fahnenstange. »Ver.di warnt vor zweitem Fall BenQ«, meldete *Spiegel Online* Ende Oktober 2007.

Die Folgen für die Kunden wären vermutlich vergleichbar den Erfahrungen mit Zeitschriftendrückern. Damit aber sägt die Telekom munter weiter an dem Ast, auf dem sie sitzt, und zeigt beispielhaft den Unterschied zwischen Ratio und Rationalisierung. Dabei müssten doch gerade luxuserfahrene Topmanager den Unterschied zwischen billig und preiswert bestens kennen. Schließlich resultierte ja bei einigen zumindest am Fuße der Karriereleiter der Kauf einer sündhaft teuren Armani-Kluft aus der richtigen Überlegung, unterm Strich würde diese Investition ihnen bedeutend mehr einbringen, als sie durch die Entscheidung für Konfektionsware eingespart hätten.

Fremdschämen für die Deutsche Bahn

Wer der Modetätigkeit »Fremdschämen« frönen möchte, sollte ausländische Gäste mit der Deutschen Bahn vertraut machen. Das waren noch Zeiten: Man wollte irgendwohin, erkundigte sich nach der passenden Bahnverbindung, löste am Schalter oder gegen geringen Zuschlag sogar im Zug ein Ticket, der Zug fuhr auf die Minute genau los und kam ebenso pünktlich an. Deshalb war die Bahn auch bei Dienstreisenden so beliebt. Auf die Bahn war Verlass, und so würde man den Anschlusszug oder -flieger keinesfalls verpassen. Und wer Freunde oder Geschäftspartner zur Bahnfahrt animierte, konnte angesichts des gepflegten Interieurs einschließlich des absolut erträglichen Speisewagenangebots sicher sein, sich nicht zu blamieren. Dies mag nach »früher war alles besser« klingen; aber heute ist man versucht, einem auswärtigen Besucher lieber das Taxi von Bremen nach Osnabrück zu bezahlen, nur um ihm die Bahnfahrt und sich selbst ebenjenes Fremdschämen zu ersparen: Ein undurchdringlicher Fahrplandschungel, in dem die aufwendig beworbenen Schnäppchen so gut versteckt sind, dass selbst Bahnmitarbeiter sie nicht finden, endlose Wartezeiten infolge schon gewohnheitsmäßiger Verspätungen und mangelhaft abgestimmter Fahrpläne, verschmutzte Bahnhöfe, Waggons und Zugrestaurants – und dies alles vermittelt von einem überwiegend gereizten bis pampigen Personal –, kein Wunder, wenn man ein derartiges Produkt verkaufen, vertreten und verteidigen muss. Das Sahnehäubchen dieser Kundenbehandlung ist übrigens die Einschaltung des Bundesgrenzschutzes, der ebenso wie die zunehmende Verwahrlosung der Bahn nicht lange nach deren Privatisierung im Jahr 1993 Einzug in Bahnhöfen und Zügen hielt.

Der renommierte »Fahrgastverband Pro Bahn & Bus« attestierte der Deutschen Bahn AG nach diversen Zwischenfällen »ein nicht mehr entschuldbares Verhalten«. Aber die so Gescholtene denkt zumeist auch nicht im Traum daran, sich für irgendetwas zu entschuldigen, ja nicht einmal an irgendeine Stellungnahme. Daher war es überfällig, dass die Deutsche Bahn im Jahr 2006 die *Verschlossene Auster* erhielt, den Negativ-Preis des Journalistenverbandes »Netzwerk Recherche« für besonders restriktive Öffentlichkeitsarbeit, insbesondere weil Konzernchef Hartmut Mehdorn in heiklen Fällen keine Stellung vor Kameras beziehe. Dafür betätigt er sich in Springers *BZ am Sonntag* als Heuschreckenlobbyist für den Standort Berlin: »Die Stadt muss sich verstärkt um Industrieansiedlungen kümmern, also Investoren hofieren.«[200]

Dass die Deutsche Bahn mit ihrer Karikatur auf »ehrbares Unternehmertum« auch noch dreimal hintereinander Rekordgewinne abstauben konnte, wirft ein Schlaglicht auf das gesamte markt-radikale Wirtschaftssystem.

Aber es geht auch anders, ganz anders: Vorbildliche Kundenbe-treuung pflegt scheinbar die Deutsche Bank. Im Juli 2007 ließ der Konzern laut *Spiegel Online* für vier Millionen Euro die Senioren-band *Rolling Stones* ihre Welttournee »A Bigger Bang« unterbre-chen und vor 600 Managern im pompösen Ovalen Saal des Nati-onalen Kunstmuseums Kataloniens in Barcelona singen, tanzen und springen. Zu den Gästen des Konzernsbereichs Corporate and Investment Banking (CIB) zählten unter anderem Morgan Stanley, Goldman Sachs und JP Morgan.

8. Kapitel

Der Sachzwang zur Zerstörung der Infrastruktur

»Indem ihr alles macht, was machbar ist,
macht ihr am Ende die Welt kaputt.«
Georg Stefan Troller

Viele Wege führen nicht nur nach Rom, sondern auch zur Zerstörung eines Landes im Allgemeinen und seiner Infrastruktur im Besonderen. In der Marktwirtschaft stellt sich dies für die Unternehmen und ihre Manager sogar als Sachzwang zur Zerstörung der Infrastruktur dar.

Die Verrottung des Schienennetzes

Im Februar 2007 bescheinigte der Bundesrechnungshof der Deutschen Bahn, durch verschleppte Instandhaltung zwischen 2001 und 2005 notwendige Reparaturen von rund 1,5 Milliarden Euro unterlassen zu haben. Im Einzelnen listet der Rechnungshof schwere Mängel etwa bei der Pflege an Gleisrändern auf, für die sehr viele Arbeitskräfte gebraucht werden. So wüchsen Bäume zu dicht an den Gleisen. Verrostete Ankerschrauben an Signalanlagen gefährdeten dem Bericht zufolge deren Standsicherheit. Der Unterbau von Gleiskörpern weise schwere Mängel auf, an Brücken verrotteten Geländer. Einzige Reaktion der Bahn auf viele dieser Mängel sei oft die Reduzierung der Geschwindigkeit. So werde auf Strecken, die auf 160 Stundenkilometer ausgelegt sind, nur noch 120 gefahren. Der Vollständigkeit halber sei erwähnt, dass für die Bahnmanager die Vorwürfe »jeder Grundlage entbehren«.

Nun ist allerdings die Zerstörung der Infrastruktur nicht unbedingt Schlamperei, sondern marktwirtschaftlich äußerst vernünftig: Während nämlich die Bahn Instandhaltung der Schienen selbst bezahlen muss, übernimmt der Steuerzahler die *Investitionen*, zu denen auch relativ aufwendige Reparaturen zählen. Folglich sind Verrottenlassen und Sparen an der Sicherheit betriebswirtschaftlich mustergültig – auch wenn es hier und da auch Menschenleben kosten sollte, wie beinahe auch im folgenden Fall. Zur »Beinahe-Katastrophe in Mehdorns Prestigebau« *(Spiegel)* hätte die Sparsamkeit der Bahn-Manager im Januar 2007 geführt, als ein zwei Tonnen schwerer Stahlträger an der Süd-West-Seite von Orkan »Kyrill« aus der seitlichen Glasfassade des erst acht Monate zuvor eröffneten Berliner Hauptbahnhofs gerissen wurde und aus 40 Meter Höhe in den Eingangsbereich krachte. Für Experten »grenzte es an ein Wunder«, dass keine Menschen zu Schaden kamen. Da die gesamte Glasfassade nach ersten Erkenntnissen vom Einsturz bedroht war, wurde die kurzerhand gesperrt und der Bahnhof geräumt. Der Architekt Meinhard von Gerken machte daraufhin vor dem Bundestagsverkehrsausschuss das Weglassen der ursprünglich geplanten speziellen Haltevorrichtungen durch die Deutsche Bahn für den Zwischenfall verantwortlich.

Das aber dürfte erst ein klitzekleiner Vorgeschmack sein: Bis Ende 2008 sollen 49 Prozent der Aktien an Heuschrecken wie Blackstone oder globale Zocker wie die Deutsche Bank verschleudert werden. Dummerweise muss aber das Schienennetz laut Grundgesetz Artikel 87e Eigentum des Bundes bleiben. Um dieses Problem zu umschiffen, soll das Netz formal Bundeseigentum bleiben, jedoch für zunächst 15 Jahre der Bahn AG zur freien Bewirtschaftung und Bilanzierung überlassen werden – ohne exakte Kriterien für die Netzqualität. Die vorhersehbare Folge nach nüchternen Rentabilitätskriterien: Möglichst keinen zusätzlichen Cent für Sicherheit und qualifiziertes Personal und weiteres Schrumpfen des Schienennetzes, das in den vergangenen zehn Jahren ohnehin bereits um zehn Prozent auf 5000 Kilometer gekürzt wurde. Für den Marktwirtschaftsforscher Robert Kurz ist schon heute »die Schienen-Infrastruktur chronisch unterfinanziert und bis zur Schmerzgrenze überlastet, was zu Störungen und Sicherheitsmängeln führt«.[201]

Das Vergammeln der Stromnetze

Erst der von RWE zugegebenermaßen verschuldete Blackout durch massenhaftes Umknicken von Strommasten im Münsterland, als bei Wintereinbruch 2005 über 250 000 Menschen tagelang bei Eiseskälte im Dunkeln saßen, dann nur ein Jahr später die Globalisierung des Blackouts durch den von E.on verantworteten Zusammenbruch des Stromnetzes, der Millionen Westeuropäern ein schwarzes Novemberwochenende bescherte: *Mit RWE und E.on sitzen Sie im Dunkeln.*

»Die deutschen Netze sind morsch«, stellt nicht nur Aribert Peters vom Bund der Energieverbraucher fest. Jährlich würden nur 2,5 Milliarden Euro in die Sicherheit der Leitungen investiert, aber die Kunden zahlten mehr als 20 Milliarden Euro Gebühren. Nachdrücklich fordert Peters eine unabhängige staatliche Kontrolle des Stromnetzes. Nur logisch, dass auch die EU-Kommission langsam die Nase voll hat von marktradikaler Eigenverantwortung der Stromkonzerne und auf eine gemeinsame Netzverwaltung drängt. Die »schonungslose Kritik« der Politik könnte dagegen auch aus dem *Scheibenwischer* sein:

- Roland Koch warf den Konzernen »schlechte Arbeit« vor: »Das geht nicht. Das ist ihre Verantwortung, die müssen sie wahrnehmen.«

- Der thüringische Ministerpräsident Dieter Althaus empörte sich: »Das darf nicht vorkommen.«

- Der frühere SPD-Popbeauftragte Sigmar Gabriel regte als Bundesumweltminister an, die Konzerne sollten ein leistungsfähiges Stromnetz gewährleisten.

- Ausgerechnet der gelernte Müller und Jurist Wirtschaftsminister Michael Glos wies auf das Wesentliche hin: Derartige Stromausfälle bedeuteten »für die Wirtschaft ein erhebliches Risiko«.

Womit wir wieder beim Gefangenendilemma wären: Am Aktienkurs von E.on und RWE und damit an der Erfüllung der neoliberalen Hauptaufgabe des Managements ist wenig auszusetzen. Dies nutzt aber nicht dem großen Ganzen, sondern schadet ihm langfristig: Bei Kerzenlicht kann man weder Autos noch Stahl produzieren.

Umweltzerstörung

Die These vom »übertriebenen Umweltschutz« und seiner Schädlichkeit für die Wirtschaft, das Land und den Erdkreis wurde schon am Beispiel der Autoindustrie beleuchtet.

Schon beinahe Züge eines Amoklaufs trugen die wütenden Proteste aus der Energiewirtschaft. Motto: Was nutzen uns verrottete Stromnetze, wenn wir das Klima nicht vergiften dürfen? Bundesumweltminister Sigmar Gabriel hatte auf Druck der EU-Kommission für die Jahre 2008 bis 2012 den zunächst nach Brüssel gemeldeten zulässigen deutschen Jahresausstoß an Kohlendioxid von 482 Millionen Tonnen auf 465 Millionen Tonnen senken müssen. Obwohl dieser Wert noch weit über den geforderten 453 Millionen liegt, beklagten sich 18 Topmanager, unter ihnen die Bosse von E.on, RWE, Vattenfall, EnBW und Steag bei Merkel per Brandbrief über »einen massiven Vertrauensbruch der Politik«. Der frühere Staatssekretär Alfred Tacke, Chef der RAG-Stromtochter Steag, droht mit milliardenschweren Investitionsverlagerungen nach Asien und Lateinamerika.

Tja, das waren noch Zeiten, als Tacke in der Energiepolitik der Regierung mitredete. Die bislang einzig erwähnenswerte Leistung des früheren Schröder-Seilschafts-Mitglieds: Im Juli 2002 unterzeichnete er in Vertretung des nach Selbsturteil »befangenen« Wirtschaftsministers Müller die berüchtigte Ministererlaubnis zur Fusion von Deutschlands größtem Stromkonzern E.on mit Europas größtem Gashändler *Ruhrgas*, die das Kartellamt so vehement abgelehnt hatte, und landete Mitte 2004 im Chefsessel der RAG-Tochter *Steag*.

Sogar der bestimmt nicht wirtschaftsfeindliche Guido Westerwelle befand dazu damals im Bundestag, Tacke wechsele zu einem Unternehmen, das er mit Verwaltungsentscheidungen begünstigt habe: »Das stinkt zum Himmel, und das werden wir aufklären.«

Menschenopfer

Eine alte Satirikerweisheit besagt, der Friede gefährde Arbeitsplätze in der Rüstungsindustrie und ein Tempolimit vernichte Jobs im Bestattungsgewerbe. Wie nahe man damit an der Wirklichkeit ist, verdeutlicht die Verherrlichung von Menschenopfern zum Wohl der Marktwirtschaft, zum Beispiel durch marktradikale Kampfblätter anlässlich des ICE-Unglücks im Juni 1998 mit 101 Toten. So schrieb das *Handelsblatt* auf die Kritik an Personalpolitik, Arbeitsbedingungen und »Verschlankung« der *Bahn*

AG als möglichen Unfallursachen recht locker, dass »die mobile Gesellschaft ihren Blutzoll fordert«.[202]

Insofern sahen die Neoliberalen sogar bei der *Transrapid*-Katastrophe im September 2006 auf der Teststrecke Emsland, die 23 Menschenleben forderte, noch alles im grünen Bereich. Und da der Transrapid ein Gemeinschaftsunternehmen von Siemens und ThyssenKrupp ist, konnte der Zeitgenosse blind auf »menschliches Versagen« als Ursache tippen. Ganz so beschönigend liest sich allerdings das offizielle Dokument *Die Transrapid-Versuchsanlage* des Betreibers der Testanlage nicht: »Personen- und Sachschäden in Verkehrssystemen sind nicht mit der einfachen Floskel ›Menschliches Versagen‹ zu erklären. Fehler des Menschen müssen erlaubt sein. Das System, bestehend aus Technik und Organisation, ist verantwortlich für die sichere Abwendung negativer Folgen.«[203]

Besonderes Pech mit Todesopfern durch ihre Produkte hat die Bayer AG: Nach dem erwähnten Blutkonservenskandal musste der Konzern im August 2001 seine »Milliarden-Dollar Goldmine Lipobay« *(Zeit)* vom Markt nehmen, und ein Jahr nach dem Desaster war die offizielle Zahl der Opfer auf 104 gestiegen. »Rund eine Million Patienten sind verunsichert«, meldete der WDR, aber die Aktionärspresse wie die *Financial Times Deutschland* sorgte sich noch im März 2005 mehr um die teuren Schadensersatzforderungen der Betroffenen: »Bayer muss weitere Rückstellungen für den Rechtsstreit um den Blutfettsenker Lipobay befürchten. Die Versicherung und die bisherigen Rückstellungen reichen dafür möglicherweise nicht aus.«[204] Grund: Laut Geschäftsbericht für 2004 hatte Bayer etwa 14 660 Klagen am Hals, davon 14 550 in den USA. »Ohne Anerkennung einer Rechtspflicht« schloss man bis Februar 2005 Vergleiche über 1,114 Milliarden US-Dollar.

9. Kapitel

Der Sachzwang zur Zerstörung der Marktwirtschaft

»Um die Welt zu ruinieren, genügt es,
wenn jeder seine Pflicht tut.«
Winston Churchill

Preisabsprachen

Eine der großen Lebenslügen der freien Marktwirtschaft ist der
Aberglaube, man müsse nur der Wirtschaft ihren Lauf lassen,
dann würde sie, wenn schon nicht die Gesellschaft, blühen und
gedeihen. In Wahrheit aber liefe es bei einem solchen System wie
beim Monopoly: Die Großen fressen die Kleinen, und irgendwann
bleibt nur ein einziger »Marktteilnehmer« übrig, womit sich das
System – wie ja auch die Monopolyrunde – erledigt hätte.

Was dann genau geschehen würde, werden wir wahrscheinlich
nie erfahren, denn auch die radikalsten Marktradikalen lassen es
nicht drauf ankommen, sondern pfuschen an ihrem angeblich so
perfekten System herum und fordern nebulös, der Staat müsse
die Konkurrenz der Marktteilnehmer garantieren, also gegen Kar-
telle, Monopole oder Preisabsprachen vorgehen. Dieser schwam-
migen Vorgabe entspricht die Praxis: Das Wetter für den nächsten
Monat ist leichter vorherzusagen, als darauf zu tippen, wann Politik und Kartellbehörden einschreiten und wann nicht – was in
der Praxis auch von der »Chemie« zwischen Politik und Großkonzernen abhängt. Preisabsprachen zum Beispiel sind nur bei sträf-

lich leichtsinnigen Indiskretionen nachzuweisen: Wenn in stiller Übereinkunft von vier Firmen pro Ausschreibung jeweils drei so hoch bieten, dass der vierte gewinnt, und dies reihum praktiziert wird, dann bleibt nur das sprichwörtliche »Geschmäckle«: Jeder weiß, was läuft – aber der Beweis fehlt.

Aber zum Glück gibt's ja auch die plumpen, nachweisbaren Absprachen, und dies betrifft besonders die Deutschen: »Ob bei Fahrstühlen oder Hochspannungsanlagen: An illegalen Preisabsprachen in der Europäischen Union sind oft deutsche Konzerne beteiligt«, findet zum Beispiel die *Welt* und hat auch gleich eine kleine Hitparade der kriminellen Kungeler anhand der Strafhöhe zusammengestellt:

- *Fahrstühle:* 992 Millionen Euro, die größte bisher von der EU verhängte Geldstrafe, im Februar 2007 für die vier weltgrößten Fahrstuhlhersteller wegen illegaler Markt- und Preisabsprachen unter anderem in Deutschland. Primus inter Pares ist ThyssenKrupp mit 479 Millionen Euro.
- *Hochspannung:* 750 Millionen Euro Ende Januar 2007 für elf Unternehmen. Spitzenreiter ist Siemens mit 418,6 Millionen Euro.
- *Synthetikkautschuk:* 519 Millionen Euro im November 2006. Mit dabei Bayer, dem die Strafe von über 200 Millionen Euro als Kronzeuge aber erlassen wird.
- *Gipsplatten:* 478 Millionen Euro Ende 2002 gegen vier Firmen. Knauf muss 85,8 Millionen Euro zahlen, der französische Zementhersteller Lafarge als größter Konzern 249,6 Millionen Euro.

Ständig auf dem Sprung in die Charts sind natürlich die Energiekonzerne: Im November 2006 eröffnete die EU-Kommission ein Verfahren gegen den deutschen Energiekonzern E.on. Wegen der

Verletzung von EU-Vorschriften eine Strafe von bis zu einem Prozent des Unternehmens-Umsatzes, hieß es in Brüssel. Kurz darauf wurden die Zentralen von E.on, RWE und EnBW durchsucht. Banal und daher unstrittig ist jedenfalls, dass derlei Machenschaften stets zu Lasten der Kunden gehen, und daher ist von Zeit zu Zeit seitens der Politik eine Portion medienwirksame Empörung angesagt. »Politik geißelt Schlamperei und Profitgier bei Stromkonzernen«, titelt *Spiegel Online* am 6. November 2006 und zitiert die »Enthüllung« von Niedersachsens Ministerpräsident Christian Wulff, auf dem deutschen Strommarkt mangele es an Wettbewerb, weil die Stromkonzerne immer noch »monopolartige Gebilde« seien. Als dann auch noch Ende 2006 das Bundeskartellamt wegen der Abwälzung der »Kosten« für gratis erhaltene CO_2-Zertifikate auf Industriekunden RWE abmahnte und E.on Gleiches androht, glänzt die Politik einmal mehr durch Unverfrorenheit. »Offiziell will die Regierung die Macht der Strom-Monopolisten brechen, damit die Preise sinken«, schreibt Anselm Waldermann ebenfalls in *Spiegel Online*. »Doch in Wahrheit protegiert sie die etablierten Konzerne« – und trickst neue Anbieter aus: Nach einer aktuellen Verordnung müssen die nämlich nachweisen, wie viele Stromkunden sie haben, noch bevor ein Kraftwerk überhaupt beantragt ist. Waldermanns Fazit: »Regierung schützt Stromkonzerne gegen billige Newcomer.« Der Wettbewerb bleibe »auf der Strecke – und die Strompreise vermutlich auf dem bisherigen hohen Niveau ... Das Oligopol wird so sicher nicht gebrochen. Es wird sogar noch gestärkt.«[205] In Zahlen ausgedrückt: Während das »Kartell der Preistreiber« *(Spiegel)* von 2002 bis 2006 gigantischen Gewinnzuwachs einfuhr – Vattenfall 600 Prozent, EnBW 275, E.on 95, RWE 36 Prozent – stieg der Preis für die Endverbraucher pro Kilowattstunde um gut 50 Prozent.

Nun sollte man nicht päpstlicher sein als der Papst: Gerhard Schröder, sein Wirtschaftsminister Werner Müller und dessen

Staatssekretär Alfred Tacke sind nach der Politkarriere sofort bei Energiekonzernen untergekommen. Peer Steinbrück und Michael Glos dagegen können nicht sicher sein, die nächste Wahl politisch zu überleben ...

Die Deutsche Bank auf den Spuren von Marx

Im Theaterstück *Cat on a Hot Tin Roof* von Tennessee Williams, 1958 in Hollywood verfilmt und bei uns unter dem Titel »Die Katze auf dem heißen Blechdach« zu sehen, wird der reiche Big Daddy von seinem Sohn Gooper erbschleicherisch bis zur Selbstverleugnung vollgeschleimt. Der aber vermacht sein Vermögen dem missratenen, ungehobelten, aber aufrechten Filius Brick.
Wie Duckmäuser Gooper hatten sich schon einmal in jüngerer Zeit einige Industriediener aus der Politik gefühlt. So versteht es der wohlerzogene und politisch korrekte Musterknabe Friedrich Merz wohl bis heute nicht, dass nicht er, sondern der prollige Taxifahrer und Steinewerfer Joschka Fischer eine Bilderbuchkarriere bis hin zum Vizekanzler machte. Und ein diesbezügliches Déjà-vu ereilte die überparteiliche neoliberale Lobbyistenfraktion vermutlich am 5. März 2007: »Deutsche Bank fordert Enteignung der Stromkonzerne«, fasste *Spiegel Online* eine Studie des größten deutschen Konzerns zusammen. Da hatte man, wie eben beschrieben, bis hart an die Grenze der Legalität und der EU-Toleranz die Stromgiganten bevorzugt und den Wettbewerb nach Kräften ausgehebelt, und nun verkündet ausgerechnet unser »Kapitalist schlechthin«, was selbst die Linkspartei teils aus Opportunismus, teils aus intellektuellen Gründen kaum noch zu denken wagt: »Die jahrzehntelange Akkumulation von Kapital – auch für den Ausbau der Netze – kam nicht zuletzt deshalb zustande, weil in Deutschland kein Wettbewerb auf den Strom- und Gasmärkten stattfand, also soge-

nannte Monopolrenditen erwirtschaftet werden konnten.« Daher erscheine auch die Eigentumsfrage »in einem anderen Licht«. Im Klartext: Da die Konzerne ihre Stromnetze zumindest teilweise mit unrechtmäßig erworbenem Geld errichtet hätten, sei es »legitim, sie ihnen wieder wegzunehmen«.

Um die ebenso willfährigen wie fachlich überforderten Wirtschaftslobbyisten nicht allzu sehr zu verwirren und bei den dumpferen Politikern nicht alte DDR-Phobien wiederzuerwecken, schiebt der Autor der Studie, Josef Auer von *Deutsche Bank Research*, vorsichtshalber eine Richtigstellung nach: »Mit Marxismus hat das nichts zu tun. Es geht uns einfach um mehr Wettbewerb – im rein marktwirtschaftlichen Sinne.« Na klar: Strompreise sind schließlich ein »harter Standortfaktor«, und die Stromkonzerne sollen sich nicht auf Kosten der restlichen Unternehmen gesundstoßen. Übrigens beweist auch der Chefökonom der Deutschen Bank, Norbert Walter, verbale Weitsichtigkeit, denn drei Wochen vor dem G 8-Gipfel Mitte Juni 2007 in Heiligendamm äußerte er Sympathie für die Globalisierungskritiker. Es sei eine Katastrophe, dass »die reichen Länder ihre schwachen Industrien schützen und damit den Entwicklungsländern die Türe vor der Nase zuschlagen«.[206]

10. Kapitel

Der Sachzwang zur Kriminalität

»Was ist los in der (deutschen) Unternehmenswelt?
Haben wir es nur noch mit einer Horde von Zockern
und Halbkriminellen in den Führungsgremien zu tun?«
Wolfgang Kaden

In ambitionierten Fernsehkrimis erläutert der Täter dem soziologisch interessierten Zuschauer häufig sein Motiv für Banküberfall, Unterschlagung oder Erpressung und beteuert: »Ich hatte doch gar keine Wahl.« Damit gleicht er verblüffend einem Topmanager, der zum Beispiel die Bestechung ausländischer Politiker rechtfertigt: »Ohne Schmiergeld hätten wir keinen einzigen Auftrag erhalten.« Filmbösewicht und Topmanager eint meist auch noch das Fehlen des vielbeschworenen »Unrechtsbewusstseins«. Allerdings ist der Bösewicht nun einmal von Grund auf schlecht, während für den Konzernsprecher als neoliberalem *homo oeconomicus* die Kriminalität keine »irrationale« moralische, sondern eine »rationale« Kosten-Nutzen-Frage darstellt. Folglich halten den Manager – wie allerdings Millionen Mitbürger auch – keine hehren Appelle an das »Gewissen« und das »Gute im Menschen«, sondern nur drohende »Kosten« vom illegalen Geben und Nehmen ab: Das Risiko des Auffliegens sowie Art und Höhe des möglichen eigenen Schadens, vom Imageverlust bis hin zum Gefängnis.

»Unternehmensrisiko Korruption« war nicht zufällig das Motto der »2. Handelsblatt Jahrestagung« im März 2007 in Köln. Aber auch dieses Risiko mutiert immer häufiger von der Abschreckung

zum Anreiz: Für viele Wirtschaftslenker gehört in einer Marktwirtschaft wie der unseren die Kriminalität zum Spiel. Und nach
der Devise »No risk, no win«, das der neoliberale Manager mit
»No risk, no fun« übersetzt, gibt das Risiko dem einen oder anderen sicher noch den besonderen *Thrill:* Bungee-Jumping war
gestern, heute wird der Staatsanwalt gefoppt. Das sieht auch das
streitbare Soziologenehepaar Scheuch so: »Die neuen Manager in
Amerika und ihre Kopien in deutschen Firmen vergleichen sich
mit den harten Burschen der Filmwelt und werden darin durch
eigene häufige Medienpräsenz gestärkt. Nicht selten schlittern
diese Machos dann in die Kriminalität ab.« Topmanagement besonders in Großkonzernen sei eben »menschlich spannender, als
es für den Wirtschaftserfolg gut ist. Und viel gefährlicher für uns
alle, als uns gewärtig ist.«[207]
Aber wie oben schon gezeigt, gehören auch nach der nüchternen
neoliberalen Lehre Lug und Trug zur »rationalen Betriebsführung«. Konkret gesagt: Selbst im Kriminalfall Enron hätten die
meisten unserer Manager genauso gehandelt. Dass die Enron-
Führung erwischt wurde, war reines Pech: Auch dem besten Fahrer kann ein Armleuchter ins Auto laufen.
Hinzu kommt: Zwar mögen »die seligen Zeiten des Franz Josef
Strauß, in denen die Spezl gleicher als gleich waren« (Hans Leyendecker), vorbei sein, wo im Nordrhein-Westfalen der achtziger
Jahre »Mitglieder die Wirtschaftselite mit dem Wegzug nach Bayern oder Baden-Württemberg drohten, wo eine ungestörte Wirtschaft geschätzt werde«. Aber ernsthafte Ermittlungen und vor
allem die Schwerpunktstaatsanwaltschaften, also die zentralen
Ermittlungsstellen, gelten nach wie vor als »Standortnachteil«.[208]

Der Fall Siemens: Kaum ein Delikt ausgelassen

»Wenn man Pech hat, dann hat man kein Glück«: Für Siemens, das mit seinen 461 000 Beschäftigten und Geschäften in mehr als 190 Ländern 90 Milliarden Euro im Jahr umsetzt und zuletzt 3,1 Milliarden Euro Gewinn machte, kam es im Winterhalbjahr 2006/2007 knüppeldick: Erst die an BenQ delegierte, aber moralisch am Konzern hängengebliebene Abwicklung der Handysparte und Tausender von Mitarbeitern, dann die 418,6 Millionen Euro EU-Strafe wegen Preisabsprachen, dazu Betriebsratsbestechung und illegale Leiharbeit, vor allem aber die weltweite Korruption.

Schwarzarbeit

»Erst Schwarze Konten, nun Schwarzarbeit?«, kalauerte das *manager magazin* im Februar 2007. Das auf »Fakten, Fakten, Fakten« spezialisierte *Focus Money Online* hatte eine »Affäre um Leiharbeiter« ausgemacht, wonach Siemens in den vergangenen Jahren ohne Erlaubnis der Bundesagentur für Arbeit eine angebliche Leiharbeitsfirma namens Overseas Executive Services (OES) mit Sitz auf Gibraltar eingeschaltet habe, um in mindestens zwei Dutzend Fällen Schwarzarbeiter unter anderem in Nigeria zu beschäftigen. Während die zum deutschen Zoll gehörende Finanzkontrolle den Verstoß mit einem Millionenbußgeld anrechnete, sprach Siemens von einem »Einzelfall«.

Betriebsratsbestechung

»Was Peter Hartz kann, können wir schon lange«, mag man sich bei Siemens gedacht haben – denn auch hier riecht es nach Betriebsratsbestechung. Der Ex-Betriebsrat Wilhelm Schelsky, Chef der hausinternen IG-Metall-Konkurrenz »Arbeitsgemeinschaft Unabhängiger Betriebsangehöriger« (AUB), soll für eine seiner vielen Firmen zwischen 2001 und 2004 von Siemens ohne legale Gegenleistung 14,4 Millionen Euro »Beraterhonorar« erhalten und für die AUB verwendet haben. Im Februar 2007 wird Schelsky verhaftet, im März der Zentralvorstand Johannes Feldmayer, der einen Vertrag mit ihm unterzeichnet haben soll.

Global Schmiergeldplayer: Jede Menge »Einzelfälle«

Zur Ehrenrettung der Siemens AG und anderer deutscher Konzerne sei darauf verwiesen, dass die Bestechung im Ausland nach deutschem Recht erst seit Februar 1999 überhaupt strafbar ist und davor als »nützliche Aufwendung« sogar steuerlich absetzbar war. Und so eine moralisch-juristische Kehrtwende braucht halt seine Zeit in der Umsetzung. »Einzelfälle in einer noch nicht geklärten Anzahl« lautete der Konzernkommentar, als im November 2006 rund 200 Polizisten, Staatsanwälte und Steuerfahnder den Siemens-Konzern durchsuchten.

Laut »akribischer Detektivarbeit« von Staatsanwälten aus Liechtenstein, der Schweiz, Italien und Deutschland brachten leitende Angestellte und vielleicht sogar Vorstände der Sparte Telekommunikation in den vergangenen zehn Jahren mehr als 200 Millionen Euro von der Münchener Zentrale auf schwarze Auslandskonten, vor allem nach Österreich. Damit seien Regierungen, Behörden und Geschäftspartner weltweit »systematisch bestochen« worden, sogar in Nigeria, das auf dem globalen Korruptionsindex unter den Spitzenreitern ist. Die Staatsanwaltschaft prüfte in diesem Zusammenhang auch ein Projekt bei den Olympischen Sommerspielen 2004 in Athen sowie Telekommunikationsvorhaben in Ägypten, Saudi-Arabien, Kuwait, Indonesien und Vietnam.

Erst acht Tage nach der Razzia versicherte Konzernchef Kleinfeld, man werde, »Unregelmäßigkeiten schonungslos aufklären und ahnden«. Mitarbeiter, bei denen sich der Verdacht erhärte, werde man »umgehend suspendieren«.

Nach Auffassung der Korruptionsexperten der *Süddeutschen Zei-*

tung jedoch »blockte Siemens offenbar ab, wo es nur ging«. So habe man Führungskräfte angehalten, »strenge Richtlinien und die Gesetze zu befolgen und dies per Unterschrift zu versichern – während der Konzern intern die Parole ausgab, aggressiv um lukrative Aufträge und Märkte zu kämpfen«.[209]

Die Quittung: Im Dezember 2006 wurde Thomas Ganswindt, bis September desselben Jahres im Siemens-Zentralvorstand, verhaftet. Er soll bereits »deutlich vor Anfang 2004« vom vermuteten Schmiergeld-System in der Com-Sparte gewusst und es weiter geduldet haben. Kurz darauf wurde der Verdacht laut, auch in der Amtszeit von Siemens-Chef Kleinfeld sei weiter munter bestochen worden. Laut *Süddeutscher Zeitung* kamen Mitarbeiter der Prüfungsgesellschaft KPMG, die seit Sommer 2006 intensiv und gezielt nach verdächtigen Transfers suchten, zu dem Ergebnis, dass im Geschäftsjahr vom 1. Oktober 2005 bis 30. September 2006 exakt 77 636 618,11 Euro außerhalb der für Beraterverträge bei Siemens festgelegten Regeln an Firmen und Geschäftsleute geflossen seien. Recht schnell kamen die KMPG-Prüfer dem System Siemens auf die Schliche. Wenn so viele angebliche und unscheinbare Beraterfirmen im Ausland ihr Büro hätten und ziemlich viel Geld für eine nicht leicht feststellbare Arbeit bekämen, liege der Verdacht nahe, dass es darum gegangen sei, das System von Zahlungen so intransparent wie möglich zu machen. Genauso hätten Siemens-Manager andere Schwarzgeld-Systeme in früherer Zeit aufgebaut.

Da gab es laut *Süddeutscher Zeitung* eine Ein-Mann-Firma auf den Virgin Islands, die als Umsatz 56 000 Euro angab und von Siemens Millionen erhielt, oder ein Unternehmen auf Zypern, das in einem einzigen Geschäftsjahr fast 30 Millionen Euro bekam. »Große Projekte hat Siemens auf Zypern nicht, aber vielleicht handelt es sich auch um einen Berater, der die Sonne mag. Auffällig ist auch, dass diese Firma offenbar auch eine Adresse in China

hat. Wenn Firmen ›Everloyal‹ heißen oder so ähnlich klingen wie
die Namen von in Deutschland populären Sängern, haben nicht
nur Krimifreunde einen Verdacht: Da stimmt was nicht. Die Namen von vierzehn verdächtigen Firmen haben die KPMG-Prüfer
ermittelt, und einige von ihnen residieren dort, wo der deutsche
Staatsanwalt nicht sofort fündig wird – im Sudan oder in Lettland
beispielsweise.«[210]

Wenn von den Berliner Wurzeln des Siemens-Konzerns überhaupt noch etwas übriggeblieben ist, dann die den Spreeathenern
zugeschriebene Haltung »Mia kann keena«. Inmitten der Wirren
um BenQ-Pleite, Betriebsratsbestechung und Auslandskorruption
platzte Ende März 2007 die Meldung, Siemens habe dem ehemaligen Finanzchef des Bereichs, Andreas Kley, trotz schwerer Be-
stechungsvorwürfe 1,7 Millionen Euro Abfindung gezahlt. Als ihn
das Landgericht Darmstadt deshalb im Mai 2007 zu zwei Jahren
Haft auf Bewährung verurteilte, dachte Siemens nicht im Traum
daran, die Abfindung zurückzufordern. Siemens war wegen eines
von Kley möglicherweise verschuldeten Korruptionsskandals
2004 in Italien für ein Jahr von öffentlichen Aufträgen ausge-
schlossen worden und hatte sich zusätzlich verpflichtet, den betroffenen Energiekonzern Enel mit Zahlungen und Liefervergüns-
tigungen im Wert von etwa 100 Millionen Euro zu entschädigen.

All dies ist für den Vizechef von Transparency International
Deutschland, Peter von Blomberg, »ein Exempel für die miss-
glückte Umsetzung des Verbots der Auslandsbestechung«.[211] Im
Dezember 2006 immerhin drohte die Antikorruptionsorganisation Siemens mit Rausschmiss.

Entsprechend lebendig versprach die Hauptversammlung zu wer-
den. Mehr als 10 000 Siemens-Aktionäre drängten sich am 25.
Januar 2007 in der Münchener Olympiahalle und zeigten es der
Chefetage – indem sie Vorstand und Aufsichtsrat mit knapperen
Mehrheiten als sonst entlasteten und unmissverständlich klar-

196

machten, was sie als Eigentümer erwarten: »Gute Arbeit, saubere Methoden. Im Prinzip.«

Für Ursula Weidenfeld vom *Tagesspiegel* »steckt in den beiden Botschaften die ganze Doppelbödigkeit der guten Unternehmensführung. Oft genug kaufen Unternehmen ihre spektakulären Geschäftserfolge im Ausland mit ... nicht ganz legalen Methoden. Und oft genug nehmen die Eigentümer das hin – weil ihnen die Resultate am Ende doch wichtiger sind als die moralischen Grundsätze, die in der Firmenverfassung stehen.«[212]

Erst Ende Juni 2007 bequemte sich *Siemens*, den für Korruption zuständigen Chef der Compliance-Abteilung, Daniel Noa, von seinen Aufgaben zu entbinden. Das Urteil über die Arbeit des Mannes, der eigentlich den Siemens-Korruptionssumpf trocken legen sollte und schon nach einem halben Jahr wieder geschasst wurde, fiel – wer hätte das gedacht? – vernichtend aus. Nun braucht sich Siemens allerdings nicht mangelnden Korruptionspatriotismus vorwerfen zu lassen. Denn auch in Deutschland wurde nach Kräften geschmiert, wie das Geständnis eines früheren Siemens-Bauleiters belegt. Vor dem Landgericht Frankfurt erklärte der 44-Jährige im Juli 2007, ein Immobilienmanager einer Tochter der Deutschen Bank habe zwischen 2001 und 2003 mindestens 185 000 Euro kassiert. Dafür habe Siemens lukrative Aufträge bei der Errichtung und Wartung eines Bürohochhauses im Frankfurter Bankenviertel erhalten.

Und ein Ende der Enthüllungen ist kaum absehbar: Als im Sommer 2007 die vom Konzern beauftragte US-Anwaltskanzlei Debevoise & Plimpton eine Art Zwischenbilanz vorlegte, ergaben sich »mehr als eine Milliarde Euro für dunkle Geschäfte« *(Süddeutsche)*, davon 900 Millionen in der Kommunikationssparte und 250 bis 300 Millionen im Bereich Kraftwerke.

Im Oktober 2007 verhängte das Landgericht München eine Geldbuße von 201 Millionen Euro. Im Gegenzug stellten Staatsanwaltschaft München und Steuerbehörden ihre Ermittlungen gegen Siemens wegen schwarzer Kassen bei der einstigen Telekommunikationssparte Com ein. Bezeichnenderweise begrüßte der neue Konzernchef Peter Löscher die Entscheidungen als »wichtige Schritte bei der Aufklärung und Aufarbeitung von Unregelmäßigkeiten in der Vergangenheit«.

Allerdings schätzten Experten die Kosten allein für die bis dato aufgedeckten Schmiergeldfälle auf bis zu zwei Milliarden Euro. Ins Geld gehen dabei nicht nur Ermittlungen und die Bußgelder, sondern auch der Konzernumbau und die Mitarbeiterschulung.

Der Fall DaimlerChrysler:
Die Börsenaufsicht als moralische Instanz

So ist es kein Zufall, dass – Antikorruptionsverbände und Ehrenkodizes hin oder her – die einzige von der Schmiergeldfraktion ernst genommene und ernstzunehmende Institution die Börsenaufsicht ist, vor allem die US-Börsenaufsicht SEC.

Seit 2004 ermittelt die SEC gegen den an der New Yorker Börse notierten Konzern wegen Schmiergeldzahlungen, Steuerhinterziehung und schwarzer Kassen in mehr als einem Dutzend Ländern und wegen Unregelmäßigkeiten bei Steuerzahlungen für ins Ausland entsandte Mitarbeiter – und geht dabei recht zielstrebig vor: Laut *Focus* entscheide die US-Behörde über Entlassungen verdächtiger Manager, darunter auch Vertraute des Konzernchefs Dieter Zetsche. Sie bestimme Neubesetzungen von Schlüsselpositionen und mit wem das Unternehmen Geschäfte zu welchen Bedingungen machen dürfe. Auf ihren Druck hin habe sich das Unternehmen von langjährigen Geschäftspartnern trennen müssen. Alle Generalvertreter, die weiter für den Autokonzern arbeiten wollten, müssten neue Verträge unterschreiben, in denen sie

sich den SEC-Regeln verpflichten und volle Transparenz garantieren. Auch die Betriebsräte protestierten scharf – allerdings nicht
etwa gegen das korrupte Treiben ihrer Chefetage, sondern gegen
die Methoden der ermittelnden Anwälte der US-Kanzlei Skadden,
die überfallartig die Mitarbeiterbüros gestürmt, fotografiert und
Computer beschlagnahmt hätten. Dass »Arbeitnehmervertreter«
unangemeldete Durchsuchungen und Sicherstellung von Beweis-
material als »US-Imperialismus auf deutschem Boden« empfan-
den, lässt beinahe auf das Vorgehen deutscher Behörden gegen
korruptionsverdächtige Konzerne schließen. Hielten die Betriebsräte am Ende die Behandlung von Mitarbeitern »wie Kriminelle
bei einer Razzia« bei solch lächerlichen Kavaliersdelikten wie
weltweiter Bestechung für unangemessen?
Andererseits ist es vor dem Hintergrund der Verschleppung Un-
schuldiger durch CIA-Agenten nach Guantanamo mit »US-Ermitt-
lern« so eine Sache. Und so erkennen selbst die juristischen Laien
vom *Focus* in der Vorladung deutscher Manager zu Verhören in
die USA einen Verstoß gegen das deutsch-amerikanische Rechts-
hilfeabkommen. Dass sich einige strikt weigerten, sich dem US-
Recht auszuliefern, wird erst recht verständlich angesichts der
Geschichte des Selbstmordes des DaimlerChrysler-Managers Rudi
Kornmayer im Juli 2005. Laut *Focus* war er »kurz vor seinem
Suizid mehrere Tage lang in Nigeria von Skadden-Anwälten ver-
nommen worden, teilweise bis zu 14 Stunden am Tag. In seinem
Abschiedsbrief gab er an, er habe den enormen Druck nicht mehr
ausgehalten. Bis heute ist unklar, ob er wirklich in Korruption
verwickelt war.«[213]
Kein Wunder also, dass sich DaimlerChrysler gegen die SEC sei-
nerseits von US-Koryphäen helfen lässt: Um »die Behörde milde
zu stimmen« *(Spiegel)*, engagierte der Konzern Ende 2006 den Ex-
FBI-Chef Louis Freeh, einen »Spezialisten für schwierige Fälle«.
Übrigens hatte bereits im März 2006 die Staatsanwaltschaft Stutt-

gart ein Ermittlungsverfahren wegen Unregelmäßigkeiten bei Fahrzeuglieferungen nach Polen, Belgien und Ghana eingeleitet. Der Konzern selbst hatte »unsachgemäße Zahlungen« vor allem in Afrika, Asien und Osteuropa eingeräumt. Bislang wurden mehr als ein Dutzend Führungskräfte im Zuge der Ermittlungen entlassen oder beurlaubt. Dies konnte allerdings nicht verhindern, dass Transparency International die Mitgliedschaft des Konzerns aussetzte.

Siemens, DaimlerChrysler & Co.:
Vereint an Iraks Schmiergeldfront?

Zuweilen kämpfen auch beide Giganten an derselben Schmiergeldfront: Im November 2005 wirft ein UN-Untersuchungsbericht den Konzernen Siemens und DaimlerChrysler sowie 62 weiteren deutschen und weltweit fast 2400 Firmen aus 66 Staaten vor, im Rahmen des Programms *Öl für Lebensmittel*[214] die irakische Regierung unter Saddam Hussein mit insgesamt 1,8 Milliarden Dollar bestochen zu haben, um an Aufträge im Rahmen des mit 64 Milliarden Dollar umfangreichsten Hilfsprogramms in der Geschichte der UN zu kommen. Die Schmiergelder und Preisaufschläge wurden indirekt von den Vereinten Nationen an die Firmen zurückgezahlt, indem die Unternehmen in ihren überhöhten Rechnungen die illegalen Zahlungen verschleierten. Mehr Sorgen als der Bericht dürften den Firmen auch hier die Nachforschungen der US-Börsenaufsicht sowie deutscher und – wegen Aktivitäten von Siemens France – französischer Staatsanwälte bereiten. Zudem passt nach Ansicht des *Tagesspiegel* die geringe Zahl verdächtiger deutscher Firmen »jedenfalls kaum zum Exportweltmeister Deutschland«. Im November 2006 liefen die Ermittlungen mit der Durchsuchung einer Filiale des Gasherstellers Linde durch die Staatsanwaltschaft München erst richtig an, und ihre Nürnberger Kollegen durchkämmten im Februar 2007 mehrere Siemens-Standorte.

Aber auch die anderen schlafen nicht: So wurden Korruptions-Skandale auch bei Bayer, Philips, Ikea, Infineon, Audi, Faurecia und BMW bekannt, um nur einige zu nennen. Und es kommen wöchentlich neue Fälle dazu.

Der Schaden durch Korruption

Der Schaden für den Konzern

Für die Nur-Betriebswirte in den Vorstandsetagen beschränkt sich der Schaden durch Korruption auf die Summe, die finstere Einzeltäter natürlich ohne jegliches Wissen der Konzernspitze »veruntreut« und schnöde als Schmiergeld verbraten haben plus der Steuersumme, die man nun nicht mehr hinterziehen kann. Im Falle Siemens waren dies zunächst 200 Millionen Euro plus Verlust aus »steuerlich nicht absetzbaren« 420 Millionen Euro. Mehr als das und die Auswirkung auf den Börsenkurs interessiert auch jene »Investoren« nicht, die von irgendeinem Swimmingpool in Malibu oder Starnberg aus ihre Aktienpakete kaufen und abstoßen. Seriöse Manager wissen dagegen sehr wohl um langfristige Schäden, zum Beispiel durch Imageverlust. Sie erinnern sich nur zu gut an den großen Skandal um HIV-infizierte Blutpräparate, den Transparency International unter »Tödliche Korruption – Bayer in Japan« zusammenfasste. Zwischen 1983 und 1985 wurden in verschiedenen Ländern HIV-infizierte Blutprodukte an Bluterkranke gespritzt, die unter anderem von Bayer stammten und weltweit Tausende von Todesopfern forderten. Bayer zahlte 1996 allein in Japan 100 Millionen Entschädigung. Der Hintergrund: Bayer und vier andere Firmen hatten einen Abteilungsleiter im japanischen

Gesundheitsministerium mit 409 524 Dollar bestochen, damit der von 1983 bis 1985 den Verkauf der als infiziert bekannten Präparate erlaubte. Nun kann man Imageschäden nicht quantifizieren, aber es sollte doch sehr wundern, wenn nicht Patienten, Ärzte und Politiker auf der ganzen Welt beim Anblick eines Bayer-Produkts auch nach Jahrzehnten noch denken: »Wer weiß, was da wieder drin ist.«

Nicht zu unterschätzen ist auch der Innovationsverlust: Wenn ein Unternehmen seine Energie und finanziellen Mittel nicht in die Entwicklung immer besserer Produkte steckt, sondern durch Schmiergelder den Absatz mittelmäßiger und minderwertiger Waren und Dienstleistungen sichert, dann rächt sich das spätestens dann, wenn man keine bestechlichen Partner bei staatlichen und privaten Abnehmern mehr findet, die einem für den Ramsch auch noch Phantasiepreise zahlen. Genauso wenig wie einen deutschen Fußballmeister kann man nämlich eine Forschungsabteilung von Weltniveau auf die Schnelle zusammenkaufen.

Aber auch der momentane finanzielle Vorteil entpuppt sich als Milchmädchenrechnung. Wenn Firma A heute einen Staatsauftrag mit zehn Millionen Euro Schmiergeld erkauft hat, bietet Firma B morgen elf Millionen und so weiter. Der Konkurrenzkampf umfasst nun auch die Korruption: Die Firmen zahlen immer mehr, und die käuflichen Politiker lachen sich ins Fäustchen.

Der Schaden für die Gesellschaft

Die gute Nachricht vorweg: Deutschland ist nach Ansicht der Bielefelder Kriminologie-Professorin Britta Bannenberg im internationalen Vergleich noch nicht am Ende der Korruptionsskala angelangt: »Erschossene Staatsanwälte gibt es bei uns noch nicht.« Allerdings drohe die deutsche Wirtschaft in Korruption zu versinken. »Bei neun von zehn Unternehmen werden Sie fündig, in mehr oder weniger großem Umfang.« Korruptionsexperte Wolfgang Schaupensteiner beziffert den volkswirtschaftlichen Schaden durch Korruption allein in Deutschland auf 350 Milliarden Euro pro Jahr.

Sosehr die Veröffentlichung solcher Zahlen ausdrücklich zu begrüßen ist, so methodisch fragwürdig sind sie doch: So erscheint die Addition sämtlicher gezahlter Bestechungsgelder zwar logisch, unterliegt aber demselben Fehler wie etwa die Berechnung des Bruttosozialprodukts, das ja bekanntlich steigt, wenn eine Baufirma eine Grube gräbt und eine andere sie wieder zuschüttet – und das auch steigt, wenn das Schmiergeld als Beraterhonorar des Schwippschwagers deklariert wird. Ebenso können Korruptionsverteidiger darauf verweisen, dass mit dem Bestechungsgeld ja durch Warenkauf Arbeitsplätze gesichert oder durch Einstellung von Haushaltshilfen sogar geschaffen werden.

Nun muss man aber nicht alles und jedes auf dieser Welt quantifizieren, und gerade die fundierte Korruptionskritik bedarf solcher Horoskopmathematik keineswegs. Halten wir es also lieber mit Michael Wiehen von Transparency International: »Der Schaden durch Korruption ist sehr hoch, in einzelnen Fällen ganz besonders hoch.«[215]

Zahlen wie Schaupensteiners 350 Milliarden Euro legen den Schluss nahe, dass ohne Korruption quasi sämtliche finanziellen Probleme der Gesellschaft auf einen Schlag gelöst wären. Eine solche Überlegung wäre sogar im Falle der Richtigkeit einerseits naiv, weil sie ausblendet, dass korrupte Versuche in der Marktwirtschaft nur eine andere Form der Konkurrenz darstellen und daher zwingend zur Marktwirtschaft gehören. Andererseits ist der Gedanke legitim und sogar notwendig als Erinnerung daran, dass die rein technischen und stofflichen Bedingungen für weltweiten Wohlstand längst gegeben sind, wenn auch einstweilen nur »theoretisch« und abstrakt. Recht praktisch und konkret ist dagegen der Schaden für die Gesellschaft:

1. Da bei Bestechung von Staatsdienern und Politikern der Staat von den bestechenden Firmen teurer kauft und billiger verkauft, wandert Geld vom Steuerzahler in die Taschen Krimineller. Gesamtgesellschaftlich ist das kein »Wertverlust«, wohl aber eine Umverteilung.

2. Ebenfalls beim Steuerzahler hängen bleibt der Großteil für Aufdeckung und Verfolgung von Korruption. Abgesehen davon, dass Verurteilungen noch immer exotische Ausnahmen sind, sollte langsam Schluss sein mit dem Irrglauben, ein Verurteilter zahle mit den »Kosten des Verfahrens« etwa auch die Kleinarbeit Hunderter Ermittler und die Einsätze Tausender Polizisten, am Ende noch inklusive ihrer Pensionsansprüche.

3. Korruption unter Privaten gleicht sich gesamtgesellschaftlich aus. Wenn aber alle Anbieter bestechen »müssen« und ehrliche Konkurrenten ausscheiden, werden die Korruptionskosten so obligatorisch wie die für Miete oder Strom und fließen in den Endpreis ein: Die Kosten trägt also der Endverbraucher. Ein Beispiel ist der Obolus, den Produzenten zuweilen für ihre Supermarktpräsenz zahlen.

4. Handfesten Schaden für das Gemeinwohl bedeuten die Innovationsverluste einzelner Betriebe zur Massenerscheinung. Wären die Produkte nicht »auf dem neuesten Stand«, bedeutete das gerade für den Exportweltmeister Deutschland eine Standortkatastrophe.

5. Das Verschwinden redlicher Konkurrenten von den Märkten hätte ein insgesamt korruptes Land, eine »Bananenrepublik« zur Folge. Ein »Standort Bananenrepublik« wird aber von der Weltwirtschaft bekanntlich ausschließlich als Ausbeutungsobjekt geschätzt.

6. Irgendwann ist der Ehrliche nicht nur der Dumme: Er fühlt sich auch so. Wie das Ganze enden könnte, beschreibt der Korruptionsforscher Markus Dietz: »Die Verteidigung ihrer durch Korruption oder anderweitig erworbenen Besitzstände gegen die um sich greifende Wohlstandsminderung und den Zugriff durch schlechter ausgestattete Gesellschaftsmitglieder wird für die privilegierten Agenten zunehmend teurer, bis die Kosten der Aufrechterhaltung des politischen und gesellschaftlichen Status quo endlich prohibitiv hoch sind und es zum allgemeinen Einbruch oder Umsturz kommt.«[216]

Das Problem ist nur: Sicher wird der eine oder andere Manager sich über diese Probleme unterhalten. Derartige Überlegungen stehen aber völlig außerhalb des »rationalen« Managements. Sämtliche Verantwortung geschweige denn Ausgaben für die »Systemsicherung«, und sei es auch nur durch eine wirksame Volksverblödung, sind für ihn »irrationale« Ausgaben, womit wir erneut beim Gefangenendilemma wären. Man stelle sich nur einmal einen neoliberalen Kaffeetisch vor: An der Tür liegt eine Bombe, und die Lunte brennt langsam, aber sicher dem Knall entgegen. Aber keiner aus der Runde unternimmt etwas: Wenn er nach zwei Minuten wiederkommt, könnte ja sein Kuchen verschwunden oder gar sein Platz besetzt sein.

Die Angst vor Strafe

Korruption ohne Risiko

So helfen dementsprechend auch keine Gardinenpredigten und schöngeistigen Appelle, sondern nur Kontrollen und Drohungen: »Wer nicht hören will, muss fühlen.« Auch das Strafgesetzbuch enthält ja keine Bibelzitate, sondern detaillierte Aufzählungen dessen, was einem für welchen Gesetzesverstoß blüht.

Wie viel Angst aber muss ein deutscher Topmanager vor einer empfindlichen Strafe haben?

Natürlich gibt es auch das »harte Durchgreifen«: »Korrupte EADS-Manager wandern ins Gefängnis«, meldete die *Welt* im Februar 2006. Vier und drei Jahre erhielten die 55 und 60 Jahre alten Ex-Mitarbeiter wegen Bestechlichkeit und Untreue, weil sie nach eigenem Geständnis bei der Vergabe von Aufträgen zur Digitalisierung von Handbüchern Schmiergeld in siebenstelliger Höhe kassiert hatten. Drei Jahre Gefängnis und auch die nur wegen seiner »Kooperationsbereitschaft« bekam ein ehemaliger BMW-Einkaufsleiter im September 2006, weil er sich von Zulieferern schmieren ließ.

Derartige Strafen – nicht die Korruptionsdelikte selbst! – sind aber wirkliche Einzelfälle. Peter Hartz, die Brüder Thomas und Florian Haffa oder Hellmut Trienekens, der »Müllpate von Nordrhein-Westfalen« *(Zeit)*, kamen mit Geldstrafen davon.

Im Großen und Ganzen scheint Korruption für Topmanager ein dermaßen ungefährliches Geschäft, dass schon fast der Reiz des Risikos fehlt.

Früh übt sich ...

Natürlich sieht auch der Managernachwuchs, dass, wie der Konstanzer Wirtschaftsethiker Professor Josef Wieland sagt, »die ethisch Tüchtigen nicht vorankommen, sondern immer nur die robusten Typen«. Und die BWL-Studenten würden »hauptsächlich auf zwei Fragen hin getrimmt: Wie lässt sich der Gewinn des Unternehmens maximieren – und wie dein eigenes Einkommen? Deshalb denken Harvard und Co. darüber nach, ob nicht auch die

Ausbildung eine Ursache für diese ganzen Probleme ist. Diese Diskussion fehlt in Deutschland noch.«[217]

Im Klartext: Wenn man an den Unis moralfreien habgierigen Abschaum heranzüchtet, braucht man sich nicht zu wundern, wenn untherapierbare Kriminelle dabei herauskommen.

In den USA, wo manches offener beim Namen genannt wird als bei uns, wird immer häufiger die Angst vor dem Knast schon bei angehenden Managern geschürt. So gehören an manchen Wirtschaftsschulen zur Ausbildung zum *Master of Business Administration* (MBA) auch Treffen mit Gestrauchelten, wie jene Begegnung an der University of Maryland mit einem gewissen Gerard Evans, der seinen MBA ebenfalls hier erworben hatte: »Der Vater von fünf Kindern mit einstmals einer Million Dollar Jahreseinkommen verbüßt jetzt als Insasse Nummer 33950-037 der staatlichen Strafanstalt in Cumberland eine 30-monatige Freiheitsstrafe wegen Betrugs. Seine plastische Schilderung des recht unattraktiven Gefängnisalltags hinterlässt Wirkung. ›Es hat mich erreicht‹, gibt Studentin Patricia Martinez zu. ›Man sieht, dass man nur eine falsche Entscheidung von einer Gefängniszelle entfernt ist.‹«[218]

Natürlich wird auch in den USA nicht immer hart durchgegriffen, manchmal aber wenigstens ein Exempel statuiert, wie etwa 2006 im Prozess um den Zusammenbruch des Gaskonzerns Enron. Das Urteil: 24 Jahre Haft wegen Betrugs für Ex-Konzernchef Jeffrey Skilling und sechs Jahre sogar für den Kronzeugen, den ehemaligen Finanzchef Andrew Fastow. Der ebenfalls schuldig gesprochene Enron-Gründer Kenneth Lay starb vor Strafmaßverkündigung an Herzversagen.

Manager als Kapital- und Arbeitsplatzvernichter

»Soziale Marktwirtschaft vollzieht sich nicht in Gesetzbüchern,
sondern im Denken und Handeln der Menschen.«
Richard von Weizsäcker

Es gibt viel zu tun – aber wir haben kein Geld

Im Jahr 2006 bauten die 30 DAX-Konzerne unterm Strich fast
44 000 Stellen ab. Einem Stellenzuwachs von knapp 12 000 neu-
en Jobs standen über 55 000 gestrichene gegenüber. Rund die
Hälfte der Unternehmen hat Personal »abgebaut«. Allein Daimler-
Chrysler vernichtete bei uns 15 000 von 182 000 Arbeitsplätzen.
Die DAX-Unternehmen machen nach Expertenrechnung nur noch
35 Prozent ihrer Umsätze in Deutschland. Gleichzeitig steigerten
20 der 30 Konzerne den Jahresüberschuss um zweistellige Pro-
zentbeträge, an der Spitze Continental mit 89 Prozent. Während
Gewerkschaftsfunktionäre gebetsmühlenartig den »Tod der sozialen Marktwirtschaft« und »zu wenig soziale Verantwortung in
den Vorstandsetagen« beklagten, meinte Metallarbeitgeberpräsi-
dent Martin Kannegiesser, eine Firma könne auch bei günstiger
Ertragslage nicht die Mitarbeiter behalten, die sie nicht brauche.
Das ist in dieser Sprechblasenform natürlich richtig – aber das
Wort »brauchen« ist mit Vorsicht zu genießen. Erwähnte BWL-
Bubis rechnen so: Wenn die Arbeit von fünf Vollzeitkräften künftig von einem Mitarbeiter an einem 40-Stunden-Tag ohne Lohn-

ausgleich erledigt werden kann, spart man gewaltig; und wozu braucht man Arbeitsschutz, wo man doch auch gegen Personenschäden versichert ist und außerdem sowieso alles in Gottes Hand liegt? Nehmen wir aber spaßeshalber einmal an, es handele sich wirklich um Rationalisierung, also um Erhöhung der Produktivität und nicht der Arbeitshetze, dann müsste laut marktradikalem Credo »sich die Summe der rationalisierten Betriebe zu einem wunderbaren Standort und zum Wohlstand des Gemeinwesens«[219] fügen.

Tut sie aber nicht. Warum? Gibt es nicht mehr genug Arbeit?

»Wer das Elend in der Welt sieht«, schreibt Norbert Blüm, »kann schlecht behaupten: ›Es gibt nichts mehr zu arbeiten!‹ Die Prognose von der Arbeit als Mangelware kann nur in den Gehirnen verwöhnter Wohlstandskinder entstanden sein, die von sich auf andere schließen.«[220] Das Hauptproblem ist also nicht der Wegfall tatsächlich überflüssiger Jobs, sondern die Schaffung neuer Stellen. Eigentlich müssten sich die Manager umsehen und feststellen: Da die menschlichen Bedürfnisse unbegrenzt sind und sogar die Infrastruktur ziemlich renovierungsbedürftig ist, gibt es im Prinzip »viel zu tun«. Warum packen sie es nicht an?

Weil die Nachfrage fehlt: Nicht die Nachfrage an sich, sondern die zahlungskräftige. Auch Verhungernde haben ja eine »Nachfrage« nach Nahrung, aber nicht das Geld für einen Cheeseburger. Auch bei Normalbürgern herrscht durchaus »Nachfrage« nach »Lebensstandard«, von Möbeln über Klamotten bis zur Unterhaltungselektronik, aber auch ihnen fehlt das nötige Kleingeld. Und auch der Staat hat kein wirkliches Nachfragebudget, obwohl der Staat »wir alle« sind und »wir alle« ein zig Billionen schweres steinreiches Volk sind. Dennoch sind Staat und Bevölkerung eher arm, weil ein Großteil des Reichtums einer Handvoll Tagedieben gehört, die durch bloßen Kapitalbesitz ohne Arbeit immer reicher werden.

All das ist einerseits pervers, andererseits aber in der Marktwirtschaft geradezu zwangsläufig: Was immer Neoliberale auch in die Hand nehmen, muss sich rechnen. Ein konsequenter Neoliberaler nimmt für die Beerdigung der eigenen Mutter Eintrittsgeld, und die Mitglieder eines neoliberalen Kegelclubs gehen zwecks Kostendeckung ihrer Parisfahrt auf den Montmartre-Strich. Normale Kegelsportfreunde zahlen die Reise natürlich aus der Vereinskasse. Nur reiche oder unterbelichtete Clubmitglieder fordern den »schlanken«, möglichst beitragsfreien Verein, bei dem jeder die Reise selbst zahlt und der Vereinsrabatt verschenkt wird, und ebenso muss der Sozialstaat seine Aufgaben nicht kostendeckend wahrnehmen, sondern aus dem immensen erarbeiteten Reichtum der Gesamtbevölkerung bezahlen. Ist nicht genügend Geld in der Vereins- oder Staatskasse, dann müssen die Mitglieder oder Bürger je nach Belastbarkeit eben mehr einzahlen.

Die besondere Abartigkeit des marktradikalen Aberglaubens zeigt sich in der These, schuld an der Arbeitslosigkeit seien

a) die zu hohen Steuern, die den tatendurstigen Managern die schönste Investitionslust vermiesen und

b) der Anreiz zur Faulheit durch staatliche Sicherung des Existenzminimums, so dass die allgemeine Angst vor dem Verhungern auch den letzten Menschen zur Annahme jedes Jobs zu jeder Bedingung zwingen und so Vollbeschäftigung bringen würde.

Daraus folgt: Wenn Staat und Bürger kein Geld mehr zur Nachfrage haben, gibt es Vollbeschäftigung: Man bietet wie besessen Waren und Dienstleistungen an, die dann von den Heinzelmännchen gekauft werden.

Der Export kann dieses strukturelle Problem nur vorübergehend übertünchen, weil bei vollendeter Globalisierung auch die anderen Staaten und ihre Völker kein Geld mehr für unsere Produkte haben werden.

Ein immenser – auch finanzieller – Schaden für die Gesellschaft entsteht durch die Vergeudung oder gar das Brachliegen von Arbeitskraft. Selbst bei nur 1500 Jahresarbeitsstunden pro Person bedeuten vier Millionen Arbeitslose einen Verlust von 6 Milliarden Stunden im Jahr. Gleiches gilt für den unadäquaten Einsatz hochqualifizierter Fachkräfte, etwa als Hilfsarbeiter.

Es war einmal ... die Kapitalvernichtung

Der auch in diesem Buch benutzte Begriff der Kapitalvernichtung wird oft und gern missbräuchlich verwendet, insbesondere im Zusammenhang mit Aktien. Nun sagt schon der Name Wertpapier, dass es sich um ein bedrucktes Stück Papier handelt, das zunächst jemand ausgibt und dafür Geld einstreicht. Dieser Jemand kann es nach einiger Zeit zurückkaufen und zerreißen – Ende der Operation. In der Zwischenzeit wurde es zigmal erworben und abgestoßen, und unterm Strich ergibt die Summe der Gewinne und Verluste genau null. Kapitalvernichtung bedeutet also nur Vermögensverlust zugunsten anderer. Die sinnentstellende Darstellung von Kursschwankungen als Veränderung realer Werte verfolgt den ideologischen Zweck, die Vermehrung von und den Handel mit Finanzkapital als wertschaffende, also produktive Arbeit zu verkaufen. Nun sind Geld und Kapitalumlauf für eine Marktwirtschaft existenznotwendig. Aber ebenso gut ist der Werkschutz für einen Konzern existenznotwendig, denn wenn der nicht aufpasst, sprengen irgendwelche Verbrecher vielleicht alle Werkshallen in die Luft. Trotzdem käme nicht einmal ein Konzernchef auf die Idee, zu behaupten, der Werkschutz hätte in bedeutendem Maße zur Mehrung des betrieblichen und gesellschaftlichen Reichtums beigetragen.

12. Kapitel

In den Fängen des Geldkapitals –
Die Heuschrecken

»Wir müssen wieder mehr ein Land der Tüftler und Denker werden
und weniger ein Land der Heuschrecken und Investmentbanker.«
Michael Glos

Nahezu jede seriöse Diskussion über aktuelle Wirtschaftsfragen
mündet früher oder später in einen Ethikstreit zwischen neoliberalem Aberglauben und humanistischem Menschenbild. Dieser
Disput dreht sich derzeit um die Heuschrecken. Selbstverständlich
dürfen in dieser Debatte auch Talkshowkoryphäen und Parteieneinpeitscher nicht fehlen. Um sowohl Freunde als auch Feinde der
Heuschrecken zu SPD-Wählern zu machen, inszenierten Franz
Müntefering und Peer Steinbrück die Posse »guter Politiker, böser
Politiker« in der Variante »Volkstribun und Marktradikaler«. Im
Herbst 2004 erfand Münteferings PR-Abteilung jenen legendären
Vergleich mit nimmersatten Insekten: In einem Vortrag wetterte
er »gegen die verantwortungslosen Heuschreckenschwärme, die
im Vierteljahrestakt Erfolg messen, Substanz absaugen und Unternehmen kaputtgehen lassen, wenn sie sie abgefressen haben«.[221]
Und die SPD legte noch nach: Am 28. April 2005 veröffentlichte
stern.de unter dem Titel »Die Namen der Heuschrecken« eine Liste und bezog sich dabei auf ein angeblich von der Planungsgruppe der SPD-Bundestagsfraktion erstelltes Hintergrundpapier mit
dem Titel *Marktradikalismus statt sozialer Marktwirtschaft – Wie
Private Equity-Gesellschaften Unternehmen verwerten.* Namentlich

genannt werden natürlich die Investmentbank Goldman Sachs sowie die PE-Firmen Apax, BC Partners, Carlyle Group, Advent International, Permira, Blackstone Group, CVC Capital Partners, KKR, Saban Capital Group und WCM. Selbst der damalige neoliberale Wirtschaftsminister Clement schwenkte auf »Müntes Heuschrecken-Linie« *(Stern)* ein: »Es sind Finanzinvestoren unterwegs, die sind allein auf die Ausbeutung betrieblicher Vermögen aus.«[222]

Zuverlässigstes Stimmungsbarometer dieser Zeit war bekanntlich Kanzler Gerhard Schröder im Wahlkampf; und sogar er plädierte im Sommer 2005 auf dem Evangelischen Kirchentag unter dem tosenden Applaus der Zuhörer zwecks Bändigung der internationalen Finanzströme für die sogenannte Tobin-Steuer auf grenzüberschreitende Finanztransaktionen. »Für einen Moment schien tatsächlich kein Blatt Papier zwischen ihn und seinen alten Gegenspieler, den Tobin-Verfechter Oskar Lafontaine, zu passen.«[223] Natürlich findet Alexander Dibelius als Deutschlandchef von Goldman Sachs den Vergleich mit den Heuschrecken nicht besonders nett: »Wir nehmen keine Unternehmen aus.«[224] Kursmakler und Wertpapierhändler wählten Heuschrecken dementsprechend zum *Börsenunwort des Jahres* und sahen »eine ganze Branche verunglimpft«.[225]

Auch zwischen den *Rat zur Begutachtung der gesamtwirtschaftlichen Entwicklung* und die Heuschrecken passt kein Papier: »Die teilweise sehr undifferenziert geführten Diskussionen ... sind sicherlich mit auf ein mangelndes Verständnis der Strategien dieser Marktteilnehmer zurückzuführen.« Offensichtlich dem Rest der Welt bislang vorenthaltene »Empirische Untersuchungen ... zeigen mehrheitlich, dass Private-Equity-finanzierte Unternehmen – verglichen mit ähnlichen, anderweitig finanzierten Unternehmen – überdurchschnittlich wachsen, mehr Arbeitsplätze schaffen, und einen höheren Anteil von F&E-Investitionen aufweisen.«[226]

Was aber wäre die schönste Huldigungskampagne für die Heuschrecken ohne ihren Mann in der Regierung. Vermutlich auf der Jagd nach Wahlkampfspenden für 2009 lobte Steinbrück im Herbst 2006 die PE-Branche als »unverzichtbar« und verspricht ihr, »attraktive Rahmenbedingungen« zu schaffen. »Sind die Heuschrecken plötzlich salonfähig geworden?«, wunderte sich daraufhin sogar der *Spiegel.*

Firmenzerstücklung: Eigenkapitalraub für Anfänger

Als die Private-Equity-Manager noch neu waren und sie noch niemand wirklich kannte, nannte man sie ehrfurchtsvoll »notwendige Sanierer« oder Milliardenjongleure. Nachdem aber das Platzen der Spekulationsblase »Neuer Markt« selbst die gutgläubigsten Bürger misstrauisch gemacht hatte, nahm auch ihr Imageschwund schwindelerregende Fahrt auf. Plötzlich hießen sie »Firmenjäger«, »Freibeuter des Kapitalismus« oder »Horde von Business-Nomaden«.[227] Und ihr Geschäft dehnt sich rasant aus. Im Jahr 2005 übernahmen sie Unternehmen im Wert von gut 300 Milliarden, im Jahr 2006 bereits von 600 Milliarden Dollar.

Der Ehrenkodex der PE-Firmen lautet bekanntlich »Buy it, strip it, flip it«: Zunächst wird Geld eingesammelt; und das wird ihnen geradezu hinterhergeworfen von Geldanlegern aller Nationen, Hautfarben, Kulturkreise. Um nicht durch »soziale Härtefälle« à la Enron ständig die Schlagzeilen zu zieren, haben die Superzocker den Rest der Menschheit faktisch ausgesperrt. Da die größeren Heuschrecken mehrere Millionen Dollar Mindesteinsatz verlangen, bleiben bei gut 300 Milliarden Dollar Gesamtvolumen allein im Jahr 2006 naturgemäß Pensionsfonds (25 Prozent), Banken (18), Fondsgesellschaften (13), Versicherungen (11), staatliche Einrichtungen (10) und Steinreiche (6) unter sich. Renditen von

20 Prozent aufwärts gehören zum »guten Ton ... Zahlen, die nach Casino-Glückssträhne klingen«. Und: »Die Traum-Renditen ... sind dabei keine Hexerei, sondern Resultat bisweilen brachialer Managementmethoden ... Ihre ganze Kreativität ist vor allem aufs geräuschlose Auspressen gerichtet.«[228]

Wie das funktioniert, beschreibt der Darmstädter Wirtschaftsrechtsprofessor Uwe H. Schneider, für den »viele dieser angeblichen Investoren ... in Wahrheit Eigenkapitalräuber«[229] sind, als dreistufiges Geschäftsmodell:

- In Stufe eins gründen die Käufer eine neue Gesellschaft, die ein Darlehen aufnimmt und damit das Unternehmen erwirbt. Anschließend werden beide Gesellschaften miteinander verschmolzen, wodurch die Darlehensschulden beim aufgekauften Unternehmen landen, das die Zinsen und somit seinen Kaufpreis selbst bezahlt. Zwar müssen die Heuschrecken einen Teil des Kaufpreises selbst aufbringen. Das verhindert aber nicht, dass das gekaufte Unternehmen auch diese Summe den Heuschrecken erstatten muss, meist unter dem Codewort »Beratungshonorar«, wie es zum Beispiel Blackstone dem übernommenen Chemiekonzern Celanese berechnete: 65 Millionen Dollar im Jahr 2004 und 45 Millionen in 2005.

- In Stufe zwei wird das Unternehmen in eine GmbH umgewandelt, das Stammkapital herabgesetzt und das freie Vermögen bis zur Grenze des rechtlich Zulässigen an die neuen Gesellschafter ausgezahlt. Zur Finanzierung werden Tochtergesellschaften und Betriebsstätten abgestoßen, Immobilien verkauft, die Kosten gedrückt und neue Kredite aufgenommen sowie Verbindlichkeiten begründet. Die Investitionen werden drastisch gekürzt oder ganz gestrichen, vor allem für Forschung, Innovation, Zukunftsprodukte und neue Arbeitsplätze. Das Fehlen langfristiger Interessen ist auch ganz logisch, wenn man die Firma sowieso nur maximal fünf Jahre behalten will. Wer für vier Wochen ein Ferienhaus mietet, wird ja wohl kaum die Zimmer renovieren.

■ In Stufe drei, die aber nicht mehr übermäßig wichtig ist, wenn die Heuschrecke vorher schon abkassiert hat, wird die Firma nach einiger Zeit an einen weiteren Finanzinvestor weitergereicht, der sie weiter auspresst – Heuschreckenjargon: »secondary buyout« – oder an die Börse gebracht. »Dann haben die neuen Aktionäre das Problem. Und gelegentlich bleibt nur noch das Insolvenzverfahren.«[230]

Das sieht die Marktwirtschaftsfraktion des *Spiegel* natürlich weniger pessimistisch: »Zwar ist unbestritten, dass es Auswüchse des Shareholder-Kapitalismus gibt ... Aber die Fonds treiben auch den notwendigen Strukturwandel voran, sie versorgen Unternehmen mit Geld, das sie sonst nicht bekommen würden.« Dennoch lautet auch hier das Fazit: »Die Zeche zahlt der Wirt. So schön kann Kapitalismus sein.«[231] Die Praxis bestätigt das: »Sobald das übernommene Unternehmen mit Hilfe von Verkäufen oder durch effizienteres Wirtschaften wieder Geld in der Tasche hat, halten die Eigentümer die Hand auf.«

Insgesamt befinden sich bereits Unternehmen im Wert von 600 Milliarden US-Dollar in den Klauen der Heuschrecken, fast zweimal so viel wie noch ein Jahr zuvor. Und ihre besondere Gier gilt deutschen Firmen.

Deutsche Firmen

Seit der rotgrünen Körperschaftssteuerreform von 1999 mit der Steuerfreiheit für Veräußerungsgewinne aus Beteiligungen bei Kapitalgesellschaften heißt es in Deutschland »Eintritt frei und herzlich willkommen für Heuschrecken«. Dass dieses Husaren-stück vom Ex-Kanzler der Bosse Gerhard Schröder, dem deshalb eigentlich der Ehrentitel »Heuschreckenkanzler« gebührt, den Staat bis heute jährlich bis zu 23 Milliarden kostet und somit ein Verzicht auf die Reform die meisten Einschnitte im Sozialstaat er-übrigt hätte, sei hier nur am Rande erwähnt, ebenso wie der Um-stand, dass dieser Freibrief für Megaspekulanten Hans Eichels damaligem Staatssekretär Heribert Zitzelsberger (1999 bis 2002) zugeschrieben wird, der als ehemaliger Steuer-Chef der Bayer AG die Wünsche der Konzerne zumindest genau kannte.

Und echte Heuschreckenlobbyisten lassen sich auch nicht von Warnungen durch wirkliche Experten wie Porsche-Chef Wiede-king abhalten: »Damit werden alle belohnt, die Unternehmen zer-schlagen. Als das Gesetz erlassen wurde, habe ich dem damaligen Kanzler Gerhard Schröder geschrieben, dass dies Unsinn sei.«[232] Heute fordert Wiedeking energisch die Abschaffung dieses Heu-schreckenfreibriefs.

Wie sehr diese Reform die Spekulanten, Hasardeure und Wirt-schaftsmafiosi aller Herren Länder zur habgiergesteuerten und profitablen Zerstörung unserer Volkswirtschaft animierte, zeigen nüchterne Zahlen: Inzwischen sind über 5700 deutsche Unter-nehmen mit etwa 800 000 Arbeitnehmern in der Gewalt von PE-Unternehmen. Denken die Heuschreckenmanager an Deutsch-land, dann haben sie in Gedanken schon die Serviette vor dem Bauch: Sie sind »in einem wunderbaren Land, das Firmenjägern geradezu den Tisch deckt« *(Spiegel)*. »Deutschlands Unterneh-men sind Weltspitze«, lobt so auch Blackstones Deutschlandchef Hanns Ostmeier. »Nach wie vor ein attraktiver Standort mit her-vorragend ausgebildeten Leuten«, schwärmt Alexander Dibelius von Goldman Sachs.[233]

Der Grund: Nach dem Börsencrash von 2002 konnten sich viele Firmen auf Kosten der Belegschaft und mit Hilfe von Steuergeschenken selbst sanieren, allerdings um den Preis eines oft dürftigen Eigenkapitalanteils. Davon aber werden PE-Unternehmen, laut *Spiegel* »irgendwelche Milchbubis mit Schecks in den Aktenkoffern«[234], angelockt wie die Grillen vom Fischfutter.

Kabelnetz in Heuschreckenhand

Und die rotgrüne Regierung servierte nur vom Feinsten, schließlich sollte ja die Steuerbefreiung für Unternehmensverkäufe keine leere Höflichkeitsgeste sein, sondern den Heuschrecken viel Freude und die Taschen randvoll machen, zum Beispiel durch das einstmals für zig Milliarden Mark aus den Telefongebühren der Bürger bundesweit flächendeckend verlegte deutsche Fernsehkabelnetz. Obwohl im Zuge der Privatisierung bis zu 35 Millionen Mark geboten wurden, erhielt das Heuschreckentrio Apax, Providence und Goldman Sachs den Zuschlag für das Unternehmen im März 2003 für den symbolischen Preis von 1,73 Milliarden Euro – natürlich auch hier nahezu ohne eigenes Geld – und machte das ganze zur Kabel Deutschland GmbH – natürlich eine GmbH. Binnen zweieinhalb Jahren saugten sie 1,6 Milliarden aus der Firma, die dadurch – ebenfalls wie gehabt – tief in die Verlustzone geriet. Beim abschließenden Komplettverkauf an Providence im Februar 2006 sollen Apax und Goldman Sachs noch einmal je 300 Millionen Euro abgestaubt haben. Fazit des *Spiegel*: »Die einstmals mit Gebührengeldern bezahlte Infrastruktur wurde regelrecht verschenkt ... ›Oma-Deals‹ nennen die PE-Profis so etwas. Todsichere Geschäfte. Als würde man sein Geld abends unters Kopfkissen legen, und morgens hätte es sich verdoppelt.«
Für die Bundesregierung aber sind solche Geschäfte ein voller Erfolg: Die PE-Branche übernehme »eine wichtige volkswirtschaftliche Funktion bei der Vermittlung von Kapitalangebot und Kapi-

talnachfrage«, antwortete sie auf eine Anfrage der FDP-Fraktion. Wer heute wegen selbst herbeigeführter Ebbe in der Staatskasse unsere Unternehmen an die Heuschrecken verweist, der wird morgen die kleinen Ladenbesitzer, die mehr Polizeipräsenz in den Einkaufsvierteln fordern, an die privaten Schutzgelderpresser verweisen, die ja schließlich auch Sicherheit vor Übergriffen versprechen. Besonders ärgerlich für Heuschreckenlobbyisten wie Steinbrück: Selbst Heuschreckenvertretern geht dieser PR-Klamauk zu weit. So ist Carlyle-Berater Arthur Levitt, früherer Chef der amerikanischen Wertpapieraufsicht, davon überzeugt, die Branche schaffe »starke Anreize für unmoralisches Verhalten«.

Cognis: Ein Musterbetrieb verfällt immer mehr

Wie man selbst gesunde Unternehmen herunterwirtschaftet, zeigt das Beispiel Cognis, ein Chemieunternehmen mit 8000 Mitarbeitern an Standorten in dreißig Ländern und »eine Art Blaupause für das Brachial-Management der Private-Equity-Branche«. Die Tochter der Henkel AG gilt im Geschäftsjahr 2000 bei über 30 Prozent Eigenkapitalquote, 221 Millionen Euro Plus vor Steuern und Zinsen und 109 Millionen Euro Reingewinn auch bei kritischen Beobachtern als rundum gesundes Unternehmen. Dennoch verscherbelt Henkel »aus strategischen Gründen« den Goldesel Cognis im September 2001 für 2,5 Milliarden Euro an Permira und Goldman Sachs. Von da an läuft die von Heuschreckenexperten Schneider beschriebene »Plünderaktion« *(Spiegel):* »Klassische Regeln der Betriebswirtschaft wurden außer Kraft gesetzt, Selbstbedienungsmechanismen installiert.«

- ■ *Stufe eins:* Weil die neuen Eigentümer nur 450 Millionen Euro beigesteuert haben, und der Rest – natürlich von Cognis –

mit Krediten finanziert wird, fällt die Eigenkapitalquote auf »schwindsüchtige« 4,1 Prozent.

- *Stufe zwei:* Im Frühjahr 2004 bringt Goldman Sachs – gegen exorbitante Gebühren – zwei neue Anleihen für fast 600 Millionen Euro an die Börse, wovon 320 Millionen Euro nicht in der Firma, sondern als Sonderdividende direkt in den Taschen der Aktionäre landet. Die dafür aufgenommenen Kredite bringen Cognis eine Rekordverschuldung von fast zwei Milliarden Euro. Im Januar 2005 plaziert Goldman Sachs eine weitere Anleihe über 530 Millionen Euro. Auch dieses Geld landet vor allem bei den Aktionären, die damit aus 450 Millionen 850 Millionen Euro gemacht haben. Cognis kann nur wegen blendender Geschäftszahlen auch im Jahr 2005 die Zinskosten bezahlen, macht aber unterm Strich einen Rekordverlust von 136 Millionen Euro.

- *Stufe drei:* Die Heuschrecken wollen Cognis für angeblich 2,9 Milliarden Euro weiterverkaufen, aber weder Dow Chemical noch die Heuschrecken Blackstone und Bain sowie die Beteiligungsfirma Apollo wollen so viel zahlen. »Das verwundert auch nicht«, bemerkt die *Frankfurter Allgemeine* aus Anlegersicht, »da die Finanzinvestoren sich und das Unternehmen über die Anleiheemissionen mit hohen Schulden belastet haben, die sie gern refinanzieren wollen (und dabei noch einen Gewinn einstreichen). Insofern bleibt es dabei, dass das Risiko der Cognis-Anleihen, die zudem noch sieben bis neun Jahre laufen, äußerst hoch ist. Derzeit ist kein Kurspotenzial absehbar, und um sie zu kaufen und zu halten, bedarf es viel guter Nerven.«

Zwischenbilanz der »schleichenden Zerlegung« *(Spiegel)* Ende 2006: Cognis streicht Arbeitsplätze (»Restrukturierung«), verkauft Unternehmensteile oder lagert sie in Gemeinschaftsunternehmen mit anderen Chemiefirmen aus. »Was keine 20- oder 30-prozentigen Renditen schafft, muss raus ... Die einst stolze Henkel-Tochter verfällt derweil immer mehr.«

Auf welch unverfrorene Ideen die »Investoren« zuweilen kommen, zeigt auch das Beispiel Sentex Sensing Technologies, eine US-Heuschrecke um den früheren DaimlerChrysler-IT-Chef Hansjörg Beha, die das Insolvenz-Objekt BenQ nur bei Erstattung der Mitarbeiterlöhne übernehmen wollte. Nur Leute mit Schuhgrößen-IQ sehen nicht sofort, dass dann ja der Staat gleich direkt die Löhne zahlen könnte, ohne zwielichtigen Absahnern zu Reichtum ohne ehrliche Arbeit zu verhelfen. Nicht zufällig rufen auch im Kleinen alle Varianten des Kombilohns hordenweise Betrüger auf den Plan. Selbst für einen x-beliebigen Normalbürger wäre ja der Gedanke verlockend, etwa einen Gebäudereinigungsbetrieb zu gründen, dem der Staat die Löhne sämtlicher zwanzig – oder bei diesen Konditionen vielleicht gleich 2000 – Putzfrauen erstattet.

Ein seriöser Käufer fand sich für BenQ Mobile indes nicht, und so verlief auch das Ende stilecht: Acht Monate nach der Pleite wurden Reste des Unternehmens – 3500 Teile wie Messgeräte, Mikroskope und Schreibtische – im Internet versteigert.

Dem Platzen der Blase entgegen

In jedem Fall haben die Heuschrecken noch viel vor: Bereits im Jahr 2006 übernahmen sie deutsche Firmen im Rekordwert von 51 Milliarden Euro. Zumeist alteingesessene Unternehmen wie Siemens Nixdorf, Tenovis, Rodenstock, Auto-Teile-Unger, Debitel, Celanese, Dynamit Nobel, Iglo, Märklin, Jill Sander sind oder waren bereits »Opfer der großen Aufkäufer« *(Stern)*, die ihre Fühler natürlich auch nach den Großkonzernen ausstrecken. Aber: »Da es alle wissen, wird die Übernahme eines DAX-Unternehmens immer schwerer ... Ob Linde oder Continental, MAN oder Infineon: Wann immer in den vergangenen 18 Monaten ein Unternehmen aus dem deutschen Leitindex als Übernahmekandidat galt, schnellte der Kurs nach oben.«[235]

So gab Blackstone-Chef Stephen Schwarzman das Scheitern der Continental-Übernahme offen zu: »Die Aktie ging nach oben, also konnten wir den Deal nicht machen.« Da half auch Schwarzmans Verständnis vom rationalen Eigennutz nichts: »Ich will einen Krieg, kein Geplänkel. Ich denke ständig daran, was die andere Person fertigmachen könnte.«[236]

Aber aus Schaden werden sogar Heuschrecken klug und suchen sich etwas, was sie noch vor kurzem scheuten wie der Vampir das Tageslicht: die Öffentlichkeit. So verkündet zum Beispiel der Geschäftsführer von Terra Firma Deutschland, David Pascal, Ende 2006 in einer Münchener Podiumsdiskussion vor leibhaftigen Menschen recht kleinlaut: »Wir sind keine Heuschrecken.« Offenbar dämmert es einigen Managern, dass sie den Bogen überspannt haben: »Dass auch Vertrauen Kapital ist.«[237] In diesem Sinne loben auch Thomas Krenz von Permira und Johannes Huth von KKR zur Übernahme von ProSiebenSat.1 den Standort München und beteuern, sie hätten das Geschäft »sehr konservativ« finanziert.

Grund der neuen Einsicht ist die ganz natürliche marktwirtschaftliche Konkurrenz: Die wird natürlich immer größer, je müheloser irgendwo immer mehr Geld zu verdienen ist. Damit aber explodieren die Preise der Opferunternehmen – die IG Metall spricht von »Mondpreisen«, die die Mitarbeiter dann ausbaden müssten – und entsprechend auch die Zinsen, was wiederum die Kredite verteuert. Weil aber die Branche von Geld überschwemmt wird, das natürlich schnellstens angelegt werden muss, warnt die Bundesbank schon seit Monaten vor einer Überhitzung und sprechen sogar Drahtzieher wie Huth von einer »Liquiditätsblase«. Nicht mehr ob, sondern wann sie platzt, ist inzwischen die Frage.

»Gier übertrifft Angst«, heißt eine Studie der *Dresdner Bank*, die vor einem »Blutbad« bei den übernommenen Firmen warnt. »Die Gier greift wieder um sich«, stellt auch der *Spiegel* fest. »Und sie ist mindestens so gefährlich wie jene, die einst die Internet-Blase aufblähte. Diesmal wird nicht mit virtuellen Werten gespielt, dieses Mal geht es um Hunderttausende Jobs, um jahrzehntelang gewachsene Branchen und reale Unternehmen, die nicht nur Tradition, sondern auch glänzende Zahlen und Zukunftsaussichten vorzuweisen haben.«[238]

Reale Kreditausfälle bis zu 30 Milliarden Euro befürchtet jedenfalls Roman Zeller, Geschäftsführer der Beratungsgesellschaft AlixPartners, schon bis Ende 2008. Dies heizt natürlich den Handel mit Krediten an, die zusehends »wie heiße Maronen immer weitergereicht werden«.

Hier kommen nun die Hedgefonds ins Spiel.

Die Zockerelite: Hedgefonds

Wissenschaftlich exakt verspielt

Hedgefonds stellen immer häufiger die riskantesten Hochzinskredite zur Verfügung, die Banken halten meist nur kleine Kreditpositionen – »und sie wissen wohl, warum«.[239]

Die Säbelzahntiger unter den Heuschrecken gelten als »waghalsigste Spieler im weltweiten Casino« und verwalten derzeit in fast 9000 Fonds mindestens 1,2 Billionen US-Dollar, was obendrein meist nur ein Bruchteil ihres Einsatzes ist: Bis zu 90 Prozent ihrer Geschäfte laufen mit Fremdkapital, das ihnen die Banken leihen, die wiederum mit dem Geld argloser, unbescholtener Bürger hantieren.

Hedgefonds-Manager spekulieren mit allem, was bei drei nicht auf den Bäumen ist: mit Währungen und Rohstoffen, Anleihen und Aktien. Sie bringen Unternehmen und ganze Volkswirtschaften in Schwierigkeiten. Und nicht einmal absolute Insider wie der frühere Chef der weltgrößten Bank, Citigroup-Chef Sandy Weill, blicken bei ihren Machenschaften durch: »Wie viel investieren sie wo? Wie viel leihen sie? Es ist problematisch, dass wir das nicht wissen.«[240] Ein Aha-Erlebnis war für ihn der Zusammenbruch des nur mit 3,5 Prozent Eigenkapital arbeitenden Hedgefonds LTCM 1998, der nur durch eine Leitzinssenkung durch US-Notenbankchef Alan Greenspan und eine Finanzspritze von 3,75 Millionen Dollar durch Großbanken der ganzen Welt wenigstens in eine ordentliche Liquidation abgebogen werden konnte. Da wollte Weill »mit den rund tausend Hedgefonds, zu denen wir Geschäftsbeziehungen unterhielten, nichts mehr zu tun haben – solange wir nicht in völliger Transparenz sehen, was die eigentlich treiben«.[241]

Wie es mit LTCM so weit kommen konnte? Unter den Direktoren waren auch die beiden neoliberalen Halbgötter Myron S. Schooles und Robert C. Merton, die 1997 gemeinsam *»Für ihre Ausarbeitung einer mathematischen Formel zur Bestimmung von Optionswerten an der Börse«* (Text des Komitees) den Nobelpreis für Wirtschaft erhalten und mit Hilfe des unglaublich wissenschaftlichen Black-Schooles-Modells für LTCM einen Krisenfall mit einer Wahrscheinlichkeit von einer Milliarde Jahre vorhergesehen hatten, womit sie nur um 999 999 999 Jahre danebenlagen. Wie ein spöttischer Verriss dieses pseudowissenschaftlichen Humbugs klingt ein Hinweis von John Maynard Keynes. »Die Märkte können länger irrational sein, als man Geld hat.«

Als hochgenialer Supermathematiker galt auch der Heuschreckenmanager Brian Hunter (Jahrgang 1975), bis er sich im Herbst 2006 mit der Wette, dass der Gaspreis wie immer im Winter steigen würde, um fast 6,5 Milliarden US-Dollar verzockte und damit seinen Arbeitgeber, den Hedgefonds Amaranth Advisors um gut die Hälfte des Anlagevermögens brachte. Noch im Jahr zuvor hatte er mit »gutplazierten Wetten auf den Erdgaspreis« *(Spiegel)* rund eine Milliarde Dollar eingenommen und selbst 100 Millionen verdient. Dann aber verpasste er laut *Wallstreet Journal* den richtigen Moment, »seine Spielchips vom Tisch zu nehmen«. Dumm gelaufen für Mister Hunter, aber was geschieht eigentlich, wenn das Zockerglück mehrere Spieler gleichzeitig verlässt?

Kein Wunder also, dass eine »gefährliche Kettenreaktion« gefürchtet wird und gegenwärtig wieder das Wort vom bevorstehenden »Domino-Crash« die Runde macht.

Und schneller, als man denkt, ist er dann tatsächlich da: der Schwarze Freitag. Mit der Schlagzeile »Panikartige Verkäufe« hatte *Spiegel Online* am Vorabend des 10. August 2007 jenen Schwarzen Freitag gebührend eingeleitet. Und dann überboten sich auch die seriösen Blätter mit schrillen Titeln aus dem Wörterbuch des Boulevards:

- »Alarm an den Börsen – Finanzhüter stemmen sich gegen Kreditkrise«, titelt Susanne Amann in *Spiegel Online.*
- »Typisches Platzen einer Blase«, konstatiert das *manager magazin.* Und Redakteur Christoph Rottwilm warnt: »Wie der Zahnbohrer dem Nerv nähert sich die US-Hypothekenkrise den deutschen Anlegern.«
- »Rohstoff- und Bankentitel im freien Fall«, berichten Alexander Brückner und Thomas Spinnler von *Financial Times Deutschland.*
- Und unter der Überschrift »Märkte befinden sich in Aufruhr«, präzisiert Kollege Tobias Bayer: »Die Liquiditätskrise macht die Anleger nervös. Quer über die Anlageklassen herrscht Ausnahmezustand. Während Aktien und Rohstoffe wie Öl und Basismetalle unter Druck stehen, flüchten sich Anleger in sichere Häfen.

- *FAZ.net* dagegen gefällt sich in Anspielung auf Filmtitel: »Banker am Rande des Nervenzusammenbruchs«
- »Warnlampen leuchten«, notiert das *Handelsblatt.*
- »Die Angst geht um – und wo Angst ist, da ist Panik. Und wo Panik herrscht, da wird verkauft«, kommentiert Analyst Mike O'Hare von der US-Investmentbank JP Morgan Chase.
- »Die Angst vor dem großen Crash geht um«, befindet auch die *Welt.*

Amüsanterweise gehörte zu den Glücksspielverlierern auch die so extrem seriöse Deutsche Bank. Mehrere ihrer Geldhändler verzockten sich bei Kredit-Spekulationen und bescherten der Bank etwa hundert Millionen Euro Verlust. Sie wurden unverzüglich versetzt.

Die einstweilige Rettung kam durch Finanzspritzen der Europäischen Zentralbank und der US-Notenbank in dreistelliger Milliardenhöhe – wenn die freie Marktwirtschaft die verhassten Regulierungsbehörden und vor allem das Geld der Steuerzahler nicht hätte. Viele der bauchgelandeten Topmanager wollten den Schwarzen Peter an die sogenannten Rating-Agenturen weiterreichen, also an jene Analysten, die die Zahlungsfähigkeit von Schuldnern erraten sollen und viele der faulsten Objekte als »besonders vertrauenswürdig« eingestuft hatten. Nun weiß jeder, der diesen Ratern einmal beim Herumraten zuschauen durfte, dass – verglichen mit diesen großspurigen Scharlatanen – selbst Hermine mit der Glaskugel seriösere Hellseherei betreibt. Wer einem Bauernfänger für einen 40-Euro-Schein zwei echte Zwanziger gibt, ist nicht »arglistig getäuscht« worden. Und wer – wie die Wirtschaftskapitäne – völlig ohne eigenes Risiko auf »Ratings« hereinfällt, der setzt sich dem Verdacht zumindest der Untreue aus Leichtsinn aus.

Selbst der unfehlbare Josef Ackermann musste schwere Patzer einräumen, und wenn der »Branchenprimus« *(Welt)* niest, bekommt die Börse einen Schnupfen. Kaum hatte er am 20. September im Polittratsch *Maybrit Illner* eingeräumt, dass sein Konzern Kreditzusagen in Höhe von 29 Milliarden Euro überprüfen müsse, fiel der Kurs der Deutschen Bank Aktie um mehr als drei Prozent.

Gerade in Krisen wie dieser wird übrigens auch der Geisteszustand der nassforschen Kapitaljongleure offenbar. US-Forscher fanden nämlich heraus: »Ausgerechnet die Finanzprofis, die am meisten Geld bewegen, sind am häufigsten psychisch gestört. Die Folgen: Isolation, Wutausbrüche – und die regelmäßige Flucht in den Vollrausch.«[242]

Auf gut Deutsch: Eine Handvoll gemeingefährlicher Irrer hat die Weltwirtschaft ins Wanken gebracht.

Was den neoliberalen Propheten auch in Deutschland auffallen sollte: Es war tatsächlich nicht ein irgendwie zurechtphantasiertes »Investitionsklima«, sondern schlicht und einfach der Geldmangel der Verbraucher, der die Krise auslöste.

Für all diese Herrschaften der Finanzindustrie gilt das, was der Ökonom William Petty schon 1662 in den Händlern sah: »... nichts als eine Art von Spielern, die miteinander um die Arbeitsergebnisse der Armen spielen, ohne selbst etwas hervorzubringen.«[243]

Was tun?

Angenommen, unsere Manager und Politiker müssten Land und Branche des Urhebers dieser Aussage erraten: »... hatten wir ständig etwa 60 oder 70 Leute aus dem Finanzministerium im Haus. Die hatten ein eigenes Büro und haben unsere Zahlen Tag für Tag geprüft. Ich fand das sehr hilfreich. Manchmal habe ich die Beamten sogar gebeten, mich mit ihren Erkenntnissen zu erschrecken ... Wir brauchen eine oberste Kontrollinstanz, die sämtliche Handelspositionen überblickt und hoffentlich im Voraus erkennen kann, wo eine gefährliche Geldkonstellation entsteht ...«[244]

Die meisten der neoliberalen Götzenanbeter würden vermutlich auf DDR-Devisenbeschaffer Alexander Schalck-Golodkowski tippen, einige auf einen kirgisischen Kombinatsdirektor zur Stalinzeit, einige wenige vielleicht auf den Leiter einer nordkoreanischen Atomwaffenfabrik. Und sie würden darin vor allem ein Lob der »Überbürokratisierung« sehen.

Nun stammt dieses Zitat aber von einem, der nicht unbedingt des Bolschewismus verdächtig ist: Sandy Weill, der immerhin mit der Citigroup den weltgrößten Allfinanzkonzern schuf und somit zumindest für die Aktionäre sein Geld – 30 Millionen Dollar plus Aktienoptionen – einigermaßen »wert« war – im Gegensatz zu vielen seiner deutschen Kollegen. Und wie an deren Adresse betont er, wirklich schlaue Manager wehrten sich nicht gegen Offenlegungspflichten.

Angesichts der geistig-moralisch unterbelichteten Regulierungsphobie in Deutschland und Teilen Europas geht eigentlich die bloße Frage nach Maßnahmen gegen das ungehemmte unheilvolle Wirken der Heuschrecken in die Irre: Kann man einen kettenrauchenden Tabak-Lobbyisten für das Rauchverbot gewinnen und einen glühenden Heuschreckenverehrer wie Finanzminister Peer Steinbrück für Überwachungsmechanismen?

»Die G 7-Finanzminister setzen auf freiwillige Selbstkontrolle«, wird stolz verkündet.[245] Dies allerdings dürfte vor dem Hintergrund der »freiwilligen Selbstkontrollen« in sämtlichen anderen gesellschaftlichen Bereichen – von der Umweltzerstörung über die Gebäudesicherheit bis hin zur televisionären Jugendgefährdung – nur ein Modewort für »ungehemmtes Schalten und Walten« sein.

Im Regierungsdeutsch klingt das dann so: »Steinbrück will die Finanzinvestoren nicht vertreiben – und deshalb nur moderat regulieren. Er will die Risiken, die mit ihren Geschäften verbunden sind, so weit wie möglich eindämmen, ohne gleichzeitig die Chancen einzuschränken.«[246] Und ein zweites Maßnahmenverhinderungsschlagwort fällt: die Warnung vor »nationalen Alleingängen«. Leider fehlt im Strafgesetzbuch das Delikt »Verstandesbeleidigung in einem schweren Fall«, denn wann immer die Politik vor nationalen Alleingängen warnt – ob nun bei der Tabakwerbung, dem Klimaschutz oder der Energiepolitik –, kämpfen Bundesregierung und die meisten Parteien bis aufs Messer gegen jedwede EU-Regelung zur vernünftigen Beschneidung des ungezügelten Profitstrebens.

Kein Wunder also, dass Kanzlerin Merkel mit ihrem PR-Gag auf dem Heiligendammer G8-Treffen im Juni 2007, man möge mehr Transparenz für Hedgefonds beschließen, nicht durchkam, und in gewohnter Verdummungsmanier ausgerechnet den Zwielichtigsten der Zwielichtigen ebenfalls einen freiwilligen Transparenzkodex vorschlug.

Eine der wenigen brauchbaren Aussagen zum Heuschreckenproblem kommt von WestLB-Chef Thomas Fischer: »Man kann vielleicht die schlimmsten Exzesse verhindern«, sagt er, »aber man kann das Phänomen nicht verbieten – denn das liefe auf ein Verbot von Aktienbesitz hinaus.«[247] Nun ist der Hinweis auf Spielregeln durchaus zweischneidig: Einerseits diszipliniert er die Mitspieler, andererseits kann er ständige Verlierer zur Einsicht führen, dass ihnen das gesamte Spiel nicht passt, und zum Aufhören bewegen.

13. Kapitel

Verspielen des Standorts Deutschland

»Der Patriotismus ist die letzte Zuflucht,
an die sich der Strauchdieb klammert.«
Bob Dylan, Sweetheart Like You

Die normale perverse Sichtweise

Wenn es um eiserne Bekenntnisse zum Standort Deutschland geht, dann macht dem Chef der Deutschen Bank, dem Schweizer Josef Ackermann, niemand etwas vor. »Wir wollen Deutschland nicht verlassen«, gelobte er im März 2007. Deshalb strebe die Deutsche Bank auch keine Fusion mit einer anderen europäischen Großbank an. Die Partner, die in Frage kämen, seien nicht bereit, nach Deutschland zu kommen. »Für uns ist dann damit das Gespräch beendet.«[248]

Manch ein Bundesbürger hat da sicher ein paar Tränchen der Rührung weggedrückt – und gar nicht gemerkt, dass er gerade dabei ist, die Welt mit den Augen der Topmanager und »des Kapitals« zu sehen.[249]

Während für den Normalbürger sein »Standort« – Ort, Region und Land – etwas ist, wo er sein Leben »mit Freud und Leid« verbringt, taxiert der Investor alle Fleckchen dieser Erde ausschließlich als Wirtschaftsstandorte, also danach, wie viel Geld man dort mit wie wenig Aufwand verdienen kann. Daher bedeutet eine Beschäftigung mit der Standortfrage für den Normalbürger zunächst nichts anderes, als sich den Kopf des Investors zu zerbrechen. Die

Verbindung zu ihm selbst wird lediglich durch die Behauptung hergestellt, nur wenn es dem Investor blendend gehe, dann gehe es auch den Normalbürgern halbwegs gut.[250] Wird dieser Zusammenhang aber – wie immer häufiger in letzter Zeit – gekappt und haben die Menschen zum Beispiel keinerlei Vorteile von riesigen Konzerngewinnen, dann setzt die sattsam bekannte Politik- oder gar Systemverdrossenheit ein.

Sind globale Probleme lokal lösbar?

Ein weiterer argumentativer Taschenspielertrick – den der Neoliberalismus allerdings als »wissenschaftlich« ausgibt, ist die Forderung lokaler Lösungen für globale Probleme. Selbst die Worthülse »Globalisierung« dient der Ausblendung der globalen Sicht: Neu ist nämlich keineswegs, dass Unternehmer möglichst wenig Löhne zahlen wollen und die gewinnträchtigsten Standorte vorziehen. Neu ist seit dem weltweiten Siegeszug der Markwirtschaft, aber auch der Aufklärung, allerdings, dass die Bevölkerung sich für das »Große Ganze« nicht interessiert oder es als naturgegebenen »alternativlosen Sachzwang« hinnimmt. Da waren die Leute vor 120 Jahren weiter: Nicht etwa nur aus den Schriften von Marx und Engels mit der Losung »Proletarier aller Länder, vereinigt euch«, sondern aus eigenem Erleben wussten sie schon damals, dass die Reichen immer reicher und die Armen immer ärmer wurden, und dies offenbar gesetzmäßig. Deshalb sollten Bismarcks Sozialgesetze mit all den berüchtigten Lohnnebenkosten den Sozialdemokraten das Wasser abgraben und einen Volksaufstand verhindern, weshalb sie ja auch anstandslos von den Arbeitgebern akzeptiert wurden.[251] Nicht dass das Unternehmerjammer über die hohen Kosten und die niedrigen Gewinne damals noch nicht erfunden gewesen wäre, aber eine derartige intellektuelle Zumutung zu veranstalten wie die aktuelle neoliberale Propaganda, hat man sich vermutlich damals einfach nicht getraut. Heute dagegen wird relativ erfolgreich versucht, das Nachdenken über den globalen Sachverhalt der immer weiteren Öffnung der Arm-Reich-Schere in die Freizeitphilosophie zu verweisen und die Produktion ebendieses Zustandes als alternativlose und wertfreie »rationale Ökonomie« auszugeben. Daher gelingt es »der Wirtschaft« und ihren Topmanagern, die Menschen der einzelnen »Standorte« gegeneinander auszuspielen und sie insgesamt nach ihrer Pfeife tanzen zu lassen.

Der aktuelle Standortkampf

Die marktradikale Theorie unterscheidet zwischen harten und weichen Standortfaktoren:

- *Harte* Standortfaktoren wie Löhne, Steuern, Abgaben, Grundstückspreise, Energiekosten und Subventionen können zahlenmäßig erfasst und direkt in die Unternehmensrechnung einbezogen werden.
- *Weiche* Standortfaktoren wie die Angebote für Kultur, Freizeit und Bildung sind nicht quantifizierbar, werden aber für die Standortwahl immer wichtiger.

Standortfaktor Löhne: Die Löhne sind immer zu hoch

Die ganze Verlogenheit des Lohnkostenarguments als Grund für die Verlagerung von Produktionsstätten nach Osteuropa entlarvt ausgerechnet einer der angesehensten Topmanager, Porsche-Chef Wendelin Wiedeking: »Da wurden beispielsweise Motorenwerke

232

nach Osteuropa verlagert, obwohl die Lohnkosten nur sechs Prozent ausmachen. Aber der neue Standort lockte mit einem hohen Maß an Steuerfreiheit ... Manche Länder können sich Niedrigsteuern leisten, weil sie von der EU und damit vom Nettozahler Deutschland Geld überwiesen bekommen.«[252] Anders gesagt: Vorher Rotgrün und nun Schwarzrot locken mit unseren Steuergeldern die Konzerne erst ins Ausland, um diesen Exodus als Argument zum Lohnverzicht im eigenen Land zu nehmen. Darauf muss man erst einmal kommen!

Dabei sprachen seriöse Neoliberale wie etwa die *Arbeitsgemeinschaft deutscher wirtschaftswissenschaftlicher Forschungsinstitute* bereits 1996 ein Machtwort in Sachen Volksverdummung: »In der Öffentlichkeit wird häufig vermutet, dass die Löhne in Deutschland generell sinken müssen, um mit Ländern wie denen in Osteuropa und in Südostasien konkurrieren zu können ... Das ist ein Fehlschluss ... Das Prinzip des internationalen Handels ist es ja gerade, dass jede Region ihre spezifischen Vorteile nutzen kann, solange sie die Regel ›Lohnsteigerung = Produktivitätssteigerung‹ nicht verletzt. ... Es ist für ein Hochlohnland keine geeignete Strategie, zu versuchen, ... durch Lohnsenkung den Wettbewerbsdruck der aufholenden Länder zu vermindern. Man beraubt sich mit einer solchen Strategie der Chance, temporäre Monopolgewinne aus neuen Produkten und neuen Produktionsverfahren zu erzielen, die vorwiegend an der Spitze des Strukturwandels anfallen.

Nimmt man solche Chancen nicht wahr, wird sich auch die Produktivität früher oder später verringern. Sinkende Löhne und sinkende Produktivität vermindern den Wettbewerbsdruck aber nicht, da auch die anderen Plätze in der Lohnhierarchie besetzt sind; man konkurriert dann um andere Produkte, aber der Wettbewerb ist nicht weniger scharf.«[253] Mit anderen Worten: Lohndumping nutzt nicht, sondern schadet dem Standort Deutschland!

Hinzu kommt, dass die infantile Reduktion der Arbeitskräfte auf die Löhne zum Ersetzen hochqualifizierter durch ungeeignete Mitarbeiter führt: So sind für den neoliberalen Kneipenwirt 1200 Euro Monatslohn für seinen Barkeeper allemal besser als 2400 Euro, die er für »irrational« hält. Nun stellt er aber fest, dass in seinem Laden Ebbe herrscht, weil er einen wegen sexueller Belästigung und Taschendiebstahl Vorbestraften eingestellt und deshalb die Polizisten als einzige Stammgäste hat, während sich für den Konkurrenten die 2400 Euro, die er einem Charmeur à la Brad Pitt zahlt, regelrecht vergoldet haben. Extreme einschlägige Erfahrungen mit dem Ersetzen zuverlässiger durch billigere windige Arbeitskräfte macht tagtäglich die Deutsche Post. Zeitgleich mit der Auslagerung der Zustellung stieg die Zahl verschwundener Sendungen und gerichtlich festgestellter Diebstähle rapide an. Kommentar des Post-Sprechers Dirk Klasen: »Gegen organisierte Kriminalität sind auch wir nicht gefeit.«

Dass die Bedeutung der Lohnkosten überbewertet wird, meinen auch die Dresdner Betriebswirtschaftsprofessoren Stefan Müller und Martin Kornmeier: Im Regelfall machten Unternehmen ihre Auslandsengagements nicht von »defensiven Beweggründen (Kosten)« abhängig, sondern eher von »sogenannten weichen Faktoren, z. B. kulturelle Offenheit von Politik, Wirtschaft und Bevölkerung, Funktion und Leistungsfähigkeit des Mittelstands, Qualifikation und Motivation der Mitarbeiter, Verlässlichkeit und Leistungsfähigkeit des Rechtssystems, Zugang zu den bedeutenden Märkten (z. B. Beschaffenheit der Infrastruktur), Akzeptanz des Unternehmertums, Staatsquote und Subsidiarität, Zukunftsorientierung und Leistungsbereitschaft.«[254]

Standortfaktor Ausbildung

Der Paderborner Volkswirtschaftsprofessor Thomas Gries wies schon 1998 in einer noch immer aktuellen Studie nach, dass der Erfolg deutscher Unternehmen in globalen Märkten von Quantität und Qualität der heimischen Mitarbeiter abhängt: »Erstklassiges Humankapital, mit der daraus resultierenden Produktiv- und Innovationsfähigkeit der Menschen, ist aus gesamtwirtschaftlicher Sicht Standortfaktor Nr. 1.« Demgegenüber würden, »verglichen mit den Defiziten bei Humankapital- und Forschungsinvestitionen, ... die Auswirkungen von Prozentpunkte-Veränderungen von Sozialabgaben oder Grenzsteuersätzen für die langfristige Wettbewerbsposition Deutschlands bei weitem überschätzt«.[255]

Nun sind Manager nicht für alle Übel dieser Welt verantwortlich, und formal tut man ja etwas: So wurde im März 2007 der im Jahr 2004 zwischen Bundesregierung und Arbeitgeberverbänden geschlossene »Nationale Pakt für Ausbildung und Fachkräftenachwuchs in Deutschland« um drei weitere Jahre verlängert. Danach sollen jährlich 30 000 neue Lehrstellen geschaffen werden, außerdem 25 000 Einstiegsqualifizierungen für »Jugendliche mit eingeschränkten Vermittlungsperspektiven«, deren Kosten – natürlich – zu einem großen Teil die Bundesarbeitsagentur übernimmt.

Den wichtigsten Aspekt für die Arbeitgeber aber verkünden die Überschriften eines Flugblattes: »Abgabegesetz verhindert ... Kosten gespart ... Die Abgabe hätte die Betriebe bis zu drei Milliarden Euro gekostet.«[256] Ohne auf die obligatorischen Streits um die Erfüllung der Selbstverpflichtung einzugehen, so scheint sich auch bei vielen »normalen« Konzernmanagern die Sichtweise der Heuschrecken durchzusetzen, denen die Zukunft des Betriebes oberhalb ihres maximal fünfjährigen Engagements und erst recht die des Standorts Deutschland herzlich egal ist – und damit natürlich auch die Ausbildung der Mitarbeiter von morgen.

Dann aber ist das Geschrei groß, wenn – wie am 17. März 2007 die *Tagesschau* berichtet – die Wirtschaftsinstitute der Arbeitgeber von 1,6 Millionen offenen Stellen unter anderem für Ingenieure und Betriebswirte sprechen, die angeblich wegen zu geringer vorhandener Qualifikation nicht besetzt werden könnten. Normalerweise sind derartige »Studien« frei erfunden, um die Schuld für die noch immer einem Wohlstandsspitzenreiter unwürdig hohe Arbeitslosigkeit den angeblich zu dummen oder zu faulen Betroffenen zuzuschieben. Sollten die Zahlen aber ausnahmsweise stimmen, so würden sie nur zeigen, wohin es führt, von der Regierung in Form von Steuersenkungen und Subventionen immer mehr Geld zu erpressen, das dann natürlich bei der Bildung fehlt. Besonders dreist argumentiert die Glorifizierungsjournaille: »Die Gegenfrage lautet jedoch: Wie viel mehr Stellen wären hierzulande ohne jede Steuerreform verloren gegangen?« Und selbstverständlich seien »Experten« der Ansicht, »dass die 2001er Reform von Steinbrück-Vorgänger Hans Eichel dafür gesorgt hat, dass Deutschland in den Folgejahren ›nur‹ in eine Stagnation, nicht aber in eine Rezession geschlittert ist«.[257] Vermutlich hätte es ohne diese Reform Leibeigenschaft und Sklaverei gegeben.

Was hätte man zum Beispiel alles mit den fünf Milliarden Euro anfangen können, die die privaten Rentenversicherer im Herbst 2003 mit der Drohung einer Pleite – *Enron* lässt grüßen – vom Staat erpressten?

Standortfaktor »Made in Germany«:
Was soll das Ausland denken?

»Wer den Schaden hat, spottet jeder Beschreibung«, könnte man mit Ingrid Steeger sagen. Denn tatsächlich lassen unsere Manager kaum eine Gelegenheit aus, dem Standort Deutschland Image-

236

schäden zuzufügen: Ob Mautdesaster, Airbus-Debakel, Stromver-
sorgungsblamagen oder Transrapid-Tragödie, stets konnte sich die
Konkurrenz die Hände reiben und – mit Ausnahme der Zugkata-
strophe – vor Lachen ausschütten. Nicht zu vergessen die Korrup-
tionsaffären bei Siemens und Volkswagen. Michael Kunert von
der Schutzgemeinschaft der Kapitalanleger, befürchtet dadurch
einen langfristigen Imageschaden nicht nur für die betroffenen
Konzerne, sondern für den gesamten Standort Deutschland, »weil
man dem Wort Made in Germany nicht mehr traut«.[258]

Standortfaktor Weltoffenheit

Gegenüber normalen Menschen hat der *homo oeconomicus* den
Vorteil der völligen Gefühls- und Moralfreiheit. Deshalb gelingt
dem Kapital auch mühelos, was die »Proletarier aller Länder«
selbst 159 Jahre nach Erscheinen des *Kommunistischen Manifests*
noch nicht geschafft haben. Es kennt weder Rassismus noch Natio-
nalismus und ist seinem Charakter nach international, weshalb
auch – wie gesehen – sämtliche Patriotismusappelle relativ hirnlos oder mindestens naiv sind. Andererseits ist es für die »Reichen
und Mächtigen« recht angenehm und sogar existenznotwendig,
dass die Untertanen aus den unterschiedlichsten Gründen untereinander zerstritten oder sogar verfeindet sind. Alt gegen Jung
kommt bei der Rentendebatte ganz gut, Männer gegen Frauen
beim Erziehungsgeld, Ossis gegen Wessis und Jobinhaber gegen
Arbeitslose sowieso und zur Not auch noch Raucher gegen Nicht-
raucher oder Dicke gegen Dünne. Die furchtbarste, folgenreichste
und gefährlichste, weil auf dem Urinstinkt der Xenophobie (»Was
der Bauer nicht kennt, das frisst er nicht«) beruhende Variante
ist die meist rassistische Fremdenfeindlichkeit. Insofern könnte
man meinen, »ein bisschen Ausländerfeindlichkeit« als Form von

Teile und herrsche könne für das Kapital ganz nützlich sein. Dummerweise aber beißt sich derartiger »Patriotismus« mit dem für einen Exportweltmeister besonders wichtigen Image der universellen Toleranz. So nennen die Forscher Müller und Kornmeier als wichtigen Standortfaktor die »kulturelle Offenheit«, also »die Bereitschaft bzw. Intensität, mit welcher Mitglieder einer Kultur mit einer anderen Kultur interagieren«. Demnach seien Länder, »die ausländische Direktinvestitionen akzeptieren bzw. eher bereit sind, ausländische Produkte und Dienstleistungen zu importieren, wettbewerbsfähiger ... als eher verschlossene Volkswirtschaften«.[259]

Standortvorteil »Sozialer Friede«

Seit Gründung der Bundesrepublik gilt der »Soziale Frieden« als wichtigster Standortvorteil. Nicht zufällig griff Profiwahlkämpfer Gerhard Schröder auch beim Endspurt Mitte September 2005 darauf zurück. Und wie immer in Wahlkämpfen oder Umfragetiefs, besann er sich der Sozialen Marktwirtschaft: »Deshalb sollten wir daran arbeiten, dieses Modell auch fest in Europa zu verankern. Dann ist sie kein Auslaufmodell, sondern kann zum Modell für europäisches und globales Wirtschaften werden.«[260] Sieht man einmal von der Dehnbarkeit des Begriffs bis hin zur Bezeichnung des Raubtierkapitalismus als »Neue Soziale Marktwirtschaft«, so bleibt eine simple Erkenntnis. Soziale Unruhen mögen weder die Normalbürger noch die Manager und nicht einmal die Heuschrecken. Selbst Streiks haben das banale ökonomische Resultat verlorener Arbeitsleistung. Deshalb scheint die Vermeidung von Arbeitskämpfen im gemeinsamen Interesse aller zu liegen.

Die Sicht der Unternehmen ist dabei keine andere als die eines reichen Klassenkameraden. Sieht er auf die anderen herab und rückt keinen Cent heraus, so ist Ärger absehbar. Gibt er dagegen den anderen – ob ehrlich und genug oder nicht – zum Zeichen seines guten Willens etwas ab, so wird er eher akzeptiert und macht sich vielleicht sogar Freunde. Und möglicherweise missgönnt man ihm auch gar nicht mehr seinen natürlich noch immer um ein Vielfaches höheren Lebensstandard.

So gesehen, entspricht der Wandel von der sozialen zur freien Marktwirtschaft der geänderten Einschätzung des reichen Mitschülers, nämlich das solidarische Abgeben nicht mehr nötig zu haben.

Nun wurde aber auch im neuen Jahrtausend längst praktisch offenbar und anhand von Studien bewiesen, dass Länder, mit relativ geringen Unterschieden zwischen den verschiedenen sozialen Schichten wie etwa Kanada und die Niederlande »über mehr Wettbewerbsstärke verfügen als solche Länder, in denen ... gesellschaftliche Unterschiede relativ ausgeprägt sind«.[261]

Umso erstaunlicher ist die gedankenlose, profitgiergesteuerte Zerstörung des Sozialstaates.

Der Imageverlust der Unternehmen

»Kleinvieh macht auch Mist« und »Steter Tropfen höhlt den Stein«: Der Imageverlust eines Konzerns bei der eigenen Bevölkerung erscheint zunächst als dessen Problem und mag sogar die Konkurrenten freuen, aber die Imageeinbußen vieler und immer mehr Konzerne summieren sich bis hin zum »Umschlag von Quantität in Qualität«: Aus dem Ärger über VW, Siemens, Daimler, E.on, RWE, Allianz oder ThyssenKrupp wird irgendwann eine Ablehnung des gesamten Wirtschaftssystems.

So plädierten bereits im Jahr 1999 laut Allensbach-Umfrage 42 Prozent der Deutschen für »einen neuen Weg zwischen Kapitalismus und Sozialismus«, nur 34 Prozent lehnten dies ab. Dieses Ergebnis führte seinerzeit die Arbeitgeber der Metall- und Elektroindustrie schnurstracks zur Gründung einer »Guerilla in Nadelstreifen«, der *Initiative Neue Soziale Marktwirtschaft:* »Mit 100 Millionen Euro, flächendeckenden Medienpartnerschaften und vielen kleinen Tricks wird Gehirnwäsche organisiert«, wie Günter Ferch im *Freitag* diagnostiziert.

Dies schien auch bitter nötig, denn mit der neoliberalen Art der »Globalisierung« wachsen Anzahl und Empörung ihrer Kritiker: Selbst der Protest wird globalisiert. »Erstmals seit Jahren rührt sich wieder massiver Widerstand gegen die Macht der Konzerne«, warnte schon im August 2001 der *Spiegel.* »Die Kampagnen gegen Shell, Nestlé oder McDonald's haben bewiesen, dass Konsumenten bereit sind, ihre Macht gezielt einzusetzen.«[262]

Entschuldigung genügt nicht

Tatsächlich zeigen auch in Deutschland einzelne Konzerne Wirkung, und sei es auch nur durch symbolische Gesten: Dabei glitt die Brauerei Krombacher vollends ins Dummdreiste ab, als sie im Frühjahr 2002 Günther Jauch per Werbespots treuherzig versichern ließ, mit jedem gekauften Kasten Bier werde ein Quadratmeter Regenwald geschützt. Schon im Sommer 2002 befahl eine einstweilige Anordnung des Landgerichts Siegen: »Schluss mit Bechern für den Busch« *(manager magazin).* Die Spots stellten den Biertrinker vor die Alternative, entweder »Krombacher zu kaufen oder den Schutz des Regenwalds zu verweigern«.[263]

Nach der großangelegten gemeinsamen »*Lidl*-Kampagne« von Ver.di und Attac im Jahr 2006 nahm der Discounter acht »fair gehandelte Produkte« ins Sortiment. Selbst wenn es dem Konzern dabei, wie Attac befürchtete, »nur um eine Image-Politur geht«, und auch Ver.di feststellte, »dass das soziale Engagement von Lidl so lange nicht glaubwürdig ist, wie die 40 000 VerkäuferInnen in den 2600 Filialen des Discounters nicht ihre sozialen Grundrechte zugestanden bekommen«, so ist doch das Wesentliche, »dass Lidl auf Verbraucher-Proteste reagiert«.[264] Ähnliches gilt für nahezu alle Konzernaktionen zur Imagepflege, auch für die Verschiebung oder den Verzicht auf exorbitante Erhöhungen von Vorstandseinkünften bei gleichzeitigen Massenentlassungen.

Zweifellos ist der vermeintlich tumbe Pöbel anspruchsvoller geworden. Einige noch so pathetisch vorgetragene Worte des Bedauerns reichen nicht aus: Das Volk will Taten sehen. Das hätte den Wirtschaftskapitänen auch nahezu jeder zufällig befragte Passant sagen können, aber wozu gibt es die professionellen Analytiker? Entschuldigungen von Konzernchefs, »die mittlerweile bei jeder Krise oder bei Anschuldigungen gegenüber einem Unternehmen fast schon erwartet werden, verlieren zunehmend an Wirkung, wenn es darauf ankommt, die öffentliche Besorgnis zu beschwichtigen«. Zu diesem sensationellen Ergebnis kommt eine auf Telefonaten mit 900 Führungskräften aus elf Staaten beruhende »Studie« der PR-Firma Weber Shandwick und des Marktforschers KRC Research. Putzig immerhin, dass 72 Prozent der Befragten als Strategie zur Imagepolitur »die enge Zusammenarbeit mit der Rechtsabteilung bei öffentlichen Verlautbarungen« empfehlen.[265] Das bedeutet: »Wir sagen nichts ohne unseren Anwalt« – aber wer schon so anfängt, kommt meist nicht einmal bei Inspektor Columbo damit durch.

So ist es zweifellos ein Erfolg des Protestes, dass die Konzerne zusehends wenigstens zur Schönfärberei gezwungen sind, vorzugsweise in Form schicker Schlagworte. So soll Stakeholder-Value den Eindruck erwecken, als fühle sich das Unternehmen nicht nur den Shareholdern verpflichtet, sondern allen an einem Geschäft Beteiligten: Mitarbeitern, Kunden, Lieferanten, Kreditgebern, dem

Staat, der Natur und der Öffentlichkeit, also vor allem den Parteien, Verbänden, Kirchen und Medien. Ähnlich versprechen die Konzerne mit der Zauberformel *Corporate Social Responsibility* (CSR) die Übernahme »gesellschaftlicher Verantwortung«, um nicht die Zustimmung der Gesellschaft mit allen politischen und rechtlichen Konsequenzen zu verlieren – was dann auch wieder schlecht für den Shareholder-Value wäre.

Die Quittung für die Aufkündigung des Gesellschaftsvertrages

Mit reiner Symbolik und gezielten Aktionen zur Behebung des Problems ist das so eine Sache, wo doch das Hauptproblem, die eigentliche Provokation der Bürger in den irrwitzigen Einkommens- und Lebensqualitätsunterschieden zwischen Managern und nicht nur den Arbeitnehmern, sondern der gesamten Bevölkerung besteht.

Laut einer Unfrage war Ende 2006 »die Kluft des Volkes zur Politik so groß wie nie«.[266] 82 Prozent glauben, dass »auf die Interessen des Volkes keine Rücksicht« genommen wird. Dies betrifft nur vordergründig die Parteien, die hier lediglich stellvertretend für das gesamte Wirtschafts- und Gesellschaftssystem abgestraft werden, man hält sie ja sowieso nicht immer ganz grundlos nur für ausführende Organe »der Arbeitgeber«.

»Die Manager-Söldner haben den Gesellschaftsvertrag aufgekündigt«, schreibt Reinhard Blomert, »und sie haben auch nicht ihr Versprechen eingehalten, dass die Globalisierung Gewinne für alle mit sich bringen werde.«[267] Zentraler Bestandteil dieses ominösen Gesellschaftsvertrags ist neben dem sozialstaatlichen Solidaritätsgebot das noch ominösere »Leistungsprinzip«.

Das Gefühl des »aufgekündigten Gesellschaftsvertrages« resultiert nach Beobachtung der Psychologin Christina Kaindl aus dem Glauben, »harte Arbeit« bringe gesellschaftliche Absicherung, Lebensstandard und Anerkennung ein. »Die Enttäuschten äußern durchaus Bereitschaft, härter zu arbeiten und mehr zu leisten, müssen aber feststellen, dass ihre legitimen Erwartungen an verschiedene Aspekte der Arbeit, des sozialen Status oder Lebensstandards dauerhaft enttäuscht werden: Der Vertrag ist einseitig gekündigt worden.«

Doch gegen wen richten sich Kritik und Empörung? Normalerweise müssten doch die Verursacher und Nutznießer dieser Verhältnisse die Zielscheibe sein, sollte man meinen: also die Großkapitalbesitzer, die »Schönen und Reichen«, die Wirtschaftsführer, die politische Klasse. Dies sind sie ja in zunehmendem Maße auch, doch ebenso diejenigen, die vermeintlich ökonomisch und sozial noch weiter unten stehen: Hartz-IV-Empfänger, Obdachlose, Asylbewerber. Nun tragen natürlich die Boulevardmedien – hier Teile der Öffentlich-Rechtlichen einmal ausdrücklich eingeschlossen – nach Kräften zur Brunnenvergiftung bei, indem sie beispielsweise Empfänger von Hartz IV anhand von Fallbeispielen gern und oft an den öffentlichen TV-Pranger stellen und so niedere Ressentiments schüren.

Endzeitszenarien: »Apokalypse bald«?

Interessanter ist die Frage nach der generellen Aktualität sozialer Unruhen. So glaubt der Kölner Politikprofessor Christoph Butterwegge schon seit Sommer 2004, angesichts von »Armut per Gesetz« einerseits und Steuersenkungen für Besserverdienende andererseits komme »eine Rebellion auf uns zu«, allerdings nicht durch die direkt Betroffenen: »Dazu fehlt es den sozial Benachteiligten an finanziellen, organisatorischen und intellektuellen Ressourcen. Menschen, die sehr lange arbeitslos waren, dürften resigniert haben.« Dennoch »könnten jetzt schon Unterprivilegierte mit dumpfer, ungerichteter Gewalt reagieren«.[268]

Noch besorgter äußerte sich der Medienprofessor und frühere SPD-Bundesgeschäftsführer Peter Glotz im Frühjahr 2005 kurz vor seinem Tode. »Tatsache ist: Die deutsche Disziplin und Ruhe könnten trügerisch sein ... Wenn irgendwo 200 empörte Arbeiter, die entlassen werden sollen, obwohl der Konzern insgesamt schwarze Zahlen schreibt, alles kurz und klein schlagen, kann ein einziger Gewaltausbruch dieser Art einen Flächenbrand auslösen, wie einst der unpolitische Mordversuch an Rudi Dutschke zu Ostern 1968.« Aber kein Grund zur Panik, denn: »Deutschland ist ein Rechtsstaat und hat eine funktionierende Staatsmaschine und eine gute Polizei. Aber wird das reichen?«[269]

Während Glotz also an soziale Verbesserungen gar nicht denkt und stattdessen die gewaltsame Niederschlagung eines Volksaufstandes durchspielt, betont der Hamburger Volkswirtschaftsprofessor Thomas Straubhaar von der Initiative Neue Soziale Marktwirtschaft, dass »wir kein Interesse daran haben können, dass sich das untere Drittel mit den restlichen zwei Dritteln der Gesellschaft in die Haare gerät«, und plädiert für ein staatliches Grundeinkommen: »Es dient dazu, dass der Gutverdienende und Kapitalist in Ruhe seine Arbeit machen kann.«[270]

Vor dem Irrglauben an die Heilkraft einer geringfügigen Einkommensverbesserung warnt allerdings Politologe Franz Walter. Unter dem Eindruck des Wirtschaftsaufschwungs Anfang 2007 räumt er mit der Legende auf, die Rebellionsbereitschaft der Bürger sinke, wenn es ihnen besser gehe: »In ökonomischen Krisen sind die davon hauptsächlich betroffenen Menschen meist ermattet, ohne Hoffnung, dadurch passiv, resigniert. In Zeiten wirtschaftlicher Dürre und Entbehrung hissen die Menschen nicht die Fahnen des Umsturzes ... Erst müssen sich die strangulierenden Fesseln der ökonomischen Pressionen zu lösen beginnen. Erst muss sich das soziale Elend in *bewusste* Unzufriedenheit übersetzen können. Erst dann ist langfristig angelegte Auflehnung und Gegenwehr ernsthaft zu erwarten.«

Und Franz Walter weiß auch schon, vom wem. Ähnlich wie Marx sieht nämlich der erklärte Nichtmarxist, dass in der Geschichte nie die unterste Klasse die Revolutionen anführte, sondern diejenige, die jeweils als einzige die Produktivkräfte weiterentwickeln konnte: Nicht die Armen stürzten den Adel, sondern das Bürgertum. Heute sind es »Gruppen, die in Elitepositionen drängen, ... ein ganzes Heer von exzellent ausgebildeten jungen Menschen, die sich schon jetzt in couragierter, aber instabiler Selbständigkeit Tag für Tag selbst ausbeuten. Wenn im wirtschaftlichen Aufschwung die Inhaber des »Normalerwerbsverhältnisses« und die Repräsentanten der alten »Bürgerlichkeit« sie noch weiter abhängen sollten, dann wird die Frustration sich entladen. Kurzum: Wenn die Elitenzirkulation stockt, dann bekommen soziale Ordnungen einen Gegner aus der eigenen oberen Etage«, aber »ob das zur Ausgangslage weitreichender Veränderungen wird, hängt davon ab, inwiefern es zur großen, indes stets schwierigen Begegnung der geistigen Opponenten mit der Sozialopposition von unten kommt«. Und hier könnte sich dann die Staatsfeindlichkeit der Neoliberalen bitter rächen: Für Walter nämlich »schreitet die Erosion von etablierter Macht und die Courage zur Widerständigkeit der oppositionellen Kräfte dann massiv voran, wenn die Träger dieser Macht sich zuvor lässig oder gleichgültig gegenüber den staatlichen Institutionen verhalten haben. Das reduziert den Respekt vor den Ordnungsstrukturen und administrativen Pfeilern des Systems, senkt die Schwelle der Frucht der Herrschaftsgegner, mit ihren Attacken auf die öffentlichen Einrichtungen Chaos und Anarchie zu stiften.« Dies aber könnte *Alarmstufe Rot* bedeuten: »Massive Deregulierungen von oben fördern und rechtfertigen den fundamentalistischen Angriff auf den Staatsapparat von unten. So könnte ein Stück vorindustrieller Protestgeschichte zurückkehren«, also die »unförmigen, oft gewalttätigen Unterschichtenproteste«.

Infolge der vom Marktradikalismus geförderten und geforderten Individualisierung der Menschen schwinde nämlich der staatserhaltende Einfluss der sozialdemokratischen und gewerkschaftlichen Organisationen: »Die Opposition der reformistischen Arbeiterbewegung blieb systembezogen, agierte kalkulierbar, kanalisierte Wut und Empörung ihrer Anhänger in die Bahnen konstruktiver Parlaments- und Gesellschaftszugehörigkeit.«

Nun aber droht Schicht im Schacht, denn »die intermediären Puffer und Blitzableiter fallen zunehmend aus. Auch das wird die Schwelle sinken lassen, mit der sich Zorn und Frustration in spontane, schwer einhegbare Militanz übersetzt. Einige Barrikaden und Feuernächte in europäischen Vorstädten der letzten Jahre geben einen Vorgeschmack darauf, dass in der Strukturlosigkeit der organisationsfreien Lebensräume Gewalt eruptiv ausbrechen kann. Die Kultur des Tumults mag im 21. Jahrhundert zurückkehren.« Umfragen belegen dies. Ende 2007 glaubten laut einer Erhebung zwar erwartungsgemäß 60 Prozent der Parlamentarier, aber nur 28 Prozent der Bevölkerung, dass Einkommen und Vermögen in Deutschland im Großen und Ganzen gerecht verteilt sind.[271] Das Volk wird unruhig, und die Politische Klasse fragt sich, warum es sich künstlich aufregt. Vielleicht auch, weil in den vergangenen zehn Jahren das reale Bruttoeinkommen um fünf Prozent sank, während sich die Einkommen der Chefetagen verdreifachten?

Im Frühjahr verkündet die Deutsche Telekom etwa zeitgleich, dass ihr neuer Chef allein seit November 2006 über 2,6 Millionen Euro Gesamtvergütung eingestrichen habe und dass die Einstiegsgehälter um 50 Prozent auf etwas über 30 000 Euro gekürzt werden sollen. Man beachte die Begründung: »Bliebe es bei den derzeitigen hohen Einstiegslöhnen, könnten wir künftig niemanden mehr einstellen.«[272] War es nicht eigentlich so, dass ein Konzern genau so viele Arbeitskräfte beschäftigt, wie er aufgrund der Produktivität – und nicht etwa der Kassenlage – benötigt, und dass deshalb horrende Profite und Entlassungen kein Widerspruch seien? Entweder man benötigt Mitarbeiter oder nicht, und daher wird hier offenbar nur deshalb mit Stellenabbau gedroht, damit sich der Vorstand nicht nur die Taschen, sondern auch die Koffer und Tragetüten vollstopfen kann.

Da schlägt sogar der Vorsitzende der fünf Wirtschaftsweisen, Bert Rürup, wegen des Auseinanderdriftens der Managergehälter und der Arbeitnehmereinkommen Alarm: Die Marktwirtschaft sei nur stabil, wenn sie von der Masse der Bevölkerung akzeptiert werde. Er habe jedoch den Eindruck, dass diese Akzeptanz schwinde.

In diesem Zusammenhang wird dann auch schnell verständlich, warum einige Politiker unter allen möglichen Vorwänden den unbeschränkten Einsatz der Bundeswehr im Innern legalisieren wollen. Schließlich hat ja auch ihr neoliberaler Guru Milton Friedman nichts anderes über die Funktion des »schlanken Staates gesagt: »Seine vorrangige Aufgabe muss sein, unsere Freiheit zu schützen sowohl gegen den äußeren Feind als auch gegen unsere Mitbürger, um mit ›Law and Order‹ private Geschäftsbedingungen zu garantieren und konkurrierende Märkte zu schützen.«[273]

Dies allerdings kann einen Franz Walter nicht erschüttern, der ungerührt an die deutsche »Kulturgeschichte der Proteste« erinnert, insbesondere an die sogenannten *Achtundsechziger-Unruhen* als »die späten Ereignisse in einer durchaus langen Kette renitenten Verhaltens.

Ganz ohne Wirkung auf Mentalität und selbst auf das Parteiensystem der deutschen Gesellschaft blieben sie bekanntlich nicht. Und daher ist es nicht rundum auszuschließen, dass in der Enkel-Generation des Protests der Aufruhr wieder auflebt. Ökonomisches Wachstum jedenfalls könnte das Feuer der Kritik neu entfachen.«[274] Dies allerdings wäre – und etwas anderes interessiert ja die meisten Topmanager nicht – tatsächlich ein gewaltiger Standortnachteil.

Ungeahnte Wut – wird der Funke zum Steppenbrand?

Wie ein Funke zum Steppenbrand werden könnte, zeigt die Protestmail eines Telekom-Mitarbeiters an den Vorstand im Frühjahr 2007, in der es ziemlich unwirsch unter anderem heißt, »... *dass ich und die meisten meiner Kollegen im kleinen Finger mehr Unternehmensbindung haben als ihre ganze Führungsriege zusammen. Diese Telekom ist und war immer mein Leben. Ich habe mein Berufsleben hier begonnen und wollte es auch hier beenden. Sie und ihre Vorgänger jedoch ... kommen, strukturieren um, und das mit einer Arroganz und Selbstherrlichkeit, ohne auf warnende Hinweise zu hören. Es kümmert sich auch niemand von ihnen um die Folgen ihrer Entscheidungen. Sie ziehen mit vollgestopften Taschen weiter, um im nächsten Unternehmen das Gleiche zu tun, und sie hinterlassen skrupellos einen immer größer werdenden Scherbenhaufen. Wenn wir, die wir immer gute, kompetente und hochmotivierte Arbeit geleistet haben, uns dann von ihnen sagen lassen sollen, dass wir zu schlecht, zu teuer, nicht motiviert, faul und unproduktiv seien, dann steigt ob dieser Unverschämtheit eine ungeahnte Wut in uns auf. ... Uns darf man nicht eiskalt in den beruflichen, sozialen und finanziellen Abgrund treiben, dass verbietet das soziale Gewissen! Ich befürchte aber, dass dieser Appell bei ihnen und erst bei McKinsey verhallt. Wundern sie sich aber nicht, wenn sie beim Blick in den Spiegel eine Heuschrecke sehen.«[275]*

Noch bevor sich der Vorstand eine klammheimliche Lösung ausgedacht hatte, wurde der mutige Brief tausendfach intern weitergeschickt, von der linken Tageszeitung *Junge Welt* abgedruckt und landete sogar als Schlagzeile in *Spiegel Online:* »Telekom-Mitarbeiter feiern Kollegen ... Er ahnte nicht, dass er so vielen aus dem Herzen sprach ... Nun feiern Kollegen seinen Mut – und der Brief wird im Konzern weitergemailt wie ein Manifest.«

Schließlich reagierte sogar Konzernchef Obermann mit einem offenen Brief an die Belegschaft. Kernaussage: »Beleidigungsgrenze überschritten.« Wichtigste Erkenntnis aus dieser Aktion dürfte sein, »dass Mitarbeiter über Intranet, interne Mails und Blogs ein neues Medium des Protestes gegen ihre Vorstände gewonnen haben«.[276]

Noch bedenklicher für die Chefetagen nicht nur der Telekom sollten allerdings die Inhalte der massenhaften Zustimmung sein: »Wie rief man im damaligen Osten: ›Wir sind das Volk!‹ Heute möchte man rufen: ›Wir sind das Unternehmen!‹« oder »Auch ich habe in diesem Unternehmen schon überragende Leistungen gebracht, da haben die jetzt ›Verantwortlichen‹ noch ihr Einser-Abi in den Villen ihrer reichen Eltern gefeiert«.[277]

Kein Wunder, dass die Führer von Ver.di nicht umhinkamen, im Mai 2007 einen Streik gegen die Rationalisierungspläne auszurufen. Und sehr zum Unmut beileibe nicht nur der Telekom-Führung äußerten 78 Prozent der Bundesbürger Verständnis für den Arbeitskampf.

Zwischenbilanz des Konzernchefs Obermann nach vier Wochen Arbeitskampf und Beginn der Aufdeckung des Telekom-Dopingskandals: »Uns fliegen die Kugeln um die Ohren«.

Als man sich unter Vorspiegelung harter Verhandlungen Mitte Juni 2007 einigte, wehte ein Hauch von Hartz-Betriebsrat durchs Land. Natürlich werden die 50 000 Mitarbeiter in Service-Klitschen entsorgt. Als Ausgleich erhalten sie »nur« 6,5 statt neun

Prozent Lohnkürzung, dafür vier Stunden Mehrarbeit und nach litauischem Vorbild den Samstag als normalen Arbeitstag sowieso das Pfadfinderehrenwort der Ron-Sommer-Nachfolger, die ausgelagerten Betriebe erst 2012 statt 2010 zu verscherbeln – Siemens und BenQ lassen grüßen. Die Reaktionen: »Die Gewerkschaft Ver.di kann ihre Niederlage nur mit Mühe kaschieren ... Während die Beschäftigten nun auf das schwache Ergebnis schimpfen ..., herrscht an der Börse helle Freude.«[278]

14. Kapitel

Augen zu und durch – Die Komplizen

»Wer sich nach den Tipps von Brokern richtet,
kann auch einen Friseur fragen,
ob er einen neuen Haarschnitt empfiehlt.«
Warren Buffett

Dass für den Topmanager der auf Menschenwürde, Humanismus und Solidarität basierende Sozialstaat keine ernsthafte Option ist, versteht sich von selbst.

Erstens sind für den Wirtschaftskapitän als *homo oeconomicus* selbst die simpelsten humanistischen Argumente so unverständlich wie für einen Oberbayern das Plattdeutsche. »Als Global Player mit dem kleinen Horizont ... gleicht er dem Banausen. Jenseits von Angebot und Nachfrage ist für ihn die Welt zu Ende.«

Folgt man Norbert Blüm, so hatte sogar der *homo erectus* vor 40 000 Jahren »mehr Kultur als die kapitalistische Kunstfigur *homo oeconomicus* ... die letzte Stufe der Degeneration des *homo sapiens*.« Noch zwei oder drei Generationen, so mutmaßt der christliche Politiker, und wir hausen wieder auf den Bäumen. Allerdings hat sich der *homo oeconomicus* »in seiner kleinen Welt so eingerichtet, dass er sich durch Hochrechnung in einer großen wähnt«.[279]

Zweitens sucht sich das Unternehmen seine Pappenheimer sorgfältig aus. »Wer in Unternehmen mit einer starken Marke ganz nach oben kommt, ist bereits Teil der Marke und der Werte, die sie ausmachen«, sagt der Berliner Markenforscher und Semiotiker

Nicholas Adjouri. »Die Marke bestimmt ihre Manager. Die Marke überlebt immer ihre Manager!«[280]

Wer das Unternehmen auf einen grundsätzlich anderen Kurs bringen will, der fliegt, wie das Beispiel des französischen Automanagers Daniel Goeudevert eindrucksvoll belegt. Von 1975 bis 1978 war er Generaldirektor der Deutschen Renault AG, von 1981 bis 1989 Chef der Deutschen Ford-Werke AG, ab 1991 VW-Vorstand für den Bereich Marken. Hier galt er als »Querdenker, der gern ungewöhnliche Ansichten und Managementmethoden vertrat und dabei auch die menschliche Seite des Geschäfts nicht vergaß«.[281] Weil er aber den Ausbau des öffentlichen Nahverkehrs unterstützte und für die Entwicklung umweltfreundlicher Autos kämpfte, musste er im Jahr 1993 gehen.

Daher kann man ohne Abstriche davon ausgehen, dass Deutschlands Topmanager aus Überzeugung oder Karrierismus die jeweiligen Konzernziele der kompromisslosen Profitmaximierung sowie der Unternehmenskultur ebenso vertreten wie die wirtschaftlichen und politischen Konzepte des Neoliberalismus.

Folglich heißt es für sie »Augen zu und durch«, und für diese Strategie können sie jede Hilfe, jeden Freund und jeden Komplizen gut gebrauchen, vor allem aus den Reihen der Medien, der Politik und der Gewerkschaften.

Nun sind die Topmanager natürlich nicht für alles Übel dieser Welt verantwortlich: »Pleiten des Managements haben die Fehlentwicklung verstärkt, aber nicht verursacht.«[282] Etwas ganz anderes ist es natürlich, wenn die Wirtschaftsführer die Rahmenbedingungen beeinflussen oder selbst schaffen.

In diesem Sinne ist Demokratie »zulässig, solange die Wirtschaft von demokratischen Entscheidungsprozessen verschont bleibt, d. h., solange die Demokratie keine ist.« Folglich ist die vornehmste Aufgabe der Medien aus Sicht des Neoliberalismus nicht die Aufklärung, sondern die systematische Verblödung der Gesellschaft. Für den US-amerikanischen Linguistikprofessor und Neoliberalismuskritiker Noam Chomsky »hat das neoliberale System ein wichtiges und notwendiges Nebenprodukt – ein entpolitisiertes, von Apathie und Zynismus befallenes Staatsbürgertum«.[283]

Die neoliberale Gehirnwäsche

Zunächst einmal verhält sich die veröffentlichte zur öffentlichen Meinung wie die Tabakwerbung zur Raucherlunge. Was die Medien über uns tagtäglich kübelweise ausschütten, hat mit Volkes Meinung meist wenig zu tun. »Wir sind Zeugen eines imposanten Brainwashing«, schreibt der Neoliberalismusforscher Albrecht Müller. Wie aber kommen Managerphantasien als »Fakten« oder »bittere Wahrheiten« in die Medien? Wie funktioniert die »freiwillige Gleichschaltung der öffentlichen Meinung in Deutschland auf den Glaubenssatz, Reformen hülfen uns aus der wirtschaftlichen Misere«?[284]

Unter den Journalisten, die sich als Transmissionsriemen für marktradikale Agitation und Propaganda zur Verfügung stellen, gibt es vier Standardtypen.

BULLSHITTER
nennt der Princetoner Philosophieprofessor Harry G. Frankfurt einen Menschen, dem es vollkommen egal ist, »ob seine Behaup-

tungen die Realität korrekt beschreiben. Er wählt sie einfach so aus oder legt sie sich so zurecht, dass sie seiner Zielsetzung entsprechen.«[285] Viele Journalisten, aber auch Politiker labern hirnlos nach, was andere ihnen souffliert haben, um dazuzugehören und/oder Karriere zu machen. Da wird dann ein soziales und humanistisch orientiertes Wirtschaftskonzept schnell und gedankenlos »rückwärtsgewandt« genannt, eine auf Habgier und Sozialdarwinismus gegründete Ökonomie dagegen »modern«.

ANBIEDERER

dienen sich selbst den größten Scharlatanen als informelle ehrenamtliche Pressesprecher an. Zur Zeit der New Economy verkauften sie Betrügergewäsch als knallharte Fakten – mit den bekannten Folgen. Ausrede der Schleimexperten: Man könne Manager ja nicht beschimpfen und dann Informationen erwarten. Sie leiden unter dem »Dreivierteletagensyndrom«: Manch Vorstandschauffeur bildet sich ein, er wäre mit dem Firmenboss auf Augenhöhe. Und Börsenreportern unterlaufen oft Ausbrüche wie »Wir alle hier sind begeistert über den Höhenflug des DAX« – was allerdings bei Insidergeschäften der Medienleute verständlich wäre.

LEICHTGLÄUBIGE

sind ideale Opfer für Scheinlogik à la: »Wenn 10 Prozent aller Autounfälle von Betrunkenen verursacht werden, also 90 Prozent von Nüchternen, sollte man dann nicht lieber das nüchterne Fahren verbieten?« Weil glauben nicht wissen heißt und viele Bürger aufgrund ihrer Ausbildung und Sozialisation bei »Wirtschaft« eher an ihre Stammkneipe und bei »Haushalt« an ihre unaufgeräumte Küche denken, bleibt ihnen nur das blinde Vertrauen in die neoliberale Verheißung. Für Stefan Riße ist es häufig »auch die Ahnungslosigkeit vieler Journalisten, die sie allzu kritiklos und unbewusst zu Sprachrohren der Manager werden lässt«.[286]

AUFTRAGSDEMAGOGEN

versuchen – ob gegen Geld, Karriereversprechen oder aus dumpfer fundamentalistischer Überzeugung – die marktradikale Demagogie oder einzelne Firmeninteressen in die Medien zu schmuggeln. In der Praxis sind sie willige Gehilfen der neoliberalen Gehirnwäschezentrale, der besagten *Initiative Neue Soziale Marktwirtschaft.*

Die Initiative Neue Soziale Marktwirtschaft

»Die INSM bereitet das klimatische Fundament in der Öffentlichkeit, damit die Unternehmen anschließend ihre Interessen besser durchsetzen können«, so fasst der Berliner Politikprofessor Rudolf Speth seine Studie über die Arbeitgeberorganisation zusammen.[287]
Die INSM verwendet außer dem bekannten Sachzwanggeschwafel und der berüchtigten Aufwiegelei gegen den Staat, seine Institutionen und Beamten folgende Demagogiestränge:

- ■ Positiv besetzte Begriffe werden leicht verändert und ins Gegenteil verkehrt, zum Beispiel die Bezeichnung ihres moralimmunen Wolkenkuckucksheims als »Neue« Soziale Markwirtschaft. Viele Begriffsverfälschungen gingen allerdings nach hinten los. So rückübersetzen die Menschen inzwischen Reform, Flexibilität und Eigeninitiative richtig mit Entlassungen und Sozialabbau, und der von CDU, CSU und FDP nachgebetete Slogan »Sozial ist, was Arbeit schafft« war ein Fast-Plagiat der Parole »Sozial ist, wer Arbeit schafft« von Adolf Hitlers Steigbügelhalter Alfred Hugenberg. Alle Beteuerungen, Hitlers Motto sei ganz was anderes als das der INSM, beantwortet der Bürger mittlerweile mit einem fröhlichen »Aber klar doch«.

- Parallel dazu wird mit negativ besetzten Begriffe diffamiert: *Blockierer* für Menschen anderer Meinung, *Besitzstandswahrung* für den Kampf ums Überleben, *soziale Hängematte* für das Existenzminimum oder *unflexibel* für die Weigerung einer arbeitslosen Mutter, ihre Kinder zur Adoption freizugeben und in Rio als Betriebsrats-Prostituierte zu arbeiten.
- Eine wahre Schwemme von Professoren im INSM-Team soll eine tumb-devote Titelanbetung ausnutzen und ausgerechnet den intellektuellen Tiefflügen des Neoliberalismus »Wissenschaftlichkeit« suggerieren, während gleichzeitig das Sammelsurium neoliberaler Koryphäen unterschiedlicher Parteien Überparteilichkeit vortäuschen soll.
- Eine Standardfloskel der INSM lautet »unbequeme Wahrheiten«. Demnach ist es zum Beispiel ein »Sachzwang der Globalisierung«, das selbst erbärmlich gescheiterten Managern ein Lebensabend im Schlaraffenland sicher ist, während ehrlich arbeitende Menschen die Altersarmut erwartet. Derlei »Aufklärung« hat in etwa so viel mit der Realität zu tun wie die »unbequemen Wahrheiten« der Gebrüder Grimm.

Dies führt geradewegs zu den Methoden der INSM und ihrer Helfer: Was in den meisten Nachrichten und Magazinsendungen besonders von ARD und ZDF als »unabhängige international renommierte Experten« verkauft wird, sind meist ehrenamtliche oder bezahlte Einpeitscher der INSM.

Dass diese Herrschaften am liebsten im Trüben fischen und ihnen eine Enttarnung peinlicher ist als einem Puffgänger der Videomitschnitt, konnten 3,1 Millionen Zuschauer am 8. Februar in der ZDF-Talkshow *Berlin Mitte* live miterleben. Kaum hatte die angenehm forsche *Maybrit Illner* den Ex-Jurastudenten und grünen »Finanzexperten« Oswald Metzger wahrheitsgemäß als Kuratoriumsmitglied der INSM vorgestellt, da erbleichte der und giftete dann, dies sei aber nicht ausgemacht und er doch als »Grüner« eingeladen.

Gleichfalls aufgeflogen ist eine Spezialität der INSM ebenso wie der Schleichwerbefraktion der ARD, nämlich das Einbauen bezahlter Werbung in die Handlung von Jugendserien: So zahlte die Propagandatruppe im Jahr 2002 insgesamt 58 670 Euro, damit in der Serie Marienhof die Hauptfiguren sieben Folgen lang die minderjährige Zielgruppe mit dumpfestem marktradikalem Schrott zuschütteten, zum Beispiel dass der Staat zu viel Steuer kassiert. Kommentar des Ver.di-Vize Frank Werneke: »Offenbar scheut man die offene Auseinandersetzung über die sozialen und beruflichen Perspektiven von Jugendlichen und schleicht sich stattdessen in Jugendmedien ein.«[288] Hinterher beteuerte INSM-Geschäftsführer Dieter Rath, man habe nicht die Jugendlichen manipulieren wollen.

Aber nach der Kampagne ist vor der Kampagne: Gleich einen Tag nach der Bundestagswahl vom 18. September 2005, als die neoliberale »Vision« von der grenzenlosen Bereicherung der Reichsten zu Lasten der Bevölkerung eine schmähliche Abfuhr erfahren hatte, fuhr das als besonders schamloses Unternehmersprachrohr beleumundete frühere Politmagazin Report Mainz besonders »kompetentes« Geschütz auf. In einem Beitrag »Katalog der Grausamkeiten – Wie geht es weiter mit Rente, Pflege, Gesundheit?« wurde ein Konzentrat neoliberaler Wahlkampfreste über den »Sachzwang zum Sparen« für die kleinen Leute als »übereinstimmende Expertenmeinung« dargestellt. Einzige »Experten« waren natürlich die professoralen INSM-Hausierer Michael Hüther, Thomas Straubhaar und Bernd Raffelhüschen.

Umgekehrt ziehen die ARD-Verantwortlichen in ihrem Kampf gegen die Meinungsfreiheit alle Register der Schäbigkeit. So wurde die INSM-Kritik »Wie Wirtschaftsverbände die öffentliche Meinung beeinflussen« von Dietrich Krauß zwar am 30. August 2005 in *plusminus* ausgestrahlt, kurz darauf aber aus dem Internet entfernt. Man berichtet von mittleren Tobsuchtsanfällen bei ARD und INSM, als der zensierte Beitrag dann im Internet doch noch der demokratisch interessierten Nachwelt zugänglich gemacht wurde.[289]

Natürlich fischt die INSM auch unter dem akademischen Nachwuchs im Trüben, so im April 2007 mit einer Homepage »von Studenten für Studenten«. Man »wolle klären, wie Unis Studiengebühren verwenden und was die Studenten davon halten. Doch dahinter verbergen sich PR-Profis – von der arbeitgebernahen Initiative für Soziale Marktwirtschaft.«[290] Dank *Spiegel*-Recherche flog auch dieser plumpe Versuch auf – und die INSM war einmal mehr bis auf die Knochen blamiert.

Übrigens: Da die INSM Medienpartnerschaften mit *Financial Times Deutschland,* der *Wirtschaftswoche,* der *Zeit,* der *Frankfurter Allgemeinen Sonntagszeitung,* dem *Focus* und dem *Handelsblatt* unterhält, kann eigentlich jeder Artikel das Werk eines Topmanagers, eines INSM-Botschafters oder der Werbeagentur Scholz & Friends sein. In den USA, die uns ja bekanntlich immer nur ein paar Jahre voraus sind, stammen bereits fast die Hälfte der Informationen von Tageszeitungen nicht mehr aus Eigenrecherchen, sondern aus »Fakten«, Erklärungen, Pressemitteilungen und Anzeigen »interessierter Anbieter«.

Die Hofnarren: Analysten und Wirtschaftsjournaille

Dass Analysten die Zukunft fast genauso exakt vorhersagen wie Astrologen, versteht sich von selbst. Ärger und Bewunderung halten sich beim Beobachter die Waage, wenn selbst die inkompetentesten Möchtegernanalysten im Fernsehen ihre »Marktprognosen« für das nächste Halbjahr ausbreiten, die sich meist schon

Falls dem Leser einige dieser Personen aus dem INSM-Kader in den Medien als »unabhängige und international renommierte Experten vorgestellt werden sollten:

- Prof. Hans-Wolfgang Arndt – Rektor der Universität Mannheim

- Prof. Arnulf Baring – Politikwissenschaftler, Historiker und Publizist

- Prof. h.c. Roland Berger – internationaler Unternehmensberater

- Lord Ralf Dahrendorf – Mitglied des Britischen Oberhauses

- Prof. Johann Eekhoff – Staatssekretär a. D.

- Florian Gerster – Ex-Chef der Bundesagentur für Arbeit

- Johanna Hey – Stiftungsprofessur für Unternehmenssteuerrecht in Düsseldorf

- Prof. Michael Hüther – Direktor des Instituts der deutschen Wirtschaft

- Martin Kannegiesser – Präsident des Arbeitgeberverbandes Gesamtmetall

- Sylvana Koch-Mehrin – Europa-Parlament und FDP-Bundesvorstand

- Prof. Dieter Lenzen – Präsident der Freien Universität Berlin

- Friedrich Merz – Anwalt der Heuschrecke TCI Prof.

- Oswald Metzger – Finanzexperte Bündnis 90/Die Grünen

- Siegmar Mosdorf – Parlamentarischer Staatssekretär a. D.

- Ulrike Nasse-Meyfarth – Olympiasiegerin im Hochsprung

- Arend Oetker – Unternehmer, Vizepräsident des BDI

- Prof. Rolf Peffekoven – Direktor des Instituts für Finanzwissenschaft Universität Mainz

- Prof. Bernd Raffelhüschen – Lehrstuhl für Finanzwissenschaft Universität Freiburg

- Arndt Rautenberg – Leiter Konzernstrategie und -politik bei der Deutschen Telekom AG

- Randolf Rodenstock – Vorsitzender des Aufsichtsrats der Rodenstock GmbH

- Prof. Dagmar Schipanski – Präsidentin des Landtages von Thüringen

- Nikolaus Schweickart – Vorstandsvorsitzender der Altana AG

- Prof. h. c. Lothar Späth – Vorsitzender des Aufsichtsrats der JENOPTIK AG

- Erwin Staudt – Präsident des VfB Stuttgart

- Prof. Thomas Straubhaar – Direktor des Hamburgischen Weltwirtschaftsarchivs

- Carl-Ludwig Thiele – FDP-Bundestagsfraktionsvize

- Prof. Hans Tietmeyer – Vorsitzender des Kuratoriums und Ex-Bundesbankpräsident

- Hans-Dietrich Winkhaus – Präsident des Instituts der deutschen Wirtschaft Köln (IW)

24 Stunden später als substanzloses Gewäsch erweisen. Wer solche »heißen Tipps« für Pferderennen und Oddsetspiele verkaufte, würde schon bald von der Wettmafia gejagt.

Aller Analystenhokuspokus wurde übrigens bereits durch die *Random-Walk-Theorie* (Zufallsbewegung) von US-Professoren wie Burton Malkiel und Eugene Fama gründlich widerlegt. In einem weltbekannten Versuch wirft ein Schimpanse mit verbundenen Augen Dart-Pfeile auf den Börsenteil einer Zeitung. »Die Aktien und Anleihen, die er dabei trifft, entwickeln sich anschließend besser als alles, was von den Experten in akribischer Analyse ausgewählt wurde.«[291]

Andererseits hat sich gerade in der Phase der schamlosen Betrügereien rund um den neuen Markt für einige von ihnen zumindest die Prognose des »schnellen Reichtums auf Kosten vieler Dummköpfe« voll bewahrheitet: »Wes Aktien ich besitze, des Lied ich sing.« Und ohne an dieser Stelle einzelne dieser »Experten« bloßzustellen: Manch ein Analyst und Börsenjournalist unterliegt als Insider nun einmal der gleichen Versuchung wie jemand, der auf einen Sack unabgezählten Geldes aufpassen soll.

Allerdings hat bei manchen Wirtschaftsredakteuren der faktische PR-Charakter ihrer Berichte und Kommentare nicht unbedingt einen insiderkriminellen oder korruptionsbedingten Hintergrund, sondern beruht auf der Faszination der »Reichen, Schönen und Mächtigen«.

Die wenigsten reden so freimütig darüber wie Stefan Riße am Beispiel einer Porsche-Präsentation: »Per Charterflugzeug ging es ... zu so exklusiven Zielen wie Lucca in der Toscana, Saint Tropez oder Sevilla, um die Autos ... auch schon mal als Beifahrer von Ex-Rallye-Weltmeister Walter Röhrl Probe zu fahren. Die Übernachtung und das Abendessen fanden in den besten Hotels statt, und das Abendessen hatte jedes Mal das Niveau der Spitzenklasse.« Natürlich zahlte alles Porsche, »auch die Minibar und die Benutzung des Telefons waren inklusive«. Natürlich lohnen sich diese Investitionen, »da sie redaktionelle Berichterstattung in diversen Zeitungen und Magazinen bringen, die durch Anzeigenwerbung nicht zu ersetzen wären«. Und an seine Kollegen appelliert der NTV-Mann, sie müssten »sich darüber im Klaren sein, dass sie Teil eines Spiels sein können, das Topmanagern mindestens kurzfristig nutzt, das aber Aktionäre und Mitarbeiter langfristig empfindlich schädigen kann«.[292]

Natürlich müssen Journalisten mit Konzernvertretern fair kommunizieren, und wundersamerweise können dies kritische Berichterstatter meist besser als ihre sich anbiedernden Kollegen – auch ohne Urlaub auf des Topmanagers Traumschiff und ohne Anbaggern des Töchterleins. Der Deal lautet hier »ehrliche Informationen gegen sachliche Berichte« und wird – und wenn auch oft nur wohl oder übel – von den Konzernen erstaunlich häufig akzeptiert.

Die Politik: Quartiermacher der Konzerne

Dass selbst die neoliberalen Eiferer im Grunde ihres Herzens den marktradikalen Aberglauben als substanzloses Gewäsch und Fachkompetenz daher als irrelevant ansehen, demonstrierte im Frühjahr 2007 Baden-Württembergs Regierungschef Günther Oettinger, als er seinen Intimus Rudolf Böhmler in den Bundesbankvorstand hievte. Die Banker selbst erklärten den Kirchenfachmann und Juristen Böhmler laut NTV für »unerwünscht«. Weder sei er fachlich geeignet, noch verfüge er über die nötigen Fremdsprachenkenntnisse. Tatsächlich finden sich in seinem Lebenslauf nicht einmal mikroskopische Spuren irgendwelcher Finanzkompetenz.

Vernebeln und geheime Süppchen kochen

Da in der neoliberalen Traumwelt der Markt alles regelt und folglich der Staat lediglich mit Recht und Ordnung das System sichern, sich ansonsten aber nicht in Dinge einmischen darf, die
ihn nichts angehen, sollte sich die politische Diskussion am besten auf Nebenthemen beschränken. Dies braucht man unseren
Parteien nicht zweimal zu sagen: Um Doppelstaatsbürgerschaft
und Dosenpfand, Rauchverbot und Rechtschreibreform, Unter-
haltsrecht, Ladenschluss und Erziehungsgeld werden gigantische
Kulturkämpfe inszeniert, während nahezu unbemerkt von der
breiten Öffentlichkeit ein Finanzgeschenk nach dem anderen für
die Unternehmen und eine Verschlechterung nach der anderen für
die Menschen durchgepeitscht wird. Was waren zum Beispiel im
März 2007 die Absegnung der Rente ab 67, die erneute Senkung
der Unternehmenssteuer und die Einführung von Immobilien-
Aktiengesellschaften gegen die Medienschlachten um die zweite
Raucherecke in Fernfahrerkneipen und um die Gleichstellung der
Unterhaltsansprüche der achten mit der zwölften Ehefrau?

Umverteilen, bis es quietscht:
Das Beispiel Unternehmenssteuerreform

Besonders bei der verschämt durchgewunkenen »Unternehmens-
steuerreform 2008« sind die krampfhaften Ablenkungsmanöver
verständlich: Die Steuerbelastung der Kapitalgesellschaften sinkt
von durchschnittlich 38,6 auf 29,8 Prozent, der Einkommensteu-
ersatz für einbehaltene Gewinne von bislang maximal 42,0 auf
28,25 Prozent. Aber der Steuerzahler hat's ja. Weit über sechs
Milliarden pro Jahr hat Spender Steinbrück dafür angesetzt.
Und natürlich hat die Koalition dieses Geld nicht einmal ehr-

lichen Produzenten zugedacht, sondern den Heuschrecken: Konjunkturforscher Gustav Horn von der Hans-Böckler-Stiftung hält es für »eine Illusion, zu erwarten, dass die Firmen wegen der Steuerreform mehr investieren. Weniger Steuern lockten allenfalls Finanzinvestoren an, nicht aber reale Investoren.«[293] Rein rechnerisch jedenfalls finanziert der Steuerzahler die immensen Einkommenszuwächse der Topmanager.

Um die ewigen Steuergeschenke zu bezahlen, ist »Sparen um den Preis des Verfalls« angesagt: »Dieser Sparkurs in den vergangenen Jahren hat Straßen, Brücken und Schulen erst so verkommen lassen, wie der Zustand zum Teil heute ist. Um die öffentlichen Haushalte in der Vergangenheit halbwegs finanzierbar zu halten, war es ein probates Mittel, die öffentlichen Investitionen zusammenzustreichen.«[294]

Der *Freitag* beschreibt »Steinbrücks Staatsstreich« kurz und knapp: »Das Volk saniert die Staatsfinanzen – der Finanzminister die Konzerne.«[295]

Immer neue Geschenke für Heuschrecken

Aber nicht nur die Konzerne: Um zu verhindern, »dass Deutschland international den Anschluss verliert« (Steinbrück), beschließt der Bundestag ausgerechnet auf dem Höhepunkt der von Heuschrecken ausgelösten Krise des US-Immobilienmarktes die genannte Einführung von Immobilien-Aktiengesellschaften, den *Reits* (Real Estate Investment Trusts). Diese Gratis-Flatrate für Heuschrecken und Spekulanten – Reits sind von der Gewerbe- und Körperschaftsteuer befreit – ist für die *Frankfurter Allgemeine Zeitung* »aus standortpolitischen Gründen gut«, da sie »dem deutschen Immobilienmarkt einen Schub« gebe: »Reits haben zwar das Risiko der stärkeren Kursschwankungen, aber zugleich den Vorteil des minütlichen Marktpreises, zu dem die Anleger an- und verkaufen können. Reits werden dem Immobilienmarkt mehr Aufmerksamkeit gerade ausländischer Anleger bescheren ... Doch Anleger sollten wissen: Die Aufnahmebereitschaft des Marktes für Reits kann auch schnell überstrapaziert werden.«[296] Würde Blackstone Nobelpreise verleihen, wären die Kanzlerin und ihr Finanzminister heiße Favoriten. Immerhin bekam man zu guter Letzt nach massiven Protesten von Mietervereinen, Linkspartei und der SPD-Linken doch noch Angst vor der eigenen Courage: Weil Mietexplosionen vorprogrammiert sind, dürfen Reits »nur« in Wohnungen investieren, die seit 2007 gebaut wurden.

Den vorläufigen Höhepunkt der unverfrorenen Plünderung der Staatskasse zugunsten des skrupellosesten Nimmersatts durch die Koalition bildet das Verschenken von jährlich 500 Millionen Steuergeldern an die Heuschreckenschwärme. Besonders am Herzen liegt der Koalition die Förderung von »Wagniskapital« für zwielichtige Klitschen, mit deren Hilfe schon zur Zeit des Neuen Marktes zahllose Betrügerbanden arglose Kleinaktionäre in den Ruin getrieben hatten.

Zur Gegenfinanzierung dieser Spekulantensubvention spart die Koalition 300 Millionen Euro, mit denen Millionen Kindern aus ärmeren Familien eine warme Schulmahlzeit für einen Euro ermöglicht werden könnte. OECD und EU jedenfalls sind seit langem entsetzt und peinlich berührt, dass in einem der reichsten Länder der Erde mit der Tendenz zum Steuerparadies für milliardenschwere Müßiggänger immer mehr Kinder mit leerem Magen lernen müssen und auch so ihrer gesamten Zukunft beraubt werden.

Sicher ist sicher: Die Personalunion

Dass die Richtlinienkompetenz für die deutsche Politik de facto bei der Industrie liegt, wird deutlich an der Personalie Angela Merkel. Noch zu Oppositionszeiten attestiert der damalige CDU-Wirtschaftspapst Friedrich Merz seiner Chefin »angelerntes Wissen«. Aber von wem? Ihr geduldiger Nachhilfelehrer ist seit 2001 die graue Eminenz Jürgen Kluge, bis 2006 Deutschland-Chef von McKinsey – und ihr bis heute gültiges »Grundsatzpapier« vom August 2001 heißt sogar genauso wie die Demagogentruppe der Konzerne: »Neue Soziale Marktwirtschaft«. Dass zu Merkels engster Souffleurtruppe auch ein Heinrich von Pierer zählt, ist eigentlich schon zu selbstverständlich, um extra betont zu werden.

Doch wenn man denkt, besser geht's nicht mehr, kommt irgendwo ein Norbert Röttgen her. Der parlamentarische Geschäftsführer der CDU/CSU-Bundestagsfraktion sollte ab 2007 gleichzeitig als Hauptgeschäftsführer des BDI fungieren. Dies scheiterte lediglich an reichlich harscher Kritik – aber nicht von der CDU, sondern von den ehemaligen BDI-Präsidenten Hans-Olaf Henkel und Michael Rogowski.

Auch die Bundesvereinigung Deutscher Arbeitgeberverbände (BDA) sitzt bei der Gesetzgebung in der ersten Reihe. Ihr Hauptgeschäftsführer Reinhard Göhner ist gleichzeitig für die CDU im Bundestag tätig. Auf dem Höhepunkt der Lobbyismusdebatte lässt er freundlicherweise durchblicken, mit dem Doppelspiel zum Ende der Wahlperiode aufhören zu wollen.

Da darf natürlich auch die Autoindustrie nicht fehlen: Ex-Verkehrsminister Matthias Wissmann wechselt Mitte 2007 von Bundestag und CDU-Vorstand in den Chefsessel des Lobbyverbandes VDA. Gerade in der Klimadebatte, so die *Welt* süffisant, »fehlt es vor allem an einem eloquenten, Talkshow-affinen Außendarsteller und an einem Strippenzieher, der weiß, wie die Politik im Bund

und auf europäischer Ebene läuft. Beide Aufgaben sind Wissmann wie auf den Leib geschneidert.«[297] Scheint so, denn sowohl DaimlerChrysler-Boss Dieter Zetsche, »unser Wunschkandidat«, als auch Umweltminister Sigmar Gabriel, »eine gute Wahl«, sind begeistert.

Noch sicherer ist selbstgemacht

Eigentlich sollte die Regierung beleidigt sein, dass ihrer konzernhörigen Arbeit von den Topmanagern so wenig Vertrauen entgegengebracht wird und sie die »Wirtschaftspolitik im Namen des Volkes« doch lieber gleich von ihren eigenen Leuten machen lassen. Ende 2006 entdeckte *Monitor* »eine neue Variante des Lobbyismus«. Demnach sitzen in fast allen Bundesministerien »Leiharbeiter aus den wichtigsten deutschen Unternehmen Tür an Tür mit Beamten, schreiben sogar an Gesetzen mit und werden von der Wirtschaft bezahlt ... Siemens oder DaimlerChrysler, die Lufthansa oder die Deutsche Bank, fast alle Großen sind dabei ... Insgesamt 100 aus unterschiedlichen Unternehmen und Verbänden, gesteht die Bundesregierung jetzt ein.« Zwei Beispiele:

- Für DaimlerChrysler und von der Firma bezahlt, saß laut *Monitor* der Leiter der Abteilung »Konzernstrategie – Verkehrspolitik« im April und Mai 2002 im Verkehrsministerium, wo genau zu diesem Zeitpunkt der Milliardenauftrag für die LKW-Maut vergeben wurde. Rein zufällig gehörte der Autokonzern zu jenem Bewerberkonsortium, das den Auftrag erhielt.
- Das Gesundheitsministerium musste einen Lobbyisten der Deutschen Angestellten-Krankenkasse, der natürlich ebenfalls streng vertrauliche Dokumente an sein Unternehmen weitergegeben hatte, aufgrund des Wirbels entlassen.

Der Bundesrechnungshof kündigte derweil eine sorgfältige Prüfung an: »Der eine Punkt: Wer bezahlt die Personen, die in den Ministerien zum Beispiel an Gesetzen mitarbeiten? Der zweite Punkt ist die Neutralität des Verwaltungshandelns gewährleistet oder bestehen hierfür Risiken, zum Beispiel in den Fällen, dass Personen an Gesetzen mitarbeiten und von Verbänden oder Unternehmen bezahlt werden?«[298]

Landschaftspflege

Wenn man eine der Schlüsselfiguren der damaligen CDU-Spendenaffäre, den vorübergehend in Kanada residierenden Waffenlobbyisten Karlheinz Schreiber, den von ihm geprägten Begriff *Landschaftspflege* erläutern lässt, so klingt das harmlos, alltäglich und vor allem logisch: Jemand tut mir einen Gefallen, und ich revanchiere mich. Warum sollten Politiker und Konzerne anders miteinander umgehen als Freunde und Bekannte?

Nun gibt es aber die im Jahr 1997 geänderten Bestimmungen des Paragraphen 331 des Strafgesetzbuches über Vorteilsannahme und Vorteilsgewährung, wonach auch Vergünstigungen strafbar sind, die nicht zu einer Diensthandlung führen.

Als es im Februar 2000 im Bundestagsuntersuchungsausschuss »Parteispenden« kurzfristig nach »reinem Tisch« aussah und es für gewisse Kreise eng zu werden drohte, fragte der CDU-Abgeordnete Wolfgang Bosbach allen Ernstes nach einer schriftlichen Unrechtsvereinbarung im Bestechungsfall des damals untergetauchten Ex-Staatssekretärs Holger Pfahls, worauf der zuständige Augsburger Staatsanwalt Winfried Maier allerdings konterte: »Unrechtsvereinbarungen bei einer Bestechung werden gemeinhin nicht schriftlich niedergelegt.«

Ob Bosbach nun die falsche Fährte absichtlich gelegt hat oder nicht: Beim Politikerkauf wird ohnehin meist nicht in harter Währung bezahlt, wie auch Helmut Kohls Ex-Büroleiter, der Politologe Wolfgang Bergsdorf, allen Heuchlern hinter die Ohren schreibt: »Wer sich für die Politik entscheidet, darf nicht die Hoffnung haben, sein Einkommen maximieren zu können. Der größere Teil seines Honorars besteht in der Teilhabe an der politischen Macht, die ihre eigene politische Ausstrahlung hat. Dazu gehört Publizität, die von vielen genossen wird, auch politische Lebenserfahrung, die man in der Politik erwirbt, ob man es will oder nicht.«[299]

Dass die finanzfixierte Eigennutzversion wohl einigen marktradikalen Meinungsführern, nicht aber allen Politikern gerecht wird, zeigt auch beispielhaft eine Untersuchung von Patrick Schwarz: »Wer Politiker auf schnelle Autos reduziert, unterschätzt ihre wahre Leidenschaft. ›Was ist das Brot des Politikers, woraus bezieht er Genugtuung?‹, fragt Wolfgang Clement. ›Für die Politik ist das die öffentliche Wahrnehmung.‹ Renate Schmidt sagt: ›Ich bin seit 1987 dran gewöhnt, wichtig zu sein.‹«[300]

Geld allein macht also manche Politiker nicht glücklich, aber es beruhigt auch sie: Typisch für die Handhabung von Korruption durch Justiz und Politik ist das häufige faktische Ausblenden selbst offensichtlicher geldwerter Vorteile: Die Nachfolgejobs vieler Politiker in der Wirtschaft sind rein finanziell weit mehr wert als der Inhalt eines auf dem Züricher Bahnhofsklo empfangenen Aktenkoffers. Und der neoliberale »neurotische Zwangsrechner« (Norbert Blüm) müsste auch sofort den Geldvorteil eines Aufstiegs vom Abgeordneten zum Staatssekretär sehen, der wiederum die Belohnung für die Unterstützung der konzernfreundlichen Regierungspolitik darstellt.

Nun gilt aber bei uns frei nach Matthäus 19,24: »Eher geht ein Kamel durch ein Nadelöhr, als dass ein bestochener Politiker ins Gefängnis kommt.« Dies ist für den Endsieg der Marktradikalen allerdings ohnehin relativ belanglos und möglicherweise sogar ein Pyrrhussieg.

Nehmen wir den Fall des früheren Bank- und CDU-Fraktionschefs Klaus Landowsky, bei dem erst die Politik und im März 2007 die Justiz die Chance zum Bauernopfer verpassten. Die läppische Bewährungsstrafe von einem Jahr und vier Monaten – und die auch »nur« wegen Untreue und nicht wegen Korruption – dürfte kaum ein Berliner und informierter Bundesbürger als »gerechtes Urteil« gegen einen insgesamt hochanständigen Mann werten, sondern als Bestätigung der Volksahnung, dass »alle unter einer Decke stecken« und »eine Krähe der anderen kein Auge aushackt«. »In den USA wäre Klaus-Rüdiger Landowsky sofort in Untersuchungshaft gekommen«, lästert Hans-Peter Müller in der Zeitschrift *Das Parlament*, »und erst wieder freigelassen worden, wenn er umfassend gestanden hätte oder aber die Ermittler seine zentrale Rolle in diesen ›deals‹ aufgedeckt hätten. Aber das ist Berlin: Wo kein Kläger, da kein Angeklagter, und Landowsky soll gedroht haben, dass, wenn er plaudere, die ganze politische Klasse in Berlin in die Luft fliegen würde.«[301]

Wundern kann einen an der Geschichte eigentlich nur, dass die beiden langjährigen CDU-Mitglieder Christian Neuling und Klaus Wienhold als Chefs des Skandalhauptdarstellers Aubis nur 40 000 Mark Landschaftspflege an Landowsky zahlen mussten. Aber da im Aubis-Aufsichtsrat zwei Ex-Minister der Regierung Kohl hockten, nämlich Jochen Borchert (Landwirtschaft) und Christian Schwarz-Schilling (Post), der dafür in drei Jahren 230 000 DM abräumte, handelte es sich wohl um einen Freundschaftspreis, und damit schließt sich der Kreis.

Damit die Landschaftspflege möglichst reichlich fließt und möglichst vielen Politikern zugutekommt, darf sie natürlich nicht einmal der Hauch von Verbotenem umwehen. Daher sträubt sich bis heute die schwarzrote Bundestagsmehrheit mit Händen und

Füßen, dümmlichen »Bedenken« und Verfahrentricks, gegen ihre geschmierten Kumpane vorzugehen. »Kopfschütteln in Amerika, Europa und auch Afrika«, schreibt der *Spiegel* im Mai 2007. »Die Große Koalition weigert sich, die Bestechung von Politikern unter Strafe zu stellen.« Sogar der Generalsekretär des Europarates, Terry Davis, fragte die Deutschen unverblümt: »Was habt ihr zu verbergen?«[302]

Und genau diese Frage stellen auch immer mehr Bürger an »wirtschaftsfreundliche« Politiker.

Nicht kleckern – flächendeckend klotzen!

Undankbarkeit und Geiz gegenüber ihren Helfern kann man den Konzernen tatsächlich nicht vorwerfen, wie man exemplarisch in der Energiebranche sehen kann. So soll der SPD-Abgeordnete Reinhard Schultz laut *Frontal 21* seit Jahren von Vattenfall als Berater und Aufsichtsrat bezahlt worden sein und außerdem ein diskret von RWE verfasstes Kampfpapier unverändert und unter eigenem Namen an seine Fraktionskollegen weitergegeben haben. Anfang 2006 ermittelte die Sonderkommission »Gas« der Kölner Staatsanwaltschaft gegen 159 Kommunalpolitiker und Manager von E.on Ruhrgas wegen Vorteilsnahme beziehungsweise Vorteilsgewährung. Betroffen waren unter anderem die Stadtwerke von Burscheid, Essen, Krefeld, Moers, Meerbusch, Grevenbroich, Remscheid, Solingen, Stolberg, Kaarst, Grefrath, Nettetal, Willich, Wülfrath, Hilden, Langenfeld, Leverkusen, Siegburg, Troisdorf, Bad Honnef, Euskirchen, Dormagen, Langenfeld, Aggertal, Radevormwald, Wipperfürth, Wermelskirchen, Neuss und des Rhein-Erft- und Oberbergischen Kreises. »Insbesondere Reisen, bei denen Ehe- und ähnliche Partner mit von der Partie waren, geben Anlass, am vorwiegend fachlichen Motiv der Einladungen zu zweifeln. Reiseziele wie Rom, Barcelona, Brügge, St. Petersburg, Straßburg und das Bergisch Gladbacher Drei-Sterne-Restaurant im Schlosshotel Lerbach mit Starkoch Dieter Müller bestärken die Staatsanwälte in ihrem Verdacht.« Fazit des Korruptionsforschers Werner Rügemer: »>Privatisierung‹ ist das Motto. In Hunderten von Stadtwerken haben die Konzerne in den vergangenen Jahren Stadtwerks-Anteile zwischen 20 und 75 Prozent erworben, so dass sich in den Konsortialverträgen die Lieferung von Gas und Strom sowie die Preise für Wasser und Abwasser, für Müllentsorgung und Straßenreinigung ganz anders absichern lassen. Da wird mit harten Bandagen gekämpft, und die Kommunalpolitiker schrauben den Preis ihrer Käuflichkeit hoch.«[303] Und der Kommentar eines eingetragenen Vereins mit dem neckischen Namen *Ethikverband der deutschen Wirtschaft:* »Der Imageschaden für die beteiligten Kommunalpolitiker und E.on Ruhrgas ist groß, völlig unabhängig davon, ob die Vorwürfe berechtigt sind und bestätigt werden oder nicht.«

Aber auch die Chemiebranche meldet ein Meisterstück: Die EU-Chemierichtlinie Reach vom Januar 2007, die eigentlich die Menschen vor Tausenden Giften schützen soll. Urteil des *Spiegel:* »Tatsächlich ist eher sie selbst ein Sicherheitsrisiko – denn die Industrie hat Europas Politiker weichgekocht. Ein Lehrstück für Lobbyisten.«

Und so was kommt von so was: »Beim Ludwigshafener Unternehmen läuft der Kontakt zur Politik seit Jahren wie geschmiert: 2005 bestätigte der Konzern, 235 Politiker unter Vertrag zu haben. Um die Beatmung der Journalisten in Brüssel zu intensivieren, wurden für Reach Teile des BASF-Kommunikationsstabs aus Ludwigshafen nach Brüssel abkommandiert ... Was herauskam, ist für viele die nahezu perfekte Verschmelzung von Lobbyismus und Industriepolitik. Ein Sicherheitsrisiko.«[304]

Die intime Bande zwischen Politik und Wirtschaft dokumentiert Greenpeace am Beispiel der Energiebranche:

CDU

- Fritz, Erich: Aufsichtsrat DSK Anthrazit Ibbenbüren GmbH (RAG), MdB, Stellvertretendes Mitglied im Wirtschaftsausschuss.

- Hegemann, Lothar: Aufsichtsrat Deutsche Steinkohle AG (RAG AG), Parteischatzmeister NRW.

- Kübler, Jochen: Aufsichtsrat EnBW Regional AG, MdL Baden-Württemberg, Oberbürgermeister Öhringen.

- Lammert, Norbert: Aufsichtsrat der RAG. Bundestagspräsident, von 1994 bis 1997 Parlamentarischer Staatssekretär im Bundeswirtschaftsministerium.

- Meiser, Klaus: Aufsichtsrat Deutsche Steinkohle AG (RAG), MdL Saarland, Fraktionsvizechef.

- Merz, Friedrich: Anwaltliche Vertretung der RAG AG, CDU, MdB.

- Pfeiffer, Joachim: Beirat Hitachi Power Europe GmbH. MdB seit 2002, Wirtschaftsausschuss, stellvertretendes Mitglied im Umweltausschuss, Fraktionskoordinator für Energiefragen.

- Stahl, Helmut: RWE Power AG CDU, MdL NRW, bis 1998 beamteter Staatssekretär im Bundesministerium für Bildung, Wissenschaft, Forschung und Technologie.

- Stratthaus, Gerhard: Aufsichtsrat EnBW AG, Finanzminister Baden-Württemberg.

- Straub, Peter: Sachverständigenbeirat Energiedienst Holding AG (EnBW), Landtagspräsident Baden-Württemberg.

- Weiß, Gerald: Aufsichtsrat RAG, MdB, von 1987 bis 1991 Staatssekretär im Hessischen Sozialministerium. Chef der Arbeitnehmergruppe der Fraktion.

SPD

- Brandner, Klaus: Aufsichtsrat RAG AG, MdB, Arbeitsmarkt- und Sozialpolitischer Fraktionssprecher.

- Hempelmann, Rolf: Beirat Hitachi Power Europe, MdB, Wirtschaftsausschuss Energiepolitischer Fraktionssprecher. Präsident von Rot-Weiss Essen (Sponsoren: RWE und STEAG).

- Moron, Edgar: Aufsichtsrat RWE Power AG, MdL, von 1998 bis 2000 Parlamentarischer Geschäftsführer, von 2000 bis 2005 Fraktionschef und Landtagsvizepräsident.

- Oppermann, Thomas: Beirat EnBW AG, MdB, von 1998 bis 2003 Wissenschaftsminister Niedersachsen, danach bis 2005 Wirtschaftspolitischer Fraktionssprecher.

- Poß, Joachim: Aufsichtsrat Deutsche Steinkohle AG (RAG AG), MdB, Fraktionschef.

- Ramsauer, Günther: Aufsichtsratsvizechef Pfalzwerke AG (RWE), MdL Rheinland-Pfalz.

- Römer, Norbert: Stv. Aufsichtsratsvizechef WEMAG AG (Vattenfall), MdL NRW, bis Ende 2006 Gewerkschaftssekretär IG BCE Landesbezirk Bochum.

- Schultz, Reinhard: Aufsichtsrat Vattenfall Europe Mining AG, MdB, Finanzausschuss, Stellvertretendes Mitglied im Wirtschaftsausschuss und Umweltausschuss.

CSU-Bundesminister

- Glos, Michael: Bis November 2005 Vorstandschef der Unterfränkischen Überlandzentrale Lülsfeld, bis Ende 2004 Beirat E.on Bayern und Beirat Thüga AG (E.on Ruhrgas), MdB seit 1976.

- Seehofer, Horst: Bis November 2005 Aufsichtsrat Donau-Wasserkraft AG, München (Tochter der E.on Energie AG), MdB seit 1980, Bundesminister für Ernährung, Landwirtschaft und Verbraucherschutz.

Quelle: Greenpeace: Schwarzbuch Klimaschutzverhinderer. Hamburg 2007

Allerdings ist es beileibe nicht so, dass die Spitzenpolitiker eine uniforme konzernhörige Meute bilden. So wurde der frühere Familienminister und CDU-Generalsekretär Heiner Geißler unter dem Eindruck »des brutalen Vorgehens der italienischen Polizei beim G-8-Gipfel in Genua« nach seinem Motto »Man muss manchmal Flagge zeigen« im Mai 2007 Mitglied von Attac.

Die Gewerkschaften: Scheinkämpfe und Kompromisse

Der Reformismus stand schon immer unter dem Generalverdacht, ein falsches Spiel zu spielen: von der Gegenseite bestochen oder Teil einer Inszenierung von Scheinwiderstand zu sein. Im Zuge der »Globalisierung« genannten Generaloffensive des Neoliberalismus nimmt dieser Argwohn zu; denn was brauchen die Konzerne und ihre Topmanager nötiger als »Fünfte Kolonnen« im Lager der Arbeitnehmer und der übrigen Bevölkerung?

Dies trifft in besonderem Maße auf die Gewerkschaften zu, wie Ulrike Herrmann in der *tageszeitung* an einem Beispiel zeigt: »Der Begriff Dumpinglöhne verliert seine ideologische Schärfe, wenn sie von Gewerkschaften ausgehandelt werden.«[305]

Und die Polemik des *Christiansen*-Forschers Walter van Rossum gegen die SPD als frühere Arbeiterpartei und spätere Volkspartei sowie die Grünen als ehemalige Umwelt- und Menschenrechtspartei gilt auch und besonders für die Gewerkschaftsführer: »In dieser Situation braucht man nützliche Idioten. Um Deutschland in den Krieg zu führen, brauchte man Sozialdemokraten und Grüne. Um Deutschland in eine kapitalistische Wirtschaftskolchose zu verwandeln, braucht man sie auch.«[306]

Bedauerlicherweise gibt es für beide Unterstellungen – Korruption und Schmierenkomödie – zahlreiche Beweise, von denen die ganz großen Skandale wie etwa um die Bestechung der VW-Betriebsräte oder um das bewusst die Regierungsmehrheit nicht gefährdende Abstimmungstheater der Hartz-IV-Gegner im Bundestag nur die sprichwörtliche Spitze des Eisberges sind.

Vor allem die Gewerkschaften haben durch den Prozess gegen Peter Hartz einen nahezu irreparablen Imageschaden erlitten. Für Christian Lipicki von der *Berliner Zeitung* wurden »all jene in Verruf gebracht, die sich als Betriebsrat ehrenamtlich und oftmals auch zu ihrem eigenen Nachteil für die Rechte von Kollegen einsetzen ... ist die Position der Arbeitnehmervertreter geschwächt worden – weil die Beschäftigten misstrauischer geworden sind«.[307] Und sie haben Grund dazu: Nur wenige Tage nach dem Hartz-Prozess meldete der *Spiegel:* »Nach den Bossen der Autoindustrie machen jetzt Betriebsräte und Politiker Druck auf die EU-Kommission: Sie wollen die geplante Einführung eines schärferen CO_2-Grenzwerts verhindern.«[308] Die zwangsläufige spontane Assoziation mit dem gekauften VW-Betriebsrat braucht kein Bürger laut zu artikulieren. Es reicht, wenn er den Wortführer, DaimlerChrysler-Gesamtbetriebsratschef Erich Klemm, als »Bonsai-Volkert« im Bewusstsein speichert.

Als die IG Metall Anfang April 2007 im Zusammenhang mit der Betriebsratsaffäre bei Siemens Strafanzeige gegen unbekannt stellte, nannte *Handelsblatt*-Chefredakteur Bernd Ziesemer das nicht zu Unrecht »Heuchelei in Hochpotenz«. Denn: »Viele Betriebsratsvorsitzende der IG Metall finden seit Jahren nichts dabei, wenn sie selbst von ihren Konzernen begünstigt werden. Dienstwagen, hohe Gehälter, Seminare jeder Art, Lustreisen und vieles mehr gehören zum Alltag in den Betrieben. Vielerorts finanzieren Gewerkschaftsfunktionäre ihre Wahlkampagne für den Betriebsrat mit den Geldern ihres eigenen Konzerns. Der Fall Volkert mag in seinem unglaublichen Ausmaß ein Einzelfall sein; doch begünstigt werden viele, wenn nicht sogar die meisten Betriebsratsvorsitzenden in den großen Konzernen.«[309]

Nicht wenige Mitarbeiter von Rostock bis Rosenheim äußerten nach dem Auffliegen der Affären bei VW und Siemens spontan, nun würde ihnen auch manch seltsames Verhalten ihrer eigenen Betriebsräte klar.

Dass der kämpferische Betriebsratskollege, wie ja auch VW-Volkert, unter der Hand Gehaltserhöhungen und zwischendurch mal dies und das zugesteckt bekommt, muss nicht stimmen – aber die Kollegen schließen dies auch nicht aus, und das hat damit zu tun, dass der Fisch vom Kopf her stinkt.

Normalerweise war es ein Unding, dass der damaligen rotgrünen Regierung bei ihrem Frontalangriff auf die Arbeitnehmer zwei Bosse der mächtigsten Gewerkschaften gegenüberstanden, die wie Michael Sommer vom DGB und Frank Bsirske von Ver.di ebenfalls der SPD und den Grünen angehören – wobei man obendrein Sommer und Schröder ein ähnlich unverbrüchliches Verhältnis nachgesagt hat wie Max und Moritz. Und es funktioniert: Zur Hochsaison des Widerstandes gegen Hartz IV ließen die Gewerkschaftsführer kaum eine Möglichkeit aus, die Gesetze für nicht revidierbar zu erklären und den Arbeitnehmern Mutlosigkeit zuzusprechen. So sagte man schon mal die eine oder andere Teilnahme an Protestaktionen ab, und der Kanzler der Bosse dankte es seinem Blutsbruder ganz offen, wie im August 2004: »Ich bin froh, dass der DGB gesagt hat, dass er sich an den Demonstrationen nicht beteiligt – das ist eine große Leistung von Herrn Sommer.«[310] Der wiederum revanchierte sich mit einer wahren Demobilisierungskampagne und beteuerte im Februar 2005 sogar im *Spiegel*, »dass die Politik in vielen Bereichen die Entscheidung getroffen hat, die Sozialsysteme auf eine Grundversorgung zu reduzieren. Das können wir kritisieren, ändern werden wir es nicht mehr.«[311]

Ist das nicht die Theorie vom »alternativlosen Sachzwang«? Klingt das nicht weniger nach Gewerkschaft als nach marktradikaler

Unternehmensberatung? Und richtig: Naive Gewerkschaftsmitglieder glaubten zu träumen, als nur zehn Tage nach Sommers Kapitulationserklärung eine unter anderem von McKinsey (!) für den DGB erarbeitete geheime Studie ans Tageslicht kam. Sie regte an, die Arbeit des DGB und seiner Einzelgewerkschaften in »Service-Centern« zu bündeln und den neuen Zielgruppen bessere Serviceleistungen anzubieten, wie etwa Karriere- und Weiterbildungsberatung sowie Jobvermittlung und »eine private Arbeitslosen-Versicherung für Gewerkschaftsmitglieder«.

Für wütende Arbeitnehmer ist es da nicht einmal ein schwacher Trost, dass die Gewerkschaftsführung ihr neoliberales Paktieren damals mit galoppierendem Mitgliederschwund bezahlt hat. Ihre Zahl fiel beim DGB von 11,8 Millionen im Jahre 1991 auf 7,36 Millionen 2003, auf 7,01 Millionen 2004 und 6,59 Millionen Ende 2006.

Über die Schwächung *dieser* Gewerkschaft freilich kann sich auch im Lager des Kapitals nur freuen, wer sich seinen kraftmeiernden Neoliberalismus in *Focus Money* angelesen hat. Wenn nämlich nach der SPD auch noch die Gewerkschaften als Ordnungs- und Mäßigungsfaktor der Arbeitnehmerschaft ausfallen, könnte das die gesellschaftliche Stabilität nachhaltig beeinflussen und sich Franz Walters Prognose von der Rückkehr des Tumults schon bald als realistisch erweisen.

15. Kapitel

Was nun?

»Unsere Gesellschaft ist nicht neidisch.
Ein Unternehmer, der sich einbringt und der
Milliardenwerte schafft, soll Millionen verdienen,
da wird sich auch bestimmt niemand aufregen.«
Wolfgang Grupp

Der Manager als Buhmann?

»Es muss etwas geschehen«, ist man versucht zu folgern, aber darauf könnten sich vermutlich sogar sämtliche Bundestagsparteien einschließlich ihrer Jugendorganisationen und Stiftungen einigen. Den Topmanagern die alleinige Schuld zu geben entspricht zwar dem griffigen Schwarzweißpopulismus des Boulevards, ist aber aus zwei Gründen falsch:

1. Konzernlenker sind nur in den Phantasien zehnjähriger Märchenleser und des dumpfen Fanblocks der Gossenmedien allmächtige Herrscher. In Wahrheit sind sie in Netzwerke eingebunden und werden mehr vom »Geist des Unternehmens« geprägt als umgekehrt. Markenforscher Adjouri vergleicht sie mit den Darstellern des *James Bond*. Wer nicht zum Image passte, wie George Lazenby und Timothy Dalton, flog raus und blieb, anders als Sean Connery, Roger Moore und Pierce Brosnan, auch nie als »Mister Bond« in Erinnerung.

2. Selbst dem perfektesten und intern einflussreichsten Manager werden von Politik und Gesellschaft Rahmenbedingungen

gesetzt – auch wenn er nach Kräften darauf Einfluss nimmt. Er darf weder Kinderarbeit einführen noch den Arbeitsschutz abschaffen, weder Giftmüll im Rhein entsorgen noch Gammelfleisch verkaufen, weder einsturzgefährdete Festhallen bauen noch Suchtförderer den Getränken beimischen, auch wenn das dem Unternehmensgewinn und dem Aktienkurs nützlich und damit rational wäre. Kein Manager kann besser sein, als sein Umfeld es zulässt, auch nicht in einer freien Marktwirtschaft, die es bekanntlich »schon richten wird«.

Schutz der Aktionäre

Innerhalb der neoliberalen Logik steht der Aktionärsschutz stets im Mittelpunkt. Das überrascht nicht, denn Aktionärsschutz ist überwiegend Glücksspielerschutz. Kursbewegungen haben mit der realen Wirtschaft, also mit Produktion und Verkauf von Waren und Dienstleistungen, nur noch begrenzt etwas zu tun, dafür umso mehr mit der Erwartung in das Verhalten anderer Börsenzocker: Aktien werden nicht wegen ihres »Wertes« gekauft, sondern aufgrund der Einschätzung, auch andere würden dieses Papier erwerben – nur so steigen schließlich Kurse.

Lehrreicher als Millionen von Gigabyte Betriebswirtschaftstheorie war die kurze Phase des Neuen Marktes, als konzeptionslose IT-Firmen unbedarfter Witzfiguren plötzlich mehr »wert« waren als mancher Weltkonzern, weil deren Aktien wie verrückt gekauft wurden. Nun wussten natürlich auch die Geldgeber und Großspekulanten, dass die meisten »Firmengründer« in Wahrheit dummdreiste Betrüger oder verhaltensgestörte Dilettanten waren, die kaum ihre eigenen Bilanzen lesen oder die Wörter *Startup* und *Entrepreneur* fehlerfrei schreiben konnten. Aber die Profizocker setzten – ähnlich wie beim »Kettenbrief« – darauf, dass andere dies nicht durchschauen oder aus »Lust am Nervenkitzel« bei der Seifenblasengaudi mitmachen würden.

Insofern gleicht das berechtigte Interesse an »seriösem« Topmanagement dem Interesse der *Oddset*-Spieler an einem regulären Ablauf der zu tippenden Fußballbegegnungen, und auch hier geht es beileibe nicht nur um Betrug wie bei dem Skandal um die Wettmafia: Zuweilen werden ganz legal Spiele verloren, weil man die erste Mannschaft schonen will und mit dem Reserveteam antritt, oder absichtlich nicht gewonnen, um den Rauswurf des ungeliebten Trainers zu erzwingen, manchmal auch, um durch eine schlechtere Vorrundenplazierung in der nächste Runde einen vermeintlich leichteren Gegner zu erwischen. Dagegen helfen auch keine Moralpredigten; denn die werden von den Beteiligten ähnlich ernst genommen wie die Ehrenkodizes von den Topmanagern. »Appelle reichen nicht aus«, findet deshalb auch NTV-Mann Stefan Riße und präsentiert in einer »Agenda«[312] ein Konzentrat dessen, was der Einhaltgebietungsmarkt derzeit hergibt.

1. Hohe Gefängnisstrafen und Haftung mit dem Privatvermögen als Abschreckung für leichtfertige und kriminelle Manager, auch bei frisierten Bilanzen. Mehr Mittel und Personal für die Strafverfolgung sowie Einführung einer Bilanzpolizei. Trennung von Wirtschaftsprüfung und Beratung, um den Handel »Auftrag gegen falsches Testat« zu unterbinden.
2. Bessere Kontrolle des Vorstands durch den Aufsichtsrat. Schluss mit den personellen Verflechtungen und Querverbindungen zwischen Aufsichtsräten und Vorständen. Keine Ex-Vorstände in den Aufsichtsrat, die nicht auch Großaktionäre sind.
3. Schluss mit den Fünfjahresverträgen. Aktionäre müssen unfähige Manager auch ohne hohe Abfindung sofort loswerden können.
4. Stärkere Bindung der Bezahlung an den langfristigen Unternehmenserfolg.

5. Offenlegung der Beziehungen der Analysten zum analysierten Unternehmen.
6. Schluss mit der Mitbestimmung.

So plausibel diese Forderungen auch klingen mögen – selbst die Mitbestimmung hat ja nicht erst im Lichte der aufgedeckten Betriebsratsbestechungen eher symbolischen Wert – so sind es doch nur »Appelle«, wenn auch direkt an die Politik und Justiz: Man muss also parlamentarische Mehrheiten zur Durchsetzung suchen, und die wiederum müssen so klare Gesetze schaffen, dass sie weder von der Exekutive noch von der – zum Glück unabhängigen – Justiz sinnentstellend ausgelegt werden können.

Hinzu kommt die Frage, inwieweit bessere Bedingungen für Aktienspekulanten eigentlich dem Normalbürger nutzen. Der ist nämlich weder Schönheitschirurg oder Wirtschaftsanwalt noch Formel-1-Weltmeister oder Werbe-Ikone und hat auch entgegen aller dümmlichen Tipps weder Chance noch Lust, es zu werden, nur um genug Geld für das Aktienglücksspiel oder im seriösen Fall das Startkapital für ein Einkommen ohne Arbeit zu haben. Als noch dämlicher, weil längst widerlegt, erweist sich auch die Marktwirtschaftsmär: Wenn es den Unternehmen gut gehe, dann gehe es auch den Bürgern gut.

»Nennenswerte Einkommenszuwächse gab es in Deutschland während der neunziger Jahre nur für die Reichen«, befand sogar eine Studie des Deutschen Instituts für Wirtschaftsforschung (DIW) vom Frühjahr 2007. Demnach steigerten die zehn Prozent Spitzenverdiener ihren Anteil am Gesamteinkommen von 1992 bis 2001 um gut sieben Prozent. Die »ökonomische Elite« der 650 Bestbezahlten kam sogar auf ein reales Plus von 35 Prozent auf durchschnittlich 15 Millionen Euro. Die 65 Superreichen »verdienten« sogar über 50 Prozent mehr, im Schnitt knapp 50 Millionen Euro. Das Einkommen der Bürger sei dagegen »insgesamt konstant« geblieben. Kaum überraschend also, dass statt über 80 Prozent in den siebziger Jahren heute nur noch 28 Prozent der Bundesbürger daran glauben, vom Aufschwung der Wirtschaft zu profitieren, und 70 Prozent das entschieden bezweifeln.

Umgekehrt stimmt es natürlich, dass es den Bürgern noch schlechter geht, wenn es der Wirtschaft nicht blendend geht. Beides zusammengenommen, macht die ungehemmte freie Marktwirtschaft zur regelrechten Falle für den Normalbürger.

Rettung der Marktwirtschaft

»Schrumpft sich der Staat gesund?«, fragte bereits Mitte 2006 die *Zeit* besorgt. »Die deutschen Städte und Gemeinden privatisieren, was das Zeug hält – nicht aus ökonomischer Vernunft, sondern aus reiner Finanznot.« Allein 2005 verscherbelten sie Tafelsilber für 5,7 Milliarden Euro: Wasserversorgung oder Straßenreinigung, Kliniken oder Müllabfuhr, Messehallen oder Busverkehr, Wohnungen oder Schulhausbau an private Investoren.

Die Daseinsvorsorge den Heuschrecken und damit die Geschicke einer Gesellschaft den unergründlichen Gesetzen des Marktes zu überlassen und folglich alle Probleme von Ethik, Moral, Menschenwürde, Umwelt und Zivilisation als irrationale externe Störfaktoren zu betrachten, markiert nicht nur eine Kehrtwende der Evolution in Richtung Amöbe, sondern grenzt angesichts der empirisch nachprüfbaren »Erfolgsbilanz« des Neoliberalismus an kollektiven Kamikaze. Dass nämlich die konstituierende ungehemmte Profitgier über kurz oder lang die Wirtschaft und den Staat in seinen Grundfesten erschüttert, konzedierte auch die Deutsche Bank mit der Anregung zur Verstaatlichung der Energiekonzerne. Überlässt der Staat nämlich seine Kernaufgaben irgendwelchen skrupellosen Selbstbereicherern, so leiden nicht nur die Bürger, sondern auch alle anderen Unternehmen und Branchen darunter. Außer durch eine überteuerte und störungsanfällige Energieversorgung hätte die Gesamtwirtschaft empfindliche Nachteile besonders durch Unzuverlässigkeit oder Wucherpreise in den Infrastrukturbereichen Post, Bahn und Verkehr, Müllentsorgung oder Kommunikation zu verkraften. Nicht zufällig sind die Investoren und ihre Politiker ausgerechnet in jenen Bereichen am privatisierungsgierigsten, wo der angeblich heilbringende Wettbewerb kaum oder gar nicht möglich ist und »ein öffentliches durch ein privates Monopol ersetzt wird ... Es lohnt sich eben nicht, zwei oder drei Wasserleitungen nebeneinander zu legen«, schreibt Erhard Eppler. Auch könne ein Münchener schließlich nicht auf die Stuttgarter Straßenbahn ausweichen.[313] Ein Alltagsbeispiel nennt auch der *Spiegel:* »Ablese-Unternehmen wirbt mit Kunden-Abzocke ... Überhöhte Preise wegen fehlender Konkurrenz: Dieses Prinzip gilt nicht nur für die großen Energiekonzerne, sondern auch für Unternehmen, die den Stromzähler ablesen. Die Firma Ista hatte sogar die Chuzpe, in einem Prospekt für Investoren offen damit zu werben.« An der Erstellung des Papiers waren unter anderem die Deutsche Bank und Goldman Sachs beteiligt. Die Wucherpreise zahlt natürlich der Kunde. Nur verständlich also, dass solche Goldesel von Heuschrecke zu Heuschrecke weitergereicht werden, Ista zum Beispiel für 2,4 Milliarden Euro inklusive Schulden von CVC an Charterhouse.

Eine weitere potenzielle Gefahr für das Allgemeinwohl wäre ein Bildungssystem, das nicht einmal mehr willfährige Fachidioten liefert. Während das staatliche System bereits auf das sprichwörtliche Pisa-Niveau heruntergespart wurde, kommt man mit der Privatisierung vom Regen in die Traufe. Grund: Von der erwähnten zwangsläufigen Produktion »graduierter Idioten« im Elitebereich einmal abgesehen, werben laut Studie auch private Schulen häufig Typen als Lehrkräfte an, denen die vorgeschriebene Ausbildung fehlt. Was selbst die Sklavenhaltergesellschaft vor 3000 Jahren fertigbrachte, misslingt dem modernen neoliberalen Gemeinwesen: Die Herren können dem Volk nicht einmal das zur Arbeit für die Herren nötige Grundwissen vermitteln.

Mit einem Wort: eine freie unregulierte Marktwirtschaft steuert auch bei noch so gefügigem »Humankapital« und handzahmer Bevölkerung auf den Abgrund zu, und zwar national wie global. Die Konzerne und ihre Topmanager sägen »rational« am Ast, auf dem sie sitzen – auf dem alle sitzen. Das sieht auch der BASF-Vizechef Eggert Voscherau, der auch verantwortlich ist für die *Corporate Social Responsibility* (CSR), also die »Sozialverträglichkeit« des Konzerns: »Wenn Unternehmen unserer Größe den Kontakt zu den Menschen – zu ihren Mitarbeitern, zur Gesellschaft insgesamt – verlieren, dann bekommen wir irgendwann auch massive wirtschaftliche Probleme. Dann sind der soziale und wenig später auch der politische Friede in Gefahr, die Weltwirtschaft bedroht.«[314]

Wäre der »Raubtierkapitalismus« (Heiner Geißler) tatsächlich ein »alternativloser Sachzwang«, dann gebührte dem Neoliberalismus der Status einer Weltuntergangsreligion: Die Initiative Neue Soziale Marktwirtschaft sollte Kirchensteuer eintreiben und ihre Vertreter mit den Schriften von Friedman und Hayek neben die Verkäufer des *Wachturms* in der Einkaufszone plazieren.

Da sich aber der neoliberale wie jeder andere Aberglaube selten bewahrheitet, hat »die Wirtschaft« durchaus die Möglichkeit, die systemzerstörenden Potenzen ihrer Konkurrenz durch den Staat eindämmen zu lassen. Auch Sportwettkämpfe werden schließlich nicht ohne Schiedsrichter und überparteilichen Verband ausgetragen. Ob dies im konkreten Fall tatsächlich durch Verstaatlichung oder durch substanzielle, nach US-Vorbild »knallharte« Kontrollen geschieht, sei dahingestellt. Viel wichtiger ist die ja sogar von Porsche-Chef Wiedeking angeregte Wiedereinführung der Steuer auf Veräußerungsgewinne aus Beteiligungen bei Kapitalgesellschaften, um so weit wie möglich Spekulanten von Wertschaffenden, die Heuschreckenspreu vom Unternehmerweizen, zu trennen. Ähnliches gilt für die Privatisierung, die ja auch von Kritikern nicht generell abgelehnt wird. Entscheidend sind die konkreten Bedingungen. Und auch da zeigt sich sehr schnell: Sobald manche Investoren hören, dass sie zur erschwinglichen Bedarfsdeckung für Bevölkerung und Wirtschaft verpflichtet wären, suchen sie sehr schnell das Weite.

Häufig übrigens kommt private Konkurrenz den Bürger teurer zu stehen als staatliches Monopol, wie Erhard Eppler am Beispiel der Gebäudebrandversicherung zeigt. Seit der Privatisierung müssen die Hausbesitzer die teure Werbung der Konkurrenten mitbezahlen, und auch die Überschüsse kommen nicht mehr den Feuerwehren, sondern den habgierigen Aktienzockern zugute. Ein Einzelfall?

Bei der *RiesterRente* beispielsweise werden rund zehn Prozent für Verwaltung und Vertrieb ausgegeben, von der Schulung aufdringlicher Versicherungsdrücker bis hin zur noblen Ausstattung mancher vom Beitragszahler finanzierten Konzernfilialen und den kaum bezahlbaren Prunkpalästen. Dagegen geben die gesetzlichen Versicherer maximal vier Prozent der eingezahlten Beiträge für die Verwaltung aus.

Dasselbe käme logischerweise heraus, wären die besten Manager der Welt als Konkurrenten zugange: Selbst optimale Managerarbeit bringt der Gesellschaft also nicht Vorteile, sondern höhere Kosten.

Aber es geht auch andersherum: So kaufte die Stadt Ahrensburg (Schleswig-Holstein) von E.on Hanse das örtliche Gasnetz mitsamt den 5500 Endabnehmern zurück – gegen den Willen von E.on und dank eines Gerichtsurteils. Begründung der Gemeinde: Sie wolle selber am Gas verdienen.

»Revolutionsbremse« Sozialstaat

Aus alledem ergibt sich, dass der von den Neoliberalen belächelte und als Profitverschwendung bekämpfte Sozialstaat die Marktwirtschaft vor den Managern schützt – die Manager also sozusagen vor sich selbst – und vor der Bevölkerung: Seit er mit Bismarcks Sozialgesetzen seine ersten Wurzeln erhielt, gilt er bei humanistisch orientierten Marktwirtschaftlern bis heute vor allem als »Revolutionsbremse«.

Die Sozialstaatsfeindschaft der Neoliberalen

Für Neoliberale wie Friedrich August von Hayek dagegen ist soziale Gerechtigkeit schon immer »das Trojanische Pferd gewesen, durch das der Totalitarismus eingedrungen ist.«[315]
Nun könnte man denken, dass Totalitarismus die NS-Zeit meinte, zumal die Geburtsstunde des organisierten Neoliberalismus zeitnah im April 1947 lag, als Hayek gemeinsam mit Milton Friedman und 35 anderen zumeist Marktradikalen wie Walter Eucken, Ludwig von Mises, Karl Popper und Wilhelm Röpke, am Mont Pèlerin am Genfer See die Mont Pèlerin Society gründeten, zu der später übrigens auch die CDU-Ikone Ludwig Erhard gehörte.
Doch weit gefehlt: Zielscheibe war nicht der gerade gestürzte Faschismus, sondern dessen neu formierte Feinde. Kurz zuvor nämlich, am 3. Februar 1947, hatte die CDU ihr auch heute noch lesenswertes Ahlener Programm verabschiedet, wo es ziemlich unverblümt hieß:

»Das kapitalistische Wirtschaftssystem ist den staatlichen und sozialen Lebensinteressen des deutschen Volkes nicht gerecht geworden. Nach dem furchtbaren politischen, wirtschaftlichen und sozialen Zusammenbruch als Folge einer verbrecherischen

Machtpolitik kann nur eine Neuordnung von Grund auf erfolgen. Inhalt und Ziel dieser sozialen und wirtschaftlichen Neuordnung kann nicht mehr das kapitalistische Gewinn- und Machtstreben, sondern nur das Wohlergehen unseres Volkes sein.

Weiter soll bei solchen Unternehmungen der private Aktienbesitz, der in einer Hand dem Eigentum oder dem Stimmrecht nach vereinigt ist, in der Höhe gesetzlich begrenzt werden. In den Betrieben, in denen wegen ihrer Größe das Verhältnis zwischen Arbeitnehmer und Unternehmer nicht mehr auf einer persönlichen Grundlage beruht, ist ein Mitbestimmungsrecht der Arbeitnehmer an den grundlegenden Fragen der wirtschaftlichen Planung und sozialen Gestaltung sicherzustellen.«[316]

Das war natürlich eine klare Ansage, und wenn die Neoliberalen dann auch noch lesen mussten: *»Die neue Struktur der deutschen Wirtschaft muss davon ausgehen, dass die Zeit der unumschränkten Herrschaft des privaten Kapitalismus vorbei ist«,* dann bedeutete dies Alarmstufe Rot.

Sozialstaat und Grundgesetz

Nun kann man selbst moralfreies philosophisches Denken bei Wirtschaftslenkern und ihrem als »graduierte Idioten« herangezüchteten Nachwuchs kaum erwarten. Eher ist zu vermuten, dass für den durchschnittlichen neoliberalen Topmanager die Lebensqualität des Volkes eine »irrationale« Frage und auch von ihrem eigenen Erfahrungshorizont Lichtjahre entfernt ist.

Vergessen wir hier einmal die ebenso plumpen wie typischen Abfälligkeiten der politischen Drückerkolonnen der Wirtschaft: Keine Führungskraft eines DAX-Unternehmens würde wie SPD-Chef Kurt Beck die Arbeitslosigkeit dadurch beseitigen wollen, dass die

Jobsuchenden »sich waschen und rasieren«. Selbst FDP-Generalsekretär Dirk Niebel meinte: »Allein durch Körperpflege ist die Arbeitslosigkeit leider nicht zu bekämpfen.« Ebenso wenig würde ein Topmanager wie im Mai 2005 der Bremer Wirtschaftssenator Peter Gloystein (CDU) einem Obdachlosen Sekt über den Kopf gießen.

Andererseits zeigen derlei hasserfüllte tumbe Exzesse eigentlich nichts anderes als den *homo oeconomicus* auf dem Weg ins Primatenstadium. Insofern ist es wirklich belustigend, wenn ein Spielsüchtiger, der sich seine letzten Reserven von Moral und Hirn an der Playstation des »rationalen Eigennutzes« weggezockt hat, über diejenigen lästert, die sich über eine menschenwürdige Gesellschaft im realen Leben den Kopf zerbrechen.

Auch solche Mitbürger hatten die Macher des Grundgesetzes im Blick, als sie gleich in Artikel 1 festlegten: »Die Würde des Menschen ist Unantastbarkeit.« Ebenso unmissverständlich sagt Artikel 20 (1): »Die Bundesrepublik Deutschland ist ein demokratischer und sozialer Bundesstaat.«

Die Wirtschaft ist also für den Menschen da und nicht die Menschen für die Wirtschaft.

Demnach sind die gegenwärtigen Zustände verfassungswidrig und müssten unverzüglich abgestellt werden. Diesem Verfassungsgebot nach dem Motto zu begegnen, »Im Moment ist's schlecht, sonst gerne, vielleicht ein andermal«, ist ebenfalls verfassungswidriges Verhalten und kann auch nicht auf die »Globalisierung« geschoben werden: Die hier gemeinte »Globalisierung« ist ja gerade die Summe der (weltweiten) neoliberalen politischen und wirtschaftlichen Aktionen. Genauso gut könnte man das Hoch über den Azoren oder den Uranus im zweiten Haus verantwortlich machen.

Wem also der Sozialstaat nicht passt, der kann eine demokratische Änderung des Grundgesetzes anstreben oder auswandern beziehungsweise woanders investieren. Ein Abwandern deutscher Unternehmen nach Kambodscha zu verhindern, indem man Löhne und Arbeitnehmerrechte wie in Phnom Penh schafft, mag eine Fata Morgana deliranter Topmanager sein, eine Option deutscher Standortpolitik ist es nicht.

Was aber gehört zur Menschenwürde im Allgemeinen und zum Sozialstaat im Besondern? Lässt man sich nicht auf zynische Verdrehungen wie »soziale Gerechtigkeit ist Chancengleichheit«, also »Menschenwürde gleich ehrliches Glücksspiel für alle«, so kennzeichnen den grundgesetzlichen Sozialstaat:

1. die Sicherung einer menschenwürdigen Existenz, wozu neben der Nahrung unter anderem auch das Wohnen, die medizinische Versorgung und die Absicherung gegen finanzielle Härtefälle gehören, und zwar »von der Wiege bis zum Tod«.

2. die Planbarkeit des eigenen Lebens. Selbst Porsche-Chef Wiedeking unterstreicht: »Wir reden hier über Menschen, die nicht so einfach wie die Manager morgen in einem anderen Konzern, notfalls auch in einem anderen Land anheuern können.«[317] Die Freiheit, Familie und Freunde zugunsten eines Traumjobs im australischen Busch aufzugeben, ist etwas anderes als der Zwang dazu.

3. ein erträgliches Umfeld, also Städte und Dörfer, deren Gebäude, Straßen und Grünflächen nicht an Kriegsgebiete erinnern; ebenso eine Infrastruktur, der die Wege zu Arzt, Apotheker und Supermarkt nicht zu Tagesexpeditionen werden lässt, die mangels Bus und Bahn gar nicht angetreten werden können.

4. die Möglichkeit zu einer menschenwürdig gestalteten und bezahlten Arbeit, nicht nur um seinen materiellen Wohlstand zu mehren, sondern auch um gegebenenfalls daraus Lebensinhalte und Selbstwertgefühl zu beziehen. Dabei ist der Begriff der Zumutbarkeit durchaus missverständlich. Natürlich kann nicht für das Arbeiterkind zumutbar sein, was für des Konzernchefs, Professors oder Politikers Nachwuchs »eine Zumutung« darstellt. Statusunterschiede bei Zumutbarkeit gibt es nicht.

Andererseits kann natürlich auch ein gutbezahlter und interessanter Job für eine 22-Jährige unzumutbar sein, wenn er an – natürlich »völlig freiwillige« – Gegenleistungen an den 63-jährigen lustgreisen Chef gekoppelt ist. Nicht zu vergessen ist außerdem, dass sich »zumutbar« ausschließlich auf das konkrete System bezieht. Wenn Neoliberale meinen, ein Job am Fließband oder an der Supermarktkasse habe irgendetwas mit sinnvoller und insofern menschenwürdiger Betätigung des *homo sapiens* im 21. Jahrhundert zu tun, so verlassen sie damit den Konsens der globalen Zivilisation. Dass viele Opfer von Playstation und Gossenmedien dies anders sehen, zeugt nur vom vorübergehenden Erfolg der Verblödungsindustrie.

5. die Teilhabe am gesellschaftlichen Wohlstand, die natürlich nicht jeden Einzelnen zufriedenstellen kann, aber auch nicht das Gerechtigkeitsempfinden der Bevölkerungsmehrheit grob verletzt. Dass dieses Empfinden durchaus nichts mit neidgetriebener Gleichmacherei zu tun hat, zeigt die lange Phase des sozialen Friedens in der Bundesrepublik vom Wirtschaftswunder bis zur Deutschen Vereinigung. Auch hier wusste das Volk natürlich: »Wer nichts erheirat / und nichts ererbt / der bleibet arm / bis dass er sterbt.« Aber die Arm-Reich-Schere klaffte eben nicht zu weit auseinander, und die stärkeren Schultern trugen zumindest auf dem Papier und dem Anschein nach die schweren Lasten. Zynisch gesagt, bedeutet Sozialstaat auch, dass die Raffkes es nicht übertreiben.

Finanzierung: Steuern wie beim Einheitskanzler

Zu den großen deutschen Erfindungen gehört – gleich nach Buchdruck, Zahnpasta und Kuckucksuhr – der unbezahlbare Sozialstaat.

Deutschland ist mit einem Bruttonationaleinkommen von 2,3 Billionen Euro (2006) hinter den USA und Japan das drittreichste Land der Welt. Die privaten Geldvermögen (also ohne Immobilienbesitz!) liegen gar bei vier Billionen Euro. Schon daraus ergibt sich, dass die Gesamtgesellschaft nicht arm, sondern steinreich ist und dass folglich nicht weniger, sondern sogar mehr Sozialstaat auf der Tagesordnung stehen sollte. Das Argument, dadurch würde die Arbeitsmotivation nachlassen, ist nicht nur angesichts von vier Millionen Arbeitslosen abwegig, sondern auch angesichts der Tatsache, dass die Topmanager doch selbst paradiesisch rundum gesichert und fürstlich alimentiert sind, aber trotzdem 26 Stunden am Tag ununterbrochen schuften.

Aus dem armen wieder einen reichen Staat zu machen wäre die ohnehin verfassungsmäßig gebotene Aufgabe der Steuergesetzgebung. Immerhin lag noch während der Regierungszeit von Helmut Kohl der Spitzensteuersatz bei 53 Prozent, ohne dass irgendjemand ihn als Agenten Honeckers beschimpft hätte.

Zu kompliziert kann das ja nicht sein. Schließlich haben gerade Neoliberale wie Friedrich Merz (»Die Steuererklärung muss auf einen Bierdeckel passen«) und der Juraprofessor Paul Kirchhof mit seinem Vorschlag zur Einheitssteuer von 25 Prozent zugegeben, dass es auch einfach geht.

Gegenargumente wie mögliche Milliardärsflucht ins Ausland entlarven sich als billige Propagandalügen: Wieso nimmt man hier nicht die USA zum Vorbild? Dort ist jeder Staatsbürger unabhängig von seinem Wohnsitz steuerpflichtig und muss bei vorheriger Besteuerung im Ausland die Differenz an das US-Finanzamt zahlen.

Auch dies sind aber Detailfragen, um die es letztlich gar nicht geht. Als Bismarck aus Angst vor sozialen Unruhen die Sozialgesetze einführte, ließ er sich offenbar nicht durch Gejammer über Sozialneid, Unbezahlbarkeit der »Wohltaten« und Auswanderung der Reichen beeindrucken.

Der Sozialstaat als Chance

So gesehen, hat ein funktionierender Sozialstaat als Stützpfeiler des sozialen Friedens mindestens so viele Vorteile für die Topmanager wie für das gemeine Volk, zumal sie endlich wieder ihre Fähigkeiten beweisen und ihrer pflichtgemäßen Jagd nach Profitmaximierung freien Lauf lassen könnten.

Ein solcher Sozialstaat muss natürlich auch ein konsequenter und kompromissloser Rechtsstaat sein – was ja auch im Interesse zivilisierter Wirtschaftsliberaler liegen dürfte. Wer nämlich bei Gammelfleischhandel, Umweltvergiftung oder Baupfusch ebenso beide Augen zudrückt wie bei unzumutbaren Arbeitsbedingungen, verlogener Werbung, unseriösen Geschäftspraktiken oder Preiskartellen, weil er Gesetze und Kontrollen zum Schutz der »Marktteilnehmer«, der Bürger und der Umwelt sowieso für »Überregulierung« hält, der nutzt nicht »der Wirtschaft«, sondern schadet ihr, indem er die ehrlichen Konkurrenten schädigt.

Aber auch hier ist es wie mit dem Küchenmesser, das man zur Zubereitung eines leckeren Essens ebenso benutzen kann wie für einen Mord: Nicht nur Papier, auch ein Gesetz ist geduldig. Es kommt darauf an, wer es anwendet. Selbst die Verfolgung und Bestrafung von Korruption kann man durch Korruption verhindern. Daher bleibt die Sache mal wieder an den Bürgern hängen, was allerdings nur recht und billig ist, da es sich laut Grundgesetz um *ihr* Gemeinwesen handelt. Nur wenn eine wache Gesellschaft die unausgesprochene Drohung der erwähnten »Rückkehr des Tumults« glaubwürdig aufrechterhält, macht sie auch den Managern für eine menschenwürdige Gesellschaft, »ein Angebot, das sie nicht ablehnen können«.

Ultima Ratio

»Wir werden überhaupt im Fortgang der Entwicklung finden,
dass die ökonomischen Charaktermasken der Personen nur
die Personifikationen der ökonomischen Verhältnisse sind,
als deren Träger sie sich gegenübertreten.«
Karl Marx

ERSTENS

Die Frage nach der individuellen Verantwortung des Managers
stellt sich genauso wie in jedem anderen Gesellschaftssystem
auch: Je führender er daran beteiligt ist und je lauter er es pro-
pagiert, desto größer seine Mitverantwortung. Das Argument, er
sei ja nur ein Rädchen im Getriebe gewesen und hätte ja ehrlich
an den Erfolg des Systems und seinen Nutzen für die Menschheit
geglaubt, wird zumeist und mit Recht nur als schwache Ausrede
gewertet. »Unwissenheit schützt vor Strafe nicht«, ob nun Peter
Hartz, Klaus Kleinfeld oder Josef Ackermann wirklich aus tiefster
Seele glauben, ihr Handeln bringe die Völker des Landes und des
Erdkreises wesentlich weiter, fällt wirklich unter die Gedankenfrei-
heit. Weder Hitlers Wirtschaftsführer Krupp, Thyssen & Co. noch
der Massenmörder Eichmann oder der Marinerichter Filbinger
kamen mit der Ausrede der wertfreien Pflichterfüllung und dem Argument, »was damals Recht war, kann heute nicht Unrecht sein«,
durch. Die Konzernchefs landeten im Gefängnis, Eichmann am Gal-
gen und der »furchtbare Jurist« (Rolf Hochhuth) wurde auf Druck
der Öffentlichkeit von seiner eigenen Partei aus dem Amt gejagt.

ZWEITENS

»Was bleibt mir anderes übrig?« In persönlichen Gesprächen sagen Topmanager oft: »Wenn ich das tue, was Kritiker fordern, also weniger Leute entlasse und keine Löhne kürze, dann bin ich sofort meinen Job los.«

Was würde ein solcher Manager einem Radprofi raten, der ebenfalls sofort seinen Job los wäre, wenn er das Doping verweigert? »Wasch mich, aber mach mich nicht nass«, ist auch für manche Jobs oder ganze Berufsgruppen ein illusionärer Wunsch. Dies ändert nichts an der Verwerflichkeit des Handelns.

Auch die Frage der Legalität ist für die Schuldfrage völlig unerheblich. Wenn eine Heuschrecke florierende Betriebe ausschlachtet und den Beschäftigten ihren Arbeitsplatz nimmt oder Bankmanager soliden mittelständischen Unternehmen den Kredithahn zudrehen und sie zum Verkauf an Spekulantenbanden zwingen, so ist das juristisch völlig in Ordnung – aber genau das bringt ja immer mehr Bürger zu der Frage: Was ist das eigentlich für ein System, wo man so etwas darf?

Nun bleibt dem gedopten Radprofi ebenso wie dem Topmanager die Fortsetzung seiner Karriere unbenommen. Vor allem bei jenen hohlen Gestalten, die ohne ihren Reichtum und ihre Macht ein wandelndes Nichts wären, ist dies verständlich. Allerdings können sie sich – anders als in totalitären Systemen – nicht damit herausreden, eine Berufsaufgabe wäre für sie mit materiellem Elend oder gar Lebensgefahr verbunden.

Aber wie der Markenforscher Nicholas Adjouri schon richtig sagt: Jede Marke sucht sich ihre Topmanager. Ob Schutzgeldinkasso oder Kinderbetreuung, Gossenmedien oder Umweltschutz, Rüstungsproduktion oder Krebsforschung: Jedes Gewerbe findet im Schnitt diejenigen Mitarbeiter und Führungskräfte, die charakterlich zu ihm passen.

Nachwort

Und was ist mit den Frauen?

Die Geschichte deutscher Konzernvorstände ist eine Geschichte der Männer. Chefsessel und Frau, das erscheint in unseren Großunternehmen als Quadratur des Kreises. Von zwei kurzen Gastspielen abgesehen, saß dort in den 30 DAX-Unternehmen nie eine Frau.

- Die niederländische Krebsforscherin und MBA Karin Dorrepaal (Jahrgang 1961) schaffte dies bei Schering von September 2005 bis zur Fusion mit Bayer Ende 2006.
- Die italienische Betriebswirtin Christine Licci (Jahrgang 1964) hielt es im Vorstand der HypoVereinsbank nur von Januar bis November 2005 aus, als die von der UniCredit geschluckt wurde.

Hormongesteuerte Anmerkungen ebenso wie durchaus zutreffende Analysen zum »kleinen Unterschied« taugen zur Erklärung kaum. In anderen Berufen, die sogar höhere Anforderungen an Physis, Psyche, Durchsetzungsvermögen, Organisationstalent oder Intellekt stellen, haben sich Frauen lange schon durchgesetzt. Längst sind die Jungen nur noch Spitze in Disziplinen wie Playstationmarathon, Handtaschenraub oder »Asylantenklatschen«. Dagegen bestehen inzwischen mehr Mädchen als Jungen das Abitur, studieren in Deutschland mehr Frauen als Männer und das mit besseren Examina. »Trotzdem kommt nach der Ausbildung plötzlich der Karriereknick ... Noch immer stoßen die Frauen an eine ›gläserne Decke‹, wenn sie in der Privatwirtschaft aufsteigen wollen.«[318] Ex-Vorstand Christine Licci zum Beispiel passte – glaubt man den

Schilderungen von Freund und Feind – schon aufgrund ihres Auf-
tretens nicht in den Männerbund DAX.

Dabei spricht nicht einmal unbedingt für die Südtirolerin, dass
sie vom Managerkampfblatt *Wirtschaftswoche* zur Managerin des
Jahres 2003 gekürt und – in Zeiten geschmierter Arbeitnehmervertreter – von Rolf Dahmen, dem Gesamtbetriebsratsvorsitzen-
den ihres vorigen Arbeitgebers Citibank, als »ehrlich und gewin-
nend« gelobt wird. Aber sie fällt schon allein dadurch auf, dass
sie ihre E-Mails an die Mitarbeiter und Beschäftigten mit »Liebe
Grüße, Ihre Christl Licci« unterschreibt und als besonders wichtige Eigenschaften »Menschlichkeit, Berechenbarkeit und Fair-
ness« nennt. Sie wolle »den Leuten ein Umfeld geben, in dem sie
sich wohl fühlen«.[319] Allerdings konnte sie auch anders. Gleich
bei Amtsantritt bei der Deutschlandtochter des US-Finanzriesen
Citigroup 2001 feuerte sie fast den gesamten Vorstand: »Eine
schlechte Führungskraft kann viel kaputt machen.«[320]

Zu den Mitarbeitern freundlicher als zu ihresgleichen – unmänn-
licher geht's ja kaum noch. Aber ob Hechtin im Karpfenteich oder
Gute Fee in der Jauchegrube – Licci hat vorläufig die Nase voll.
Sie heißt jetzt Novakovic und verwirklicht ihren Lebenstraum als
Kunsthändlerin.

Warum Frauen nicht nach ganz oben kommen dürfen oder wollen,
erhellt auch ein Alltagsskandal aus dem Jahr 2006, der zwar nur
sechs New Yorker Topmanagerinnen der Allianz-Tochter Dresdner Bank betrifft, den man sich aber sehr gut in jedem anderen
Großkonzern vorstellen kann. Wegen »gezielter Diskriminierung«
verklagen die Wall-Street-Bankerinnen der Investmentsparte
Dresdner Kleinwort Wasserstein (DrKW) stellvertretend für 500
Mitarbeiterinnen die Dresdner Bank auf 1,4 Milliarden Dollar.
»Suff, Prostituierten-Besuche, Strip-Club-Trips«, fasst der *Spiegel*
ein von den Möchtegern-Karrierefrauen gezeichnetes »bizarres
Bild ihrer Firma« zusammen.

Nun zeigt ein Blick auf den langen Weg der Menschwerdung des Einzellers, dass die Männer an den beiden wichtigsten gesellschaftlichen Fronten, der Unterdrückung und der Ausbeutung von Menschen durch Menschen, seit jeher nahezu unter sich sind: An der Spitze von Armeen, Regierungen und Wirtschaftssystemen stand fast ausnahmslos das »starke Geschlecht« (Männer über Männer).

Daher überrascht es nicht, dass Männer auch das Topmanagement der wichtigsten deutschen Konzerne als weitgehend geschlossene Gesellschaft betreiben.

Glaubt man nämlich der Schilderung der US-Managerinnen – und warum sollte man nicht? – so »sind Frauen in dieser Welt des schnellen Geldes vorrangig in zwei Rollen vorgesehen: als unterbezahlte, rechtlose Untergebene ohne echte Aufstiegschancen oder als mehr oder weniger professionelle Animateurinnen«.[321]

Dresdner Kleinwort erscheint in der Klageschrift als »dumpfschwüle, hormongesteuerte Burschenschaft. Junge Mitarbeiterinnen würden wegen ihres Aussehens eingestellt, wurde etwa Kathleen Treglia von ihren Kollegen erklärt. Die Händler brauchten schließlich ›Augenschmaus‹ (›eye candy‹) am Arbeitsplatz. Zur ›Pamela Anderson des Wertpapierhandels‹ wurde ihre Londoner Mitklägerin Katherine Smith von ihrem Vorgesetzten gekürt. Eine Pralinenpackung auf ihrem Tisch veranlasste den Mann zu der Bemerkung, sie solle ihre Süßigkeiten nicht so offen herzeigen – sonst hätten bald alle Jungs aus der Abteilung die ›Hände in ihrer Schachtel‹.«[322]

Für Sebastian Wolff von der *Berliner Zeitung* ist dieses alltägliche Mobbing »Der Preis der Gleichberechtigung«, und folglich sagt ein DrKW-Sprecher zu der 70-seitigen Klageschrift, die auch schlechtere Karrierechancen und weniger Geld für die gleiche Arbeit bemängelt, die Investmentbank bewege sich voll und ganz im Rahmen der Gesetze.

Eine frappierende Erklärung für derlei Zustände liefert die frühere *Burda*- und *Wirtschaftswoche*-Mitarbeiterin Barbara Bierach, eine niveaugleiche neoliberale Antipodin der Nachrichtenvorleserin Eva Herman: Frauen seien »Männern unterlegen. Das weiß jeder, der je Frauen beim Tennisspielen und Einparken großer Autos beobachtet hat.« Gradmesser der Gleichberechtigung ist für Bierach »nur mal Business Class fliegen, sagen wir von Düsseldorf nach London und zurück, um den wirklichen Stand der Dinge zu erforschen. Jede Menge langweiliger, alter Männer in Anzügen, Frauenanteil vielleicht bei fünf Prozent.«[323]

Woran aber liegt das? »Das Netz der alten Jungs in Wirtschaft, Verwaltung und Wissenschaft, das dafür sorgt, dass Frauen in der Schlacht um die Karrierejobs den Kürzeren ziehen, von Scheidungsrichtern benachteiligt und in der Politik nur per Quotenregelung gehört werden«, tut Bierach als »Verschwörungstheorie« ab. Ihre Wahrheit: »Frauen sind nicht schwach, Frauen sind nur dämlich, faul und unaufrichtig ... Es reicht in vielen Fällen, einer Frau vorzuhalten, sie sei egoistisch und machtgeil, um sie zu stoppen. Wenn Frauen über ihre Interessen wachen, gelten sie als intrigant und herrschsüchtig, wenn Männer dasselbe tun, sind sie durchsetzungs- und führungsstark. Was für Männer ein Kompliment ist, beleidigt Frauen.«

Tatsächlich lautet ein männliches Standardvorurteil, Frauen fehle die »nötige Härte«, sprich: die psychopathische Skrupellosigkeit. Anders als viele männliche Kollegen sehen sie zum Beispiel in Contergan-Opfern nicht imageschädliche Ärgernisse, sondern leidende Menschen; und Entlassungen sind für sie nicht die Entsorgung von Wohlstandsmüll, sondern tiefe Einschnitte in menschliche Schicksale.

Aber damit solle jetzt Schluss sein: Anstatt sich zur »behinderten Minderheit« zu stilisieren, solle Frau sich »einen möglichst großen Batzen vom Kuchen der Macht« sichern.

Wie für alle Neoliberalen, ist auch für den *homo oeconomicus* Bierach alle Moral und aller Humanismus irrationale Gefühlsduselei: Macht, Millionen, Medienpräsenz – das ist es!

Die Frage ist allerdings: Bedeutet Emanzipation wirklich, auch beim Abschaum gleichberechtigt vertreten zu sein? Waren Magda Goebbels, Leni Riefenstahl und Zarah Leander »emanzipierte Frauen«? Sind es Condoleezza Rice, Maggie Thatcher und Margot Honecker? Müsste die Durchschnittsfrau Frank Walter Steinmeiers Umgang mit deutschen Staatsbürgern in Guantánamo, Wolfgang Schäubles und Otto Schilys Haltung zu demokratischen Rechten lauthals bejubeln, wenn diese drei Lichtgestalten der deutschen Nation Frauen wären? Wenn es den Frauen nützt, dass eine der ihren im Vorstand von VW sitzt, dann nützt es auch den Arbeitnehmern, dass einer der ihren als Betriebsrat auf Konzernkosten zur Geliebten nach Brasilien fliegt.

Zwar sieht auch der *Spiegel*-Politologe Franz Walter in Anlehnung an das semiwissenschaftliche Heidelberger Sinus-Institut den weiblichen Führungsnachwuchs als eine Art natürlichen Träger einer skrupellos marktradikalen sozialdarwinistischen Gesellschaft: »Die jungen akademischen Frauen des Jahres 2007 wirken nachgerade wie das ideale Subjekt eines neuen Liberalismus ... Ihr Weltbild ist durch und durch optimistisch gefärbt. Sie äußern sich vergnügt, dass nach dem Abitur etwas Neues beginnt. Sie freuen sich auf den Orts- und Wohnungswechsel, auf das Studium, auf die Chance, ins Ausland zu gehen. Und sie sind überwiegend bemerkenswert zuversichtlich, demnächst in einem interessanten, ausfüllenden Beruf arbeiten zu können. Sie vertrauen dabei auf ihre eigene Intelligenz, Durchsetzungsfähigkeit und Disziplin, erwarten keine Hilfen von administrativen Gleichstellungsregelungen, appellieren nicht primär an staatliche Sekundanz.«[324]

Sollten also »die Frauen« auch in der neoliberalen Männergesellschaft überlebensfähiger sein als die Männer selbst?

Literatur

Bloch, Ernst: Spuren. Suhrkamp, Frankfurt am Main 1985.

Blüm, Norbert: Gerechtigkeit. Herder, Freiburg 2006.

Chomsky, Noam: Profit over People. Piper 2006.

Dobb, Maurice: Organisierter Kapitalismus. Fünf Beiträge zur politischen Ökonomie. Suhrkamp, Frankfurt am Main 1966.

Eppler, Erhard: Auslaufmodell Staat? Suhrkamp, Frankfurt am Main 2005.

Fukuyama, Francis: Das Ende der Geschichte. Kindler, München 1992.

Gansch, Christian: Vom Solo zur Sinfonie – Was Unternehmen von Orchestern lernen können. Eichborn, Frankfurt am Main 2006.

Geißler, Heiner: Was würde Jesus heute sagen? Die politische Botschaft des Evangeliums. Rowohlt, Berlin 2003.

Hayek, Friedrich August: »Grundsätze einer liberalen Gesellschaftsordnung«, in: Hayek, Friedrich August: Liberalismus. Vorträge und Aufsätze. Walter-Eucken-Institut, Tübingen 1979.

Hayek, Friedrich Otto von: Die Illusion der sozialen Gerechtigkeit. Moderne Industrie, Landsberg 1981.

Hengsbach, Friedhelm: Soziale Gerechtigkeit unter Globalisierungsdruck? Vortrag anlässlich der Jahrestagung der Otto-Brenner-Stiftung »Globalisierung oder Gerechtigkeit?« am 30. und 31. Oktober 2002 in Berlin.

Herrmann, Ulrike: »Sein und Haben, in: die tageszeitung, Nr. 8265 vom 3. Mai 2007.

Homann, Karl/Blome-Drees, Franz: Wirtschafts- und Unternehmensethik. Vandenhoeck & Ruprecht, Göttingen 1992.

Horkheimer, Max/Adorno, Theodor W.: Dialektik der Aufklärung. Fischer Taschenbuch-Verlag, Frankfurt am Main 2003.

Jungbluth, Rüdiger: Die Quandts. Bastei Lübbe, Bergisch Gladbach 2002.

Keynes, John Maynard: Essays in Persuasion. Macmillan, London 1931.

Kisker, Klaus Peter: »Empörung der modernen Produktivkräfte gegen die modernen Produktionsverhältnisse im Zeitalter der ›Globalisierung‹«, in: Hickel, Rudolf/Kisker, Klaus Peter/Mattfeldt, Harald/Troost, Axel (Hrsg.): Politik des Kapitals – heute. VSA-Verlag, Hamburg 2000.

Kleine-Brockhoff, Thomas/Schirra, Bruno: Das System Leuna. rororo, Reinbek 2001.

Koch, Roland: Vision 21. Verlag der Universitätsbuchhandlung Blazek und Bergmann seit 1891 GmbH, Frankfurt am Main 1998.

Liedtke, Rüdiger: Wem gehört die Republik? Eichborn, Frankfurt am Main 2005.

Marx, Karl: Das Kapital, Erster Band, in: Karl Marx – Friedrich Engels – Werke. Band 23. Dietz Verlag, Berlin/DDR 1969.

Müntefering, Franz: »Freiheit und Verantwortung«. Vortrag in der Friedrich-Ebert-Stiftung am 22. November 2004 in Berlin, in: SPD-Parteivorstand: Tradition und Fortschritt, Berlin 2005.

Ogger, Günter: Nieten im Nadelstreifen. Droemer, München 1992.

Piper, Nikolaus: »Die unheimliche Revolution«, in: Die Zeit, Nr. 37 vom 5. September 1997, S. 5.

Riße, Stefan: Manager außer Kontrolle. Econ, München 2003.

Rother, Thomas: Die Krupps. Bastei Lübbe, Bergisch Gladbach 2001.

Scheuch, Erwin K./Scheuch, Ute: Manager im Größenwahn. rororo, Reinbek 2003.

Sekretariat der Deutschen Bischofskonferenz: »Die deutschen Bischöfe – Kommission für gesellschaftliche und soziale Fragen: Das Soziale neu denken – Für eine langfristig angelegte Reformpolitik«, Impulspapier vom 12. Dezember 2003.

Smith, Adam: The Wealth of Nations. Modern Library Edition, New York 1937, S. 14.

Suchanek, Andreas: »Der homo oeconomicus als Heuristik«, in: Diskussionsbeiträge der wirtschaftswissenschaftlichen Fakultät der Katholischen Universität Eichstätt, Nr. 38. Ingolstadt 1993, S. 2.

Suchanek, Andreas: Ökonomische Ethik. Mohr Siebeck, Tübingen 2001.

Sutton, Robert I.: Der Arschloch-Faktor. Hanser, München 2007.

Walter, Franz: »Neigt sich die Ära der Volksparteien ihrem Ende zu?«, Martfelder Schlossgespräche. Nr. 12.

Weber, Alois: »Und der Markt ist Gott geworden«, in: Die Gazette, Nr. 10 vom Sommer 2006.

Anmerkungen

1 Franz Walter: »Neigt sich die Ära der Volksparteien ihrem Ende zu?«, Martfelder Schlossgespräche. Nr. 12, S. 24.

2 »Unverdientes Vermögen«, in: *Der Spiegel*, Nr. 51 vom 5. Februar 2007.

3 Tilman Weigel: »Der Schraubenkönig«, in: *manager-magazin.de*, 8. Januar 2004.

4 Ursula Schwarzer/Dietmar Student: »Erben ohne Fortune«, in: *manager magazin* 4/2006.

5 Rüdiger Jungbluth: Die Quandts. *Bastei Lübbe*, Bergisch Gladbach 2002, S. 357.

6 Ursula Schwarzer/Dietmar Student, a. a. O.

7 »Unverdientes Vermögen«, a. a. O.

8 Stefan Riße: Manager außer Kontrolle. *Econ*, München 2003, S. 23.

9 ThyssenKrupp wurde wegen illegaler Preisabsprachen im Februar 2007 von der EU zu 479 Millionen Euro Strafe verurteilt.

10 »Ein Unverdächtiger wird Siemens-Chef«, in: *Welt Online*, vom 20. Mai 2007.

11 »Ethik und Compliance lästige Pflicht«, in: *Compliance-Magazin.de*, vom 26. Februar 2007.

12 Regierungskommission Deutscher Corporate Governance Kodex: »Deutscher Corporate Governance Kodex«, in: Internetseite www.corporate-governance-code.de

13 Hartmann untersuchte die Lebensläufe von 6500 promovierten Ingenieuren, Juristen und Wirtschaftswissenschaftlern der Promotionsjahrgänge 1955, 1965, 1975 und 1985.

14 Michael Hartmann: »Bürgerkind sucht Bürgerkind«, in: *Die Welt*, vom 13. April 2002.

15 Hartmann nennt den Haushalt eines niedergelassenen Arztes, eines leitenden Angestellten oder eines Oberstudienrats.

16 Genannt werden Großunternehmer, Vorstandsmitglieder oder Spitzenbeamten.

17 Andreas Nölting/Arne Stuhr: »Wie gut kennen Sie die Dax-Chefs?«, in: *manager-magazin.de*, vom 23. April 2005.

18 Klaus Werle: »Nur für Mitglieder«, in: *manager magazin* 12/2004.

19 Ebenda.

20 »Conti-Angreifer aus der Versenkung«, in: *Financial Times Deutschland. ftd.de*, vom 13. Dezember 2006.

21 Dietmar Student/Thomas Werres: »Die Geister, die ich rief«, in: *manager magazin* 1/2007.

22 Ebenda.

23 Ebenda.

24 »Politiker empört über Ackermanns Freikauf«, in: *Spiegel Online*, vom 29. November 2006.

25 Rainer Frenkel: »›Das war nicht zwingend unüblich‹«, in: *Die Zeit*, Nr. 9, vom 23. Februar 2006.

26 »Nicht nur Blinde und Doofe«, in: *manager-magazin.de*, vom 12. April 2002.

27 »Müssen Reiche nicht ins Gefängnis?«, in: *Bild.de*, vom 25. April 2007.

28 »Wie der Super-Reformatur scheiterte«, in: *Welt Online*, vom 14. August 2007.

29 Christian Bommarius: »Recht und Basar«, in: *Berliner Zeitung*, vom 18. Januar 2007.

30 »Wir fahren den Strafprozess an die Wand«, in: *Spiegel Online*, vom 18. Januar 2007.

31 Kai Lange: »Warum die Deutschen Angst vor Aktien haben«, in: *Spiegel Online*, vom 19. Januar 2007.

32 Andrea Seibel: »›Den Begriff Reichtum liebe ich gar nicht‹«, in: *Welt Online*, vom 11. November 2004.

33 Stefan Kuzmany: »Die bunten Seiten der Macht«, in: *die tageszeitung*, Nr. 6782 vom 24. Juni 2002.

34 Gustav Seibt: Die Sozialisierung des Schnüffelns, in: *sueddeutsche.de*, vom 11. September 2006.

35 Herbert Schui: *Keynesianische Politik gegen Neoliberalismus*, S. 6. Internetseite der Uni Bremen. Schui bezieht sich auf: Armen Albert Alchian/William R. Allen: Exchange and Production. Theory in Use. Wadsworth Publishing Company, Belmont 1969, Kapitel 2.

36 Thomas Hammer: »Wer profitiert?«, in: *Zeit online*, vom 27. Oktober 2006.

37 Adam Smith: The Wealth of Nations, *Modern Library Edition*, New York 1937, S. 14.

38 Der Begriff wurde 1997 zum Unwort des Jahres gekürt. Als Erfinder gilt der frühere Verwaltungsratspräsident und damalige Ehrenpräsident von Nestlé, Helmut Maucher.

39 Roland Koch: Vision 21. *Verlag der Universitätsbuchhandlung Blazek und Bergmann seit 1891 GmbH*, Frankfurt am Main 1998, S. 32.

40 John Maynard Keynes: *Essays in Persuation*, London 1933, S. 270.

41 Stefan Riße: Manager außer Kontrolle. *Econ*, München 2003, S. 90.

42 Erwin K. Scheuch/Ute Scheuch: Manager im Größenwahn. *rororo*, Reinbek 2003, S. 408.

43 Norbert Blüm, Gerechtigkeit. *Herder*, Freiburg 2006, S. 92 f.

44 »Vielleicht ist Münteferings Moralismus doch richtig‹, sagt Friedhelm Hengsbach«, in: *die tageszeitung*, Nr. 7650, vom 27. April 2005

45 Friedrich August von Hayek: »Wahrer und falscher Individualismus«, in: ORDO-Jahrbuch für die Ordnung von Wirtschaft und Gesellschaft, Band 1. *Verlag Helmut Küpper vormals Georg Bondi*, Düsseldorf, München 1948, S. 38 f.

46 Herbert Schui: »Neoliberalismus: politische und theoretische Grundlagen«, in: Internetseite der Uni Konstanz.

47 Max Horkheimer, Theodor W. Adorno: Dialektik der Aufklärung. *Fischer Taschenbuch-Verlag*, Frankfurt am Main 2003, S. 9.

48 zitiert in: Nikolaus Piper: »Die unheimliche Revolution«, in: *Die Zeit*, Nr. 37 vom 5. September 1997.

49 Ebenda.

50 Friedrich August Hayek: Grundsätze einer liberalen Gesellschaftsordnung, in: Friedrich August Hayek: Liberalismus, *Walter-Eucken-Institut. Vorträge und Aufsätze*, Tübingen 1979, These 45 und These 38. Zitiert nach Herbert Schui: *Keynesianische Politik ...*, a. a. O, S. 4 f.

51 Marc Pitzke: »Das Ende des härtesten Neocon«, in: *Spiegel Online*, vom 18. Mai 2007.

52 Karl Marx: Das Kapital, Erster Band, in: Karl Marx – Friedrich Engels – Werke. Band 23, *Dietz Verlag*, Berlin/DDR 1969, S. 790.

53 Friedhelm Hengsbach: Soziale Gerechtigkeit unter Globalisierungsdruck? Vortrag anlässlich der Jahrestagung der Otto-Brenner-Stiftung »Globalisierung oder Gerechtigkeit?« am 30./31. Oktober 2002 in Berlin.

54 Ebenda.

55 Alois Weber: »Und der Markt ist Gott geworden«, in: *Die Gazette*, Nr. 10, vom Sommer 2006.

56 Der Begriff verdankt seine Popularität dem Buch *Gossenreport. Betriebsgeheimnisse der Bild-Zeitung* von Gerhard Henschel. *Bittermann*, Berlin 2006.

57 Zitiert nach Noam Chomsky: Profit over People, *Piper* 2006, S. 67.

58 Ebenda, S. 79 f.

59 Es wäre allerdings absurd und »wessichristliche« Arroganz, daraus abzuleiten, dass in den Neuen Ländern Werte wie Solidarität, Hilfsbereitschaft oder Altruismus (verstanden als Leistung ohne Gegenleistung) eine geringere Bedeutung hätten als in den traditionell westlichen Industrienationen.

60 Dem widerspricht nicht, dass auch aus durchaus eigennützigen Motiven gespendet wird: Ob aus Wichtigtuerei, aus PR-Gründen, aus »christlichem« schlechtem Gewissen, ob als bloße Sozialstaatspropaganda und aus der Überlegung heraus, dass ein Übertreiben der skrupellosen Bereicherung auf Kosten der armen und der übrigen Bevölkerung zu »sozialen Unruhen« führen könnte, spielt in diesem Zusammenhang auch keine Rolle.

61 »Bekenntnis zur Sozialen Marktwirtschaft«, in: *Infodienst Kirche und Wirtschaft* 3/2002.

62 Ebenda. Nebenbei: Um »Selbstliebe« geht es gar nicht. Die freilich scheint durchaus auch bei den Reichen unterentwickelt, wie die zahlreichen Edel-Dominas sicher berichten könnten.

63 Eduardo Galeano: »Ich weigere mich, eine Ware zu sein«, in: *Neues Deutschland*, vom 18. Juli 1997.

64 Sekretariat der Deutschen Bischofskonferenz: »Die deutschen Bischöfe – Kommission für gesellschaftliche und soziale Fragen: Das Soziale neu denken – Für eine langfristig angelegte Reformpolitik«, Impulspapier vom 12. Dezember 2003.

65 Karl Gabriel, Friedhelm Hengsbach SJ, Dietmar Mieth: »›Das Soziale neu denken‹ als Abkehr vom ›Gemeinsamen Wort‹ der Kirchen?« Stellungnahme zum Impulspapier »Das Soziale neu denken« der Kommission VI der Deutschen Bischofskonferenz, Presseerklärung vom 17. Dezember 2003.

66 Ebenda.

67 Ebenda.

68 Karl Homann und Franz Blome-Drees, Wirtschafts- und Unternehmensethik, Göttingen 1992, S. 111.

69 Ebenda, S. 49.

70 Ebenda, S. 144.

71 Karl Homann, Ökonomik und Ethik, in: *Wirtschaftliche Perspektiven I,* Berlin 1994, S. 15.

72 Hohmann/Blome-Drees, a. a. O., S. 107.

73 Andreas Suchanek: Ökonomische Ethik. *Mohr Siebeck,* Tübingen 2001, S. 83.

74 Ebenda.

75 Ebenda.

76 Matthäus 19, 24. Nach neuester Forschung soll mit »Nadelöhr« ein niedriges Stadttor Jerusalems gemeint sein. Dies ändere aber nichts an der Aussage, da das Kamel zum Passieren des Tores niederknien und sämtlichen Besitz des Reichen zurücklassen müsse.

77 Lukas, 6, 24 und 25.

78 Konrad Paul Liessmann: Theorie der Unbildung. *Zsolnay,* Wien 2006, S. 173 f.

79 Karl Marx: Das Kapital, a. a. O., S. 89.

80 Wolfgang Ehrensberger/Peter Schelling: »Das schlechte Gewissen des Klaus Kleinfeld«, in: *Welt Online,* vom 4. Oktober 2006.

81 »Kirche nennt Erhöhung der Vorstandsgehälter maßlos«, in: *Spiegel Online,* vom 24. September 2006.

82 Dass dies bei Konsumgütern prinzipiell möglich ist, wurde beim Boykott französischer Waren aus Protest gegen die Atomversuche am Muroroa-Atoll im Sommer und Herbst 1995 ebenso bewiesen wie kurz zuvor bei den Aktionen von Greenpeace im April 1995 gegen den Shell-Konzern, um die Versenkung der mit ölhaltigem Schlamm, hochgiftigen PCB und Schwermetallen versuchten Öl-Plattform »Brent Spar« in die Nordsee zu verhindern.

83 »Die Märkte sind amoralisch«, in: *Der Spiegel,* Nr. 51, vom 14. Dezember 1998.

84 Franz Müntefering: »Freiheit und Verantwortung«. Vortrag in der Friedrich-Ebert-Stiftung am 22. November 2004 in Berlin, in: SPD-Parteivorstand: *Tradition und Fortschritt,* Berlin 2005, S. 18.

85 »Bischof kritisiert Vorstandsgehälter«, in: *netzeitung.de,* vom 24. September 2006.

86 Erich Follath/Matthias Schepp: »Der Konzern des Zaren«, in: *Der Spiegel,* Nr. 10 vom 5. März 2007.

87 Roger Boyes: »Die Neuen Patrioten«, in: *Aus Politik und Zeitgeschichte* AP 01-02/2007.

88 Armin Mahler: »Spagat zwischen zwei Welten«, in: *Der Spiegel,* Nr. 52, vom 22. Dezember 2006.

89 »Die Billionen-Bombe«, in: *Der Spiegel,* Nr. 39, vom 25. September 2006.

90 Dietmar Hawranek, Alexander Jung, Janko Tietz: »Anpassen oder untergehen«, in: *Der Spiegel,* Nr. 19, vom 9. Mai 2005.

91 Michael Klett: »Der patriotische Unternehmer«, Vortrag 25. Sinclair-Haus-Gespräch der Herbert-Quandt-Stiftung der Altana AG am 25. und 26. November 2005 in Bad Homburg.

92 Klaus Max Smolka: »Linde könnte Gabelstapler abstoßen«, in: *Financial Times Deutschland*, vom 26. Januar 2006.

93 Carsten Dierig: »Diese Logik kann nicht stimmen«, in: *Die Welt*, vom 5. September 2005.

94 Toralf Staud: »Fußballtaumel und Fremdenfeindlichkeit«, in: *sueddeutsche.de*, vom 15. Dezember 2006.

95 Ein Hundejahr entspricht sieben Menschenjahren.

96 Jörg Eigendorf: »Warum der Siemens-Chef bekommt, was er verdient«, in: *Die Welt*, vom 21. September 2006.

97 Marc Beise: »Den Menschen treibt die Gier«, in: *sueddeutsche.de*, vom 16. Juli 2006.

98 »Der Mensch ist ungleich mehr als nur Konsument ...«. Marko Martin im Gespräch mit Pascal Bruckner, in: *Kommune* 3/2004, S. 24 f.

99 Andreas Nölting: »Jetzt zahlen wir die Zeche«, in: *manager-magazin.de*, vom 27. Juni 2005.

100 »Gesagt ist gesagt: Schlaues aus der Wirtschaft«, in: *Spiegel Online*, vom 21. Dezember 2006.

101 Quelle: *manager magazin* 7/2007, S. 43.

102 Einschließlich Aktienoptionen und anderer langfristiger Bezüge, ohne Pensionsansprüche.

103 Konzernchef seit 1. September 2007. Gehalt vom *manager magazin* auf zwölf Monate hochgerechnet.

104 Konzernchef seit 13. November 2006. Gehalt auf ein Jahr hochgerechnet.

105 Wolfgang Kaden: »Wie die Gier das System vergiftet«, in: *Spiegel Online*, vom 29. Juni 2007.

106 Andreas Nölting: »BenQ macht für Siemens den Drecksjob«, in: *Spiegel Online*, vom 28. September 2006.

107 Ebenda.

108 »Der Politiker«, in: *Welt Online*, vom 4. Oktober 2006.

109 Anne Seith: »Siemens-Mitarbeiter revoltieren im Intranet«, in: *Spiegel Online*, vom 26. September 2006.

110 Ulrich Papendick: »Club der Millionäre«, in: *manager magazin* 7/2006.

111 Ulrich Papendick: »Das schnelle Geld«, in: *manager magazin* 7/2005.

112 »Chauffeur für den Rentner«, in: *sueddeutsche.de*, vom 10. Februar 2006.

113 Hendrik Munsberg: »Peter Hartz und die Geisterbahnfahrer«, in: *Berliner Zeitung*, vom 19. Juli 2006.

114 Herbert Fromme: »Versicherer knicken vor Daimler ein«, in: *ftd.de*, vom 2. Januar 2007.

115 Stefan Riße, a. a. O., S. 40.

116 »Zum Abschied 198 Millionen Dollar«, in: *Spiegel Online*, vom 22. Dezember 2006.

117 Kai Lange: »Der Job danach«, in: *Spiegel Online*, vom 20. Juli 2006.

118 Ebenda.

119 »Kofler zockt – Kurs stürzt ab«, in: *Spiegel Online*, vom 13. Februar 2007.

120 Andreas Nölting: »Jetzt zahlen wir die Zeche«, in: *manager magazin*, vom 27. Juni 2005.

121 Franz Walter: »Lust der Mitte«, in: *Süddeutsche Zeitung*, 9. Februar 2004.

122 Klaus Wehrle, a. a. O.

123 Holger Rust: »Lob der Eitelkeit«, in: *manager magazin* 12/2002.

124 Ebenda.

125 Kolja Rudzio: »Der Fall Schrempp(s)«, in: *Die Zeit*, Nr. 7, vom 15. Februar 2001.

126 Jan Boris Wintzenburg: »Noch nicht abgehoben ...«, in: *stern.de*, vom 14. August 2004.

127 Markus Balser/Karl-Heinz Büschemann: »Im Prinzip für die Moral«, in: *sueddeutsche.de*, vom 24. Januar 2007.

128 »Frage 8: Welche Fehler haben Kleinfeld und von Pierer gemacht?«, in: *Welt Online*, vom 25. Januar 2007.

129 Anne Seith: »Die Entzauberung des Dr. Z.«, in: *Spiegel Online*, vom 14. Februar 2007.

130 »infection manifesto album – archiv für kunst + öffentlichkeit«

131 Finn Mayer-Kuckuk/Sonia Shinde: »Banken spenden viel, aber unsystematisch«, in *Handelsblatt.com*, vom 28. September 2006.

132 »infection manifesto ...«, a. a. O.

133 »14. Internationaler Sponsoring Award verliehen«, in: Internetseite der Faspo, Januar 2007.

134 Notker Blechner: »Millionen-Geschäft Bundesliga«, in: *boerse.ARD.de*, vom 11. August 2006.

135 Günter Ogger: Nieten im Nadelstreifen. *Droemer*, München 1992, S. 105.

136 Susanne Preuß: »Der Schöpfer der Welt AG zieht sich zurück«, in *faz.net*, vom 19. Juli 2005.

137 Ebenda.

138 Georg Meck: »Wer stoppt Jürgen Schrempp?«, in: *Frankfurter Allgemeine Sonntagszeitung*, vom 22. Mai 2005.

139 Susanne Preuß, a. a. O.

140 Ebenda.

141 Henrik Müller: »Die gelbe Gefahr«, in: *manager magazin* spezial, vom Oktober 2006, S. 107.

142 Michael Freitag: »Keine Kompromisse«, in: *manager magazin* 10/2006, S. 58.

143 »Ballett der Augenbrauen«, in: *Der Spiegel*, Nr. 36, vom 4. September 2006.

144 »Mein Chef, der Psychopath«, in: *sueddeutsche.de*, vom 15. Januar 2007.

145 Michael Lange: »Mein Chef, ein Psychopath«, in: Leonardo – Wissenschaft und mehr, *wdr 5*, vom 8. Juni 2005.

146 Michael Kröger: »Der Rowdy kommt nach Wolfsburg«, in: *Spiegel Online*, vom 8. November 2006.

147 »Ballett der Augenbrauen«, a. a. O.

148 Dieses und die folgenden Zitate: Eva Buchhorn: »Family Business«, in: *manager magazin* 1/2007.

149 Holger Rust, a. a. O.

150 »Savoir vivre statt Aktiengeschäft«, in: *manager-magazin.de*, 20. Februar 2007.

151 Michaela Schießl: »Raus aus dem Hamsterrad«, in: *Der Spiegel*, Nr. 14 vom 2. April 2007.

152 Dieses und die folgenden Zitate: Klaus Wehrle: »Die Herren baden gerne lau«, in: *manager magazin* 9/2006.

153 »Alles nur Show«, in: *Spiegel Online*, vom 21. Februar 2007.

154 Stefan Riße, a. a. O., S. 21.

155 Dieses und die folgenden Zitate: Reinhard Blomert: »Applaus auf dem Zauberberg«, in: *Berliner Zeitung*, vom 2. April 2005.

156 Klaus Wehrle, a. a. O.

157 Franz Walter: »Neigt sich die Ära der Volksparteien ihrem Ende zu?«, Martfelder Schlossgespräche. Nr. 12, S. 24.

158 Heribert Prantl: »Werte, Werte, Werte«, in: *Süddeutsche Zeitung*, vom 2./ 3. September 2006.

159 Stefan Riße, a. a. O., S. 181.

160 »»An die zuständige deutsche Behörde«. Brief der Genfer Justiz an die Augsburger Staatsanwaltschaft vom 14. September 2000 (Untersuchungsbericht der Schweizer Ermittlungsbehörden), in: Thomas Kleine-Brockhoff/Bruno Schirra: Das System Leuna. *rororo*, Reinbek 2001, S. 180 f.

161 Stefan Riße, a. a. O., S. 182.

162 Claudia Reischauer und Wolfgang Zdral: »Der Schattenmann«, in: *capital.de*, vom 12. Juli 2006

163 Stefan Riße, a. a. O., S. 183.

164 Claudia Reischauer/Wolfgang Zdral, a. a. O.

165 »Die Lust am Spekulieren ist fast schon genetisch bedingt«, in: *Spiegel Online*, vom 5. Juni 2007.

166 Wolfgang Gehrmann: »Rauf oder raus«, in: *Die Zeit*, Nr. 49, vom 28. November 2002.

167 Stefan Riße, a. a. O., S. 101.

168 Florian Schoemer: »Interkulturelle Chancen und Barrieren bei Unternehmensfusionen – Dargestellt am Beispiel der Fusion von Daimler und Chrysler aus Sicht der Mitarbeiter«, Seminararbeit, Fachbereich Medien, München 2001.

169 Hasnain Kazim: »Eine AG, zwei Welten«, in: *Spiegel Online*, vom 14. Februar 2007.

170 Florian Schoemer, a. a. O.

171 Stefan Riße, a. a. O., S. 101.

172 »Unser Leitbild«, in: Internetseite der Siemens AG.

173 Günter Ogger, a. a. O., S. 123.

174 Christian Gansch: Vom Solo zur Sinfonie – Was Unternehmen von Orchestern lernen können. *Eichborn*, Frankfurt am Main 2006.

175 »Auch Autokonzerne können von Orchestern lernen«, in: *Spiegel Online*, vom 22. September 2006.

176 Michael Kröger: »VW vertreibt Super-Sanierer Bernhard«, in: *Spiegel Online*, vom 11. Januar 2007.

177 Nicola Holzapfel: »Einstein! Aufwachen!«, in: *sueddeutsche.de*, vom 5. Oktober 2006.

178 »Führungsfrauen in Nordrhein-Westfalen«, in: Information des NRW-Frauenministeriums, vom November 2003, S. 5.

179 Robert I. Sutton: Der Arschloch-Faktor. *Hanser*, München 2007.

180 Cosima Schmitt: »Väter auf Teilzeit«, in: *die tageszeitung*, Nr. 8156 vom 20. Dezember 2006.

181 Erich Reimann: »Ein Unternehmen muss den Menschen dienen«, in: *stern.de*, vom 6. Januar 2004.

182 Lars Nebe: *Kennzahlengestütztes Projekt-Controlling in Baubetrieben.* Dissertation an der Universität Dortmund 2003, S. 10.

183 Simon Hage: »Rückkehr der Reumütigen«, in: *Spiegel Online*, vom 2. Februar 2007.

184 Andreas Nölting, a. a. O.

185 »Die Piranhas greifen an«, in: *manager-magazin.de*, vom 4. August 2005.

186 Rüdiger Liedtke: Wem gehört die Republik? *Eichborn*, Frankfurt am Main 2005, S. 142.

187 »Zetsche zerschlägt die Welt AG«, in: *Spiegel Online*, vom 14. Mai 2007.

188 »Fahrer von ›Spritfressern‹ müssen höhere Parkgebühren zahlen«, in: *Spiegel Online*, vom 31. Januar 2007.

189 »Umweltschützer werfen Autobauern falsche Strategie vor«, in: *Spiegel Online*, vom 29. Januar 2007.

190 »Köhler verteidigt von der Leyen gegen Erzkonservative«, in: *Spiegel Online*, vom 28. Februar 2007.

191 Thorsten Knuf: »Das Airbus-Dilemma«, in: *Berliner Zeitung*, vom 21. Februar 2006.

192 Kai Lange: »In Deutschland erdacht – im Ausland gemacht«, in: *Spiegel Online*, vom 9. April 2007.

193 Klaus Werner/Hans Weiß: Markenmacht & Menschenrechte. *Ullstein*, Berlin 2006, S. 48.

194 Florian Güßgen: »Wie die Telekom Kunden verjagt«, in: *stern.de*, vom 13. November 2006.

195 Ulrich Viehöver: »Wer macht hier Pfusch?«, in: *Die Zeit*, Nr. 24, vom 9. Juni 2005.

196 Hagen Seidel: »Sieben Millionen Deutsche sind überschuldet«, in: *Welt Online*, vom 3. November 2006.

197 Janko Tietz: »Die Lachnummer«, in: *Der Spiegel*, Nr. 6, vom 5. Februar 2007.

198 Florian Güßgen, a. a. O.

199 Teia AG (Hrsg.): Basiswissen für Selbständige. *Internet Akademie und Lehrbuch Verlag*, Berlin 2006.

200 »Berlin muss seine Investoren endlich besser behandeln«, in: *BZ am Sonntag*, vom 4. März 2007.

201 Robert Kurz: »Ganz oder gar nicht«, in: *Freitag*, Nr. 31 vom 3. August 2007.

202 Zitiert in: Thomas Gerlach: Denkgifte – Psychologischer Gehalt neoliberaler Wirtschaftstheorie und gesellschaftspolitischer Diskurse. Diplomarbeit im Studiengang Psychologie der Universität Bremen 2000, S. 70.

203 J. Metzner: »Die TRANSRAPID-Versuchsanlage«, herausgegeben von: *Industrieanlagen-Betriebsgesellschaft mbH (IABG)*, Lathen/Ems.

204 »Exklusiv: Bayer drohen weitere Rückstellungen im Fall Lipobay«, in: *ftd.de*, vom 16. März 2005.

205 Anselm Waldermann: »Regierung schützt Stromkonzerne gegen billige Newcomer«, in: *Spiegel Online*, vom 9. Februar 2007.

206 »Ex-CDU-Generalsekretär Geißler tritt Attac bei«, in: *Welt Online*, 16. Mai 2007.

207 Erwin K. Scheuch/Ute Scheuch, a. a. O., S. 11.

208 Hans Leyendecker: »Tango Korrupti«, in: *sueddeutsche.de*, vom 16. November 2006.

209 Klaus Ott: »Viel zu verbergen, wenig zu verheimlichen«, in: *sueddeutsche.de*, vom 24. November 2006.

210 Hans Leyendecker/Klaus Ott: »Große Oper für kleine Firmen«, in: *sueddeutsche. de*, vom 21. Dezember 2006.

211 Peter von Blomberg: »Korruption ist kein Kavaliersdelikt«, in *handelsblatt. com*, vom 7. Januar 2007.

212 Ursula Weidenfeld: »Doppelte Rechnungsführung«, in: *Der Tagesspiegel*, vom 26. Januar 2007.

213 »US-Imperialismus beklagt«, in: *Focus Money Online*, vom 17. September 2005.

214 Das UN-Programm »Öl für Lebensmittel« war ein humanitäres Programm, in dessen Rahmen dem Irak zwischen 1996 und 2003 der Verkauf einer bestimmten Menge von Erdöl gestattet wurde, um beispielsweise Lebensmittel und Medikamente zu bezahlen.

215 Bettina Wenke: »Raus aus dem Teufelskreis«, in: *SWR 2*, Sendung 9. Juni 2005.

216 Markus Dietz: Korruption – eine institutionenökonomische Analyse. *Berlin Verlag*, Berlin 1998, S. 63.

217 »›Verpfeifen kommt zuletzt‹«, in. *Die Zeit*, Nr. 48, vom 23. November 2006.

218 Ebenda.

219 Heribert Prantl: »Werte ...«, a. a. O.

220 Norbert Blüm, a. a. O., S. 154.

221 SPD: Programmheft I. Tradition und Fortschritt. Januar 2005, S. 18.

222 »Die Namen der Heuschrecken«, in: *stern.de*, vom 28. April 2005.

223 »Die Zähmung des Monsters«, in: *Der Spiegel*, Nr. 27, vom 4. Juli 2005.

224 »Die Zeche zahlt der Wirt«, in: *Der Spiegel*, Nr. 18, vom 2. Mai 2005.

225 *Heuschrecken ist das Börsen-Unwort des Jahres 2005*. Pressemitteilung der Börse Düsseldorf, 24. Januar 2006.

226 Sachverständigenrat: Jahresgutachten 2005/06: »Die Chance nutzen – Reformen mutig voranbringen«, vom 9. November 2005, S. 463 ff.

227 Nils Klawitter, Christoph Pauly: »Krise als Geschäft«, in: *Der Spiegel*, Nr. 29, vom 14. Juli 2003.

228 »Der große Schlussverkauf«, a. a. O.

229 »Systematisch geschwächt«, a. a. O., S. 100.

230 Ebenda.

231 »Die Zeche zahlt der Wirt«, in: *Der Spiegel*, Nr. 18, vom 2. Mai 2005.

232 »Auf welchem Stern leben wir?«, a. a. O.

233 »Die Zeche zahlt der Wirt«, a. a. O.

234 Dieses und die folgenden Zitate: »Der große Schlussverkauf«, a. a. O.

235 Markus Balser/Martin Hesse: »Unnahbare DAX-Unternehmen, in: *sueddeutsche.de*, vom 12. Februar 2007.

236 »Finanzinvestor Blackstone geht an die Börse«, in: *Spiegel Online*, vom 23. März 2007.

237 »Der große Schlussverkauf«, a. a. O.

238 Ebenda.

239 »Die Billionenbombe«, a. a. O.

240 »Wir brauchen Kontrolle««, in. *Der Spiegel*, Nr. 7, vom 12. Februar 2007

241 Ebenda.

242 Marc Pitzke: »Börsenprofis im Psycho-Crash«, in: *Spiegel Online*, vom 20. August 2007.

243 William Petty: A Treatise of Taxes and Contributions, London 1662, S. 28 f.; Zitiert in: Werner Hofmann: Wert- und Preislehre. *Duncker und Humblot*, Berlin 1971, S. 35.

244 »Wir brauchen Kontrolle««, a. a. O.

245 Gabor Steingart/Frank Hornig: »US-Bankier warnt vor undurchsichtigen Hedgefonds«, in: *Spiegel Online*, vom 10. Februar 2007.

246 »Die Billionen-Bombe«, a. a. O.

247 »Die Zeche zahlt der Wirt«, a. a. O.

248 »Dt Bank/Ackermann bekennt sich zum Standort Deutschland«, in: *sueddeutsche.de*, vom 9. März 2007.

249 Es ist wie mit den »Lohnnebenkosten«, die ja nichts anderes sind als die Arbeitgeberbeiträge zum Sozialstaat, also zur Sicherung seiner eigenen medizinischen Versorgung sowie gegen Arbeitslosigkeits- und erst recht Altersarmut. Ist es nun ein Geniestreich der medialen Gehirnwäsche oder ein Symptom der Massenverblödung, dass auch scheinbar gebildete und klar denkende Bürger bis hin zur sogenannten »Politischen Linken« die Senkung der Lohnnebenkosten zumindest anzustreben vorgeben?

250 Zuweilen stimmt das, zumindest in der negativen Variante: Wenn sich ein Großkonzern einen Schnupfen holt und Leute entlässt oder gar den Standort dichtmacht, bekommt häufig eine ganze Region eine Lungenentzündung.

251 Die Krankenversicherung (1883) wurde von den Arbeitgebern zu einem Drittel, die Unfallversicherung (1884) ganz und die Rentenversicherung (1891) zur Hälfte bezahlt

252 »Auf welchem Stern leben wir?«, a. a. O.

253 Arbeitsgemeinschaft deutscher wirtschaftswissenschaftlicher Forschungsinstitute e. V. (Hrsg.): »Die Lage der Weltwirtschaft und der deutschen Wirtschaft
im Herbst 1996«, in: DIW Berlin, Wochenbericht 43-44/1996, S. 51 ff.

254 Stefan Müller/Martin Kornmeier: »Globalisierung als Herausforderung für
den Standort Deutschland«, in: *Aus Politik und Zeitgeschichte* B 9/2001.

255 Thomas Gries: Internationale Wettbewerbsfähigkeit, *Gabler*, Wiesbaden 1998.
Zitiert in: Arbeitsgemeinschaft deutscher ... a. a. O.

256 »Wichtiges Signal für Deutschland«, in: Internetseite des Deutschen Industrie-
und Handelskammertages, vom 5. März 2007.

257 Timot Szent-Ivanyi: »Ein sinnvolles Geschenk«, in: *Berliner Zeitung,* vom
15. März 2007.

258 »FTD: Kontrolleure offenbar in Siemens-Affäre verstrickt«, in: *finanztreff.de,*
vom 27. November 2006.

259 Stefan Müller/Martin Kornmeier, a. a. O.

260 16. September 2005. in: archiv.spd.de.

261 Stefan Müller/Martin Kornmeier: »Globalisierung als Herausforderung für
den Standort Deutschland«, a. a. O.

262 Alexander Jung: »Hitliste der Bösen«, in: *Der Spiegel,* Nr. 35 vom 27. August
2001.

263 Aktenzeichen: 7 O 75/02 und 7 O 80/02.

264 »Nestlé, Lidl & Co. – Weltmeister des fairen Kaffeehandels ...«, in: *ila, Zeitschrift
der Informationsstelle Lateinamerika,* Nr. 297 von Juli/August 2006.

265 »Entschuldigungen reichen nicht«, in: *Focus online,* vom 26. Oktober 2006.

266 »Kluft zwischen Deutschen und Politik so tief wie nie«, in: *Spiegel Online,* vom
27. Dezember 2006.

267 Reinhard Blomert, a. a. O.

268 »›Es kommt eine Rebellion auf uns zu‹, sagt Christoph Butterwegge«, in: *die
tageszeitung,* Nr. 7428, vom 6. August 2004.

269 Peter Glotz: »Was, wenn die Arbeitslosigkeit bleibt?«, in: *Frankfurter Allgemeine
Zeitung,* vom 12. Mai 2005.

270 Thomas Straubhaar (Interview): »Wir haben keine andere Wahl«, in: *brand
eins,* Nr. 7, vom 1. September 2005, S. 60.

271 »Soziale Gerechtigkeit in Deutschland«. Studie der Bertelsmannstiftung,
Dezember 2006.

272 Berufsanfänger sollen 50 Prozent weniger Gehalt bekommen«, in: *Spiegel
Online,* vom 2. April 2007.

273 »Its major function must be to protect our freedom both from the enemies out-
side our gates and from our fellow-citizens: to preserve law an order, to enforce
private contracts, to foster competitive markets.« Milton Friedman: *Capitalism
and Freedom.* The University of Chicago Press, Chicago und London 1962, S. 2.

274 Ebenda.

275 »›Sie schaden uns Immens‹«, in: *Junge Welt,* vom 21. März 2007.

276 Matthias Streitz: »Telekom-Chef reagiert auf Mitarbeiter-Brandbrief«, in:
Spiegel Online, vom 21. März 2007.

277 Matthias Streitz: »Telekom-Mitarbeiter feiern Kollegen«, a. a. O.

278 Anselm Waldermann: »Telekom-Mitarbeiter fühlen sich von Gewerkschaft verraten«, in: *Spiegel Online*, vom 20. Juni 2007.

279 Norbert Blüm, a. a. O., S. 86.

280 Vergleiche auch: Nicholas Adjouri: »Imagepflege auf der Anklagebank«, in: *ftd.de*, vom 26. Oktober 2006.

281 Internetlexikon Wikipedia, Stichwort »Daniel Goeudevert«.

282 Erwin K. Scheuch/Ute Scheuch, a. a. O., S. 410.

283 Noam Chomsky: Profit Over People, *Piper*, München 2006, S. 10.

284 Albrecht Müller: »Agenda 2010 kann Probleme nicht lösen«, in: *Süddeutsche Zeitung*, vom 31. Mai 2003.

285 Harry G. Frankfurt: Bullshit, *Suhrkamp*, Frankfurt am Main 2006, S. 63.

286 Stefan Riße, a. a. O., S. 171.

287 Zitiert in: Internetseite der Hans-Böckler-Stiftung, vom 9. September 2004.

288 Pressemitteilung des Ver.di-Bundesvorstandes vom 20. September 2005.

289 Internetadresse: http://omega.twoday.net/stories/939891/

290 Armin Himmelrath: »Start unter falscher Flagge«, in: *Spiegel Online*, vom 10. April 2007.

291 Christian Schnell: »Vom Mythos der Treffsicherheit«, in: *Handelsblatt.com*, vom 26. August 2007.

292 Stefan Riße, a. a. O., S. 173 f.

293 »Wem gehört der Aufschwung?«, in: *Berliner Zeitung*, vom 24. März 2007.

294 Petra Wache: »Sparen um den Preis des Verfalls«, in: *Berliner Zeitung*, vom 26. März 2007.

295 Barbara Höll/Hans Thie:« Steinbrücks Staatsstreich«, in: *Freitag*, Nr. 12, vom 23. März 2007.

296 »Immobilien an der Börse«, in: *Frankfurter Allgemeine Zeitung*, vom 24. März 2007, S. 9.

297 »Die Autoindustrie hat einen neue Cheflobbyisten«, in: *Welt Online*, vom 26. März 2007.

298 Florian Bauer/Kim Otto: »Bezahlte Lobbyisten in Bundesministerien: Wie die Regierung die Öffentlichkeit täuscht«, in: *Monitor*, Nr. 556, vom 21. Dezember 2006.

299 »Sollen unsere Politiker mehr verdienen?«, in: *Rheinischer Merkur*, Nr. 14, vom 3. April 2002.

300 Patrik Schwarz: »Nach der Macht«, in: *Die Zeit*, Nr. 47, 17. November 2005.

301 Hans-Peter Müller: »Mysteriöser Tod eines Kronzeugen«, in: *Das Parlament*, Nr. 49, vom 29. November 2004.

302 Petra Bornhöft/Wolfgang Reuter: »Beeinflusst, nicht bestochen«, in: *Der Spiegel*, Nr. 21, vom 21. Mai 2007.

303 Werner Rügemer: »Gewiss auch mit Damen«, in: *Freitag*, Nr. 5, vom 2. Februar 2005.

304 Nils Klawitter: »Kapitulation im Kampf gegen die Krebserreger«, in: *Spiegel Online*, vom 28. Januar 2007.

305 Ulrike Herrmann: »Sein und Haben«, in: *die tageszeitung*, Nr. 8265, vom 3. Mai 2007.

306 Walter van Rossum: »Meine Sonntage mit ›Sabine Christiansen‹«. *KiWi*, Köln 2004, S. 47.

307 Christian Lipicki: »Wolfsburger Co-Manager«, in: *Berliner Zeitung*, vom 26. Januar.

308 »Autolobby schießt sich auf Brüssel ein«, in: *Spiegel Online*, vom 28. Januar 2007.

309 Bernd Ziesemer: »Heuchelei in Hochpotenz«, in: *Handelsblatt.com*, vom 3. April 2007.

310 »Lafontaine steht bereit«, in: *Junge Welt*, vom 19. August 2004.

311 »›Da schlägt Gier in Geiz um‹«, in: *Der Spiegel*, Nr. 7, vom 14. Februar 2005, S. 92.

312 Stefan Riße, a. a. O., S. 243 ff.

313 Erhard Eppler: Auslaufmodell Staat? *Suhrkamp*, Frankfurt am Main 2005, S. 92 f. und 95.

314 Michael O. R. Kröher: »›Den Kapitalismus erhalten‹«, in: *manager-magazin.de*, vom 26. Januar 2007.

315 Friedrich Otto von Hayek: Die Illusion der sozialen Gerechtigkeit. *Moderne Industrie*, Landsberg 1981, S. 184.

316 »Das Ahlener Programm der CDU der britischen Zone vom 3. Februar 1947«, in: Internetseite der Konrad-Adenauer-Stiftung, vom 1. Januar 1997.

317 »›Auf welchem Stern leben wir?‹«, a. a. O.

318 Ulrike Herrmann: »Bitte hier aussteigen!«, in: *Das Parlament*, Nr. 7, vom 12. Februar 2007.

319 Axel Höpner: »Die Italiener kommen, die Italienerin geht«, in: *netzeitung.de*, vom 8. November 2005.

320 Annette Ruess: »Christine Licci: Hart und smart«, in: *WirtschaftsWoche*, vom 29. November 2004.

321 Frank Hornig: »Nacktes Chaos«, in: *Der Spiegel*, Nr. 3, vom 16. Januar 2006.

322 Ebenda.

323 Ebenda.

324 Franz Walter: »Das Leiden der jungen Männer«, in: *Spiegel Online*, vom 28. Mai 2007.

Register

A. T. Kearney 116
Acatis 39
Achleitner, Paul 24 ff.
Ackermann, Josef 21,
25 ff., 31 f., 77 ff., 85,
137, 226, 230, 295
Adidas 29, 37, 78
Advent International
213
AEG 126, 160
Ahlers, Torsten 118
Airbus 89, 146, 158 f., 237
Alcoa 97
Aldi 138
Allianz 22, 24 f., 69, 78,
111, 239, 298
Altana 17 f., 44, 78, 260
Altana Pharma 44
Amaranth Advisors 224
AMF 89
Ampere AG 116
AOL 118
Apax 213, 218
Apollo 220
Apple 161
Ardenne, Manfred v. 160
Aubis 33, 270
Audi 146, 201
Auer, Josef 190
Auto-Teile-Unger (ATU)
70, 221

Bain 220
Banik, Alexander 127
Bankgesellschaft Berlin
33 f.
BASF 37, 78, 146, 272,
284
Bauknecht, Gert 19
Bauknecht, Günter 19
Baumann, Karl-Hermann
25

Bayer 24 f., 78, 87, 126,
185, 187, 201 f., 217,
297
BC Partners 213
Beha, Hansjörg 221
Bell, Graham 160
BenQ 63, 81 ff., 104, 133,
152 f., 177, 193, 196,
221, 250
Bergmann, Burckhard
66
Bernhard, Walter 24
Bernhard, Wolfgang 95,
111, 133, 135
Berninger, Matthias 83
Bernotat, Wulf 24, 29, 78
Bertelsmann 97
Bessemer Vogel & Trei-
chel 97
Blackstone 18, 68, 80, 97,
181, 213, 215, 217, 220,
222, 265
Blankfein, Lloyd 80
BMW 17 f., 47, 72, 78, 101,
146, 162, 172, 201, 206
Boehm-Bezing, Carl L.
von 25
Böhmler, Rudolf 262
Bomhard, Nikolaus von
78
Booz Allen Hamilton 95
Börsig, Clemens 37
Bosch 128, 146, 172
Boston Consulting Group
(BCG) 117
Brandner, Klaus 274
Breuer, Rolf-Ernst 20, 25,
93, 137
Bruch, Walter 160
Burda, Frieder 39
Burda, Hubert 26 f.
Büttner, Regine 140

Canon 129
Carlyle Group 97, 213, 219
Celanese 215, 221
Cerberus 96 f., 156
Charterhouse 284
Chrysler 47, 93, 96, 102,
108 f., 130, 137, 155 f.
Citibank 80, 117, 298
Citigroup 224, 228, 298
Cognis 219 f.
Commerzbank 24 f., 37,
78
Continental 30, 78, 97,
126, 208, 221 f.
Cordes, Eckhard 29, 97,
126
Covisint 109
Creditreform 173
Cromme, Gerhard 21–25,
37
CSFB Private 18
CVC Capital Partners 213,
284

Dahmen, Rolf 298
Daimler-Benz 47, 89, 93,
96, 101 f., 108 f., 115,
126, 128, 130, 137,
239
DaimlerChrysler 25, 78,
88 f., 92, 97, 102, 104,
108 ff., 126, 130, 133,
137, 143, 146 f., 156,
159, 198 ff., 208, 221,
267, 276
Dasa 126
Debitel 70, 221
Deichmann 144
Deichmann, Heinz-Horst
144 f.
Deuss, Walter 90
Deutsche Angestellten-

Krankenkasse (DAK) 267
Deutsche Bahn 107, 177 f., 180 f., 184 f.
Deutsche Bank 20, 22, 24 f., 37, 69, 78, 93, 97, 106, 115 f., 127 f., 137, 161, 178, 181, 189 f., 197, 226 f., 230, 267, 283 f.
Deutsche Börse 78, 102, 126
Deutsche Bundesbank 20, 222, 260, 262
Deutsche Post 26, 78, 85, 167, 172, 234
Deutsche Postbank 78
Deutsche Steinkohle 273 f.
Deutsche Telekom 68 f., 78, 85, 94, 97, 102, 107, 125, 133 f., 140, 152 ff., 167, 169, 171, 174 ff., 246, 248 f., 260
Dibelius, Alexander 125 f., 213, 217
Diekmann, Kai 40
Diekmann, Michael 25, 78, 111
Dimon, Jamie 128
Donau-Wasserkraft 274
Döpfner, Mathias 40
Dorrepaal, Karin 297
Dow Chemical 220
Dresdner Bank 24, 102, 223, 298
Dresdner Kleinwort Wasserstein (DrKW) 298 f.
Droste, Dietmar 31 f.
DSK Anthrazit Ibbenbüren 273
DWS 127
Dynamit Nobel 221

E.on 22 ff., 29, 78, 126, 182 ff., 187 f., 239, 274
E.on Hanse 286
E.on Ruhrgas 66, 184, 271 f., 274
EADS 89, 126, 159, 206

Eierhoff, Klaus 97
Eisner, Michael 141
Elf Aquitaine 123
Ellison, Lary 112
EM.TV 102
EnBW 184, 188, 273 f.
EnBW Regional 273
Enel 196
Energiedienst Holding 273
Enron 192, 207, 214
EQT 97
Esser, Klaus 31 ff., 97
Evans, Gerard 207

Fahrholz, Bernd 102
FASPO 107
Fastow, Andrew 207
Faurecia 201
Feddersen, Dieter 34
Feldmayer, Johannes 90, 194
Filho, Henri 37
First Command 140
Fischer, Thomas 97, 229
Ford 109, 252
Forgeard, Noël 89
Francioni, Reto 78
Francisco Partners Anlageziele 97
Freeh, Louis 199
Frenzel, Michael 78, 147
Fresenius 78
Fritz, Erich 273
Funk, Joachim 31 f.
Funke, Georg 78

Ganswindt, Thomas 195
Gaul, Hans Michael 25
Gazprom 66
General Atlantic 97
General Capital Group Beteiligungs GmbH 30
General Electric 140
General Motors 109, 172
Glos, Michael 156, 183, 189, 212, 274
Goeudevert, Daniel 252

Goldman Sachs 18, 80 f., 125 f., 159, 178, 213, 217 ff., 284
Graf, Jeanine 102
Greenspan, Alan 224
Grünberg, Hubertus von 30
Grupp, Wolfgang 70, 115, 278
Gut, Jean-Paul 89

Haffa, Florian 206
Haffa, Thomas 101 f., 206
Hainer, Herbert 29, 78
Hambrecht, Jürgen 78
Hamburg-Mannheimer 83
Haniel-Gruppe 97
Hartmann, Ulrich 24 f.
Hartz, Peter 34 ff., 41, 75, 92, 98, 137, 193, 206, 276, 295
Hasford, Heiner 24
Hegemann, Lothar 273
Heinzel, Michael 117
Hell, Rudolf 160
Hempelmann, Rolf 274
Henkel 24 f., 78, 126, 219, 221
Henkel, Hans-Olaf 266
Henzler, Herbert 26
Hitachi Power Europe 273 f.
Home Depot 96
Höttges, Timotheus 175
Hubertus, Jürgen 25
Hugenberg, Alfred 255
Hunter, Brian 224 f.
Huth, Johannes 222
Hypo Real Estate (HRE) 37, 78, 86
HypoVereinsbank (HVB) 25, 117, 126, 297
Hyundai 109

Iglo 221
Ikea 201
Infineon 78, 97, 101, 201, 221 f.

317

Inquire AG 102
Investcorp 97
Ista 284

JENOPTIK 260
Jill Sander 221
Jobs, Steve 141
JP Morgan Chase 128, 178, 226

Kabel Deutschland 218
Kagermann, Henning 24, 78
Kannegiesser, Martin 208, 259
Karstadt 39, 97
KarstadtQuelle 90, 97
Katjes Fassin 150
Kaufhof 97, 167
Kerkorian, Kirk 93
Kessel, Stephan 97
Kirch, Leo 20, 93, 137
KKR 69, 213, 222
Klasen, Dirk 172, 234
Klatten, Jan 17 f.
Klatten, Susanne (geb. Quandt) 17 ff., 72
Kleinfeld, Klaus 21 f., 24, 29, 63, 75, 78, 81 ff., 89 f., 97, 111, 194 f., 295
Klemm, Erich 276
Klett, Michael 69
Kley, Andreas 196
Knauf 187
Kofler, Georg 26, 99
Kohlhaussen, Martin 24 f.
Kopper, Hilmar 24, 115, 137
Körber, Hans-Joachim 78
Kornmayer, Rudi 199
KPMG 126, 195 f.
Krämer, Peter 16
Krenz, Thomas 74, 222
Krombacher Brauerei 240
Krupp 128
Krupp von Bohlen und Halbach, Alfried 295
Kübler, Jochen 273

Ladberg, Jürgen 31 f.
Lafarge 187
Lagardère, Arnaud 89
Lammert, Norbert 273
Lamprecht, Rudi 90
Lay, Kenneth 207
Leber, Hendrik 39
Lehman Brothers 80
Lehner, Ulrich 24, 26, 78
Leuna-Werke 123
Levitt, Arthur 219
LG 160
Licci, Christine 117, 296 f.
Lidl 138, 240
Lienau, Roland 116
Liesen, Klaus 25
Lieven, Theo 117
Linde 70, 78, 200, 221
Lipps, Benjamin 78
Loewe, Siegmund 160
Löscher, Peter 22, 198
LTCM 224
Lufthansa 22, 24, 78, 87 f., 103, 146, 168, 267

MAN 78, 221
Mannesmann 31 ff., 36, 72, 77, 97 f., 126, 137
Märklin 221
Mars 83
Mayrhuber, Wolfgang 78, 103
McDonald's 240
McKinnell, Hank 96
Mehdorn, Hartmut 178, 181
Meiser, Klaus 273
Mercedes-Benz 109, 133, 155, 172
Merck 22, 160
Merrill Lynch 80
Merton, Robert C. 224
Merz, Friedrich 189, 259, 266, 273, 292
Metro 78, 167
Middelhoff, Thomas 97
minimal 170
Mitsubishi 109, 155

Morgan Stanley 178
Moron, Edgar 274
MTU 70
Müller, Klaus-Peter 78
Münchener Rück 24, 78, 92

Nardelli, Robert 96
Nestlé 240
Neuling, Christian 270
Noa, Daniel 197
Nordic Capital 18
Novakovic, Christine 117, 297 f.
Nycomed 18

O'Hare, Mike 226
Obermann, René 68, 78, 134, 153 ff., 175, 249
Odewald & Cie. 97
Odewald, Jens 97
Oetker, Arend 259
Opel 39, 172
Oppermann, Thomas 274
Oracle 112
Ostmeier, Hanns 217
Overseas Executive Services (OES) 193

Pascal, David 222
Pavel, Andreas 161
Permira 69 f., 74, 213, 219, 222
Pfalzwerke 274
Pfeiffer, Joachim 273
Pfizer 96
Philips 201
Piëch, Ferdinand 21, 35, 92, 95, 135 f.
Pierer, Heinrich von 20, 24 f., 104, 137, 266
Pischetsrieder, Bernd 21, 47, 78, 94, 133
Plus 138
PNP Paribas 22
Pöhl, Karl-Otto 20 f.
Porsche 92, 102, 146, 217, 232, 261, 286, 290

Poß, Joachim 274
Premiere 26, 70, 99
PricewaterhouseCoopers 88
Printbeteiligungs GmbH 20
ProSiebenSat.1 Media 69, 222
Providence 218
Puma 87, 126
Puttfarcken, Gerhard 158

Quandt, Günther 72
Quandt, Herbert 16
Quandt, Johanna 18
Quandt, Sabina 17
Quandt, Sonja 17
Quandt, Stefan 18 f.
Quandt, Susanne *siehe* Klatten, Susanne
Quandt, Sven 17
Quelle 39, 128

Rabussier, Sonia 99
RAG 184, 273 f.
Raizner, Walter 134
Ramsauer, Günther 274
Rauscher, Klaus 94
Rautenberg, Arndt 260
Reinhardt, Erich 90
Reis, Philip 160
Reithofer, Norbert 78
Reitzle, Wolfgang 26, 70, 78
Renault 252
Reuter, Edzard 34
Rewe 170
Rheinmetall 126
Ricke, Kai-Uwe 68, 94, 153 f.
Rodenstock 70, 221, 260
Rodenstock, Randolf 260
Rödl, Helmut 173
Roels, Harry 78, 95
Römer, Norbert 274
Rothauge, Frank 176
Rottenbacher, Claus 116
Rover 47, 72
Ruhrgas 25, 184

Rupf, Wolfgang 34
RWE 24 f., 37, 78, 95, 107, 126, 182 ff., 188, 239, 271, 274
RWE Power 273 f.

Saban Capital Group 213
Sal. Oppenheim 99, 176
Samsung 160
Samuelsson, Hakan 78
SAP 24, 78, 88, 102
Schaupensteiner, Wolfgang 32, 203
Schelsky, Wilhelm 193 f.
Schering 297
Schimmelmann, Wulf von 78
Schiporeit, Erhard 24
Schmidt, Albrecht 25
Schmidt, Christian 117
Schneider, Jürgen 138
Schneider, Manfred 24 f.
Schooles, Myron S. 224
Schrempp, Jürgen 26 f., 29, 47, 75, 89, 92 f., 101 f., 108 ff., 115, 130, 133, 137, 147
Schulte-Noelle, Henning 25, 29
Schultz, Reinhard 271, 274
Schulz, Ekkehard D. 24, 78
Schumacher, Ulrich 97, 101
Schwarzman, Stephen 80, 222
Schweickart, Nikolaus 17, 44, 78, 260
SEC 86, 198 ff.
Seehofer, Horst 274
Sentex Sensing Technologies 221
Sharp 160
Shell 240
Siemens 20 ff., 24 f., 63 f., 69, 75, 78, 81 ff., 89, 97, 101, 104, 111, 126, 128, 132, 146, 152 f.,

160, 185, 187, 193–198, 200, 237, 239, 250, 267, 276 f.
Siemens Nixdorf 221
Sinner, Oliver 117
SinnerSchrader 117
Skilling, Jeffrey 207
Smith, Katherine 299
Sommer, Ron 69, 75, 94, 97, 101 f., 137, 154 f., 250
Sony 161
Späth, Lothar 260
Springer, Axel Cäsar 39 f., 118
Springer, Friede 40
Stahl, Helmut 273
Steag 184, 274
Steilmann, Britta 19
Steinkühler, Franz 89
Stiebel Eltron 150
Stratthaus, Gerhard 273
Straub, Peter 273
Strube, Jürgen 37
Sturany, Klaus 24
Suez 22

Tacke, Alfred 184, 189
TCI 259
Tenovis 221
Terra Firma 222
Thiel Logistik 97
Thiele, Carl-Ludwig 260
Thomas, Jürgen 159
Thüga 274
Thyssen 123
Thyssen, Fritz 295
ThyssenKrupp 21, 24 f., 37 f., 78, 97, 185, 187, 239
Tietmeyer, Hans 260
Toll Collect 109, 159
Toyota 160
Transrapid 185, 237
Treglia, Kathleen 299
Trienekens, Hellmut 206
Trigema 70, 115
TUI 78, 126, 147, 167

Überlandzentrale Lülsfeld 274
UniCredit 297
Union Investment 87

Varta 17
Vattenfall Europe 94, 184, 188, 271, 274
Vattenfall Europe Mining 274
VCH Investment Group 88
Vobis 117
Vodafone 31, 33, 72, 126, 152
Vogel, Dieter 97
Volkert, Klaus 35, 276 f.
Volkswagen (VW) 21, 34 ff., 78, 92, 94 f., 111, 113, 128, 133, 135, 146, 157, 160, 167, 237, 239, 252, 275 ff., 301
Voscherau, Eggert 285
Vulkan 128

Walter, Norbert 190
WCM 213
Weber, Jürgen 24, 26
Weill, Sandy 224, 228
Weiß, Gerald 273
WEMAG 274
Wend, Rainer 83
Wennemer, Manfred 78
Wenning, Werner 78
WestLB 97, 229
Wheeler, Michael 140
Wiedeking, Wendelin 92, 217, 232, 285, 290
Wienhold, Klaus 270

Winterkorn, Martin 113, 133, 136, 157
WMP 83
Woeste, Albrecht 24
Wollstein, Thomas 92
Würth, Reinhold 16

Xerox 129

Zeitz, Jochen 87
Zetsche, Dieter 78, 104, 110 f., 143, 155, 198, 267
Ziebart, Wolfgang 78
Zitzelsberger, Heribert 217
Zoller, Stefan 89
Zumwinkel, Klaus 26, 78, 85 f.